广西海岸滩涂开发利用现状及潜力分析

主　编　曹庆先
副主编　李　焰　莫志明

科学出版社

北京

内 容 简 介

本书介绍了广西海岸滩涂的基本特征、资源状况、保护和开发利用现状及开发利用动态变化状况（基于遥感技术），分析了滩涂开发利用存在的问题，并结合广西海岸滩涂利用规划和生态环境保护规划，选划潜在可开发利用滩涂范围；针对潜在可开发利用滩涂，探索综合研究滩涂农业、滩涂渔业、港口-开发区三类开发利用模式的适宜性；分别提出各类模式可持续发展实施方案，为研究区海岸滩涂开发利用结构的调整和优化提供参考依据。

本书可以为广西海岸滩涂相关管理部门工作人员提供基础数据资料、为滩涂开发利用决策者提供决策支持，为相关科研工作者及学生提供学习参考。成果适用性较广。

图书在版编目（CIP）数据

广西海岸滩涂开发利用现状及潜力分析/曹庆先主编. —北京：科学出版社，2016.3
 ISBN 978-7-03-047324-0

Ⅰ.①广… Ⅱ.①曹… Ⅲ.①滩涂养殖–资源开发–研究–广西 Ⅳ.①S967.5

中国版本图书馆 CIP 数据核字(2016)第 026744 号

责任编辑：李秀伟　岳漫宇 / 责任校对：赵桂芬
责任印制：张　伟 / 封面设计：北京铭轩堂广告设计有限公司

科学出版社 出版
北京东黄城根北街 16 号
邮政编码：100717
http://www.sciencep.com

北京教图印刷有限公司 印刷
科学出版社发行　各地新华书店经销
*
2016 年 3 月第 一 版　开本：B5 (720×1000)
2016 年 3 月第一次印刷　印张：13 1/2
字数：272 000
定价：**98.00 元**

(如有印装质量问题，我社负责调换)

序

  滩涂（特别是河口和淤泥质海岸的潮滩）是规模很大的潜在的土地资源为人类提供了广阔的生存空间。世界各国，尤其是沿海土地资源不足的国家和地区，围海造地历来是争取土地资源、拓展生存空间的主要对策。海岸滩涂资源开发方式多种多样，包括海水养殖、港口建设、开辟盐田、围海造地、海水浴场，建设海上娱乐场、海洋自然生态保护区等。近年来，随着人类活动的加剧，加之全球气候变化的影响，滩涂资源环境发生了显著的变化，深刻影响着沿海城市的扩展空间和土地利用结构。如何能及时、准确、高效地获取滩涂资源环境变化信息，以实现滩涂资源的科学管理和持续利用已成为当前研究的热点。

  广西绵延约 1600km 的海岸线上，沿海滩涂面积近 10 万 hm^2，是得天独厚的土地资源。广西沿海滩涂具有气候温和、雨量充沛、光热充足的气候优势，资源种类众多等资源优势，蕴藏着巨大的开发潜力。2008 年 1 月 16 日，国家批准"广西北部湾经济区发展规划"实施，广西沿海地区成为我国西部大开发和面向东盟开放合作的重点地区，广西沿海地区的开放开发迎来了一个前所未有的高潮。2009年，广西壮族自治区人民政府颁布了《广西海洋产业发展规划》，对今后广西沿海经济发展奠定了基调，指明了方向。广西把开放开发的战略重心定在北部湾，以北部湾为核心的沿海开发正在加速推进。其中广西沿海港口建设已经成为广西经济发展的重要依托，一批临海（临港）工业重大项目纷纷落户广西沿海。另外，为了发挥沿海优势，规划将北海铁山港、钦州港、防城港企沙半岛等建设成以石化、林浆纸、钢铁、炼油、冶金、机械制造等产业为主的工业区。这些产业正是基于滩涂的开发利用。

  滩涂开发利用模式如何创新、开发利用与保护如何统筹协调、开发利用的可持续发展如何实现，已经成为地方政府和专家学者共同关注的重要课题，该书基于广西海岸滩涂保护和开发利用多源遥感动态监测结果，总结分析提出滩涂保护和开发利用过程中存在的问题，研究了广西海岸滩涂资源分区开发利用模式，提出了滩涂资源开发保护可持续发展方案，对于促进广西北部湾经济区海洋生态环境和经济的可持续发展有着重要意义。

许志林

2015 年 8 月 5 日

前　　言

近年来，为了解决北部湾经济区项目建设开发的需求，岸线和滩涂资源大量利用，给具有"中国大陆近岸最后一片洁海"之称的广西北部湾沿海带来了资源与环境等方面的巨大压力和挑战。多种海岸滩涂资源开发利用方式在产生社会经济效益的同时也带来了不可忽视的海洋生态与环境负面影响，广西海岸滩涂资源正面临严峻的衰退形势。如何在加速资源开发的同时，重视生态环境保护，把开发活动带来的负面影响降到最低程度，合理利用湿地资源，规避开发建设带来的生态风险，保证广西沿海湿地生态安全和实现海岸滩涂资源可持续利用是一项刻不容缓的任务。基于此，广西国土资源厅在2014年重大科研课题中设置"广西北部湾经济区海岸带滩涂资源调查监测与开发利用保护研究应用示范"一题，旨在探索广西海岸滩涂开发利用的可持续发展之路。

《广西海岸滩涂开发利用现状及潜力分析》一书主要内容为"广西北部湾经济区海岸带滩涂资源调查监测与开发利用保护研究应用示范"课题研究成果，以广西北部湾经济区为研究对象，采用多源遥感技术完成广西海岸滩涂保护和开发利用现状监测，结合2008年至今研究区海岸滩涂资源的开发利用状况动态变化，分析提出保护和开发利用过程中存在的问题；综合考虑滩涂利用需求和生态环境保护需求，划出潜在可开发利用的滩涂区域，针对潜在可开发利用的滩涂，分别构建滩涂农业、滩涂渔业、港口-开发区三类开发利用模式的适宜性评价体系，研究广西海岸滩涂资源分区开发利用模式，提出了滩涂资源开发保护可持续发展方案，为研究区海岸滩涂开发利用结构的调整和优化提供参考依据。可以为北部湾经济区开发后备土地资源提供依据，促进广西北部湾经济区海洋生态环境和经济的可持续发展。

本书内容包括绪论（海岸滩涂相关概念、国内外海岸滩涂开发利用研究进展）、广西海岸滩涂的基本特征（自然地理概况、社会经济发展情况、海洋环境现状、滩涂自然特征）、广西海岸滩涂资源分析（生物生态资源、旅游资源、农渔业资源、港口资源）、海岸滩涂开发利用动态监测及驱动力分析（滩涂资源监测、滩涂利用现状、滩涂利用格局演变、滩涂开发利用存在问题）、广西潜在可开发利用滩涂区域选划（已开发利用滩涂、规划开发利用滩涂、滩涂保护区域、潜在可开发利用滩涂资源）、潜在可开发滩涂资源开发利用模式适宜性综合研究（滩涂资源开发模式、评价单元划分、滩涂农业开发模式适宜性分析、滩涂渔业开发模式适宜性分析、滩涂港口-开发区模式适宜性分析）、广西海岸滩涂管理现状与存在问题、滩涂的可持续开发（滩涂可持续利用实施方案、滩涂生态修复），共 8 章。

　　本书由广西海洋研究院组织编写，收集了多个研究项目成果，包括"广西北部湾经济区海岸带滩涂资源调查监测与开发利用保护研究应用示范"（广西海洋研究院承担）、"广西海域海岛海岸带整治修复工程动态监测与效果评价"（广西海洋研究院承担）、"广西海籍调查"（广西海洋研究院承担）、"广西 908 调查"（国家海洋局第一海洋研究所、广西红树林研究中心等承担）、"广西海洋典型生态系统遥感监测服务"（广西红树林研究中心承担）、"2014 年广西海洋环境监测"（广西海洋局承担）、"2014 年广西海平面上升调查"（广西海洋研究院承担）等。本书的编写得到了广西海洋研究院院长许贵林、副院长何斌源的悉心指导。另外，广西财经学院莫志明老师，桂林电子科技大学李慧娟、蔡莘，广西机电工业学校严小敏、黄乐、黄醒云也参与了本书的编写。在此对各项目组成员及各位领导一并表示感谢。

编　者

2015 年 8 月于广西南宁

目 录

序

前言

第一章 绪论 1

第一节 海岸滩涂相关概念 1

第二节 国内外海岸滩涂开发利用研究进展 3

一、国外海岸滩涂开发利用研究现状 3

二、国内海岸滩涂研究进展及资源利用现状 6

三、滩涂开发适宜性评价 10

四、滩涂监测方法 12

第二章 广西海岸滩涂的基本特征 14

第一节 广西海岸自然地理概况 14

一、地理位置 14

二、气候概况 14

三、海洋水文 16

四、海岸地貌概况 18

五、滨海湿地 18

第二节 广西沿海社会经济发展情况 20

一、行政及人口概况 20

二、北部湾经济区经济概况 21

三、广西海洋经济概况 21

第三节 广西海洋环境现状 22

一、海水环境状况 23

二、海洋生态系统状况 24

三、主要入海污染源状况 25

四、海洋功能区环境状况 26

第四节 广西海岸滩涂的自然特征 28

一、滩涂的空间分布 28

二、滩涂理化性质 ……………………………………………………31

三、滩涂灾害易损性 ………………………………………………33

第三章　广西海岸滩涂资源分析 …………………………………………37

第一节　滩涂生物生态资源 ……………………………………………37

一、滩涂重要经济生物资源 ………………………………………37

二、滩涂重要植被资源 ……………………………………………38

三、滩涂鸟类资源 …………………………………………………42

四、滩涂大型哺乳动物资源 ………………………………………53

五、生态系统服务功能 ……………………………………………54

第二节　滩涂的旅游资源 ………………………………………………56

一、沙滩水体旅游资源 ……………………………………………56

二、滩涂生态旅游资源 ……………………………………………62

第三节　滩涂农业资源 …………………………………………………64

一、滩涂渔业资源 …………………………………………………64

二、滩涂种植业 ……………………………………………………68

三、家禽养殖 ………………………………………………………69

四、存在问题 ………………………………………………………70

第四节　滩涂港口资源 …………………………………………………70

一、防城港区港口资源特征 ………………………………………72

二、钦州港口资源特征 ……………………………………………75

三、北海港口资源特征 ……………………………………………78

第四章　海岸滩涂开发利用动态监测及驱动力分析 ……………………82

第一节　海岸滩涂资源监测 ……………………………………………82

一、海岸滩涂资源利用类型界定 …………………………………82

二、遥感监测方法 …………………………………………………82

第二节　海岸滩涂利用现状 ……………………………………………89

一、海岸滩涂利用数量及结构分析 ………………………………89

二、主要海岸滩涂类型空间分布分析 ……………………………91

三、岸线变化 ………………………………………………………96

第三节　海岸滩涂利用格局演变 ………………………………………98

一、利用方式变化 …………………………………………………98

二、驱动力 …………………………………………………………104

第四节　广西滩涂开发利用存在问题 …………………………………107

第五章　广西潜在可开发利用滩涂区域选划····················112
　第一节　已开发利用滩涂····················113
　第二节　规划开发利用滩涂····················114
　　一、临海工业规划布局····················114
　　二、港口码头规划布局····················118
　　三、城市总体规划····················118
　　四、规划范围统计····················120
　第三节　滩涂保护区域····················122
　　一、典型海洋生态系统····················122
　　二、海洋自然保护区····················123
　　三、面积范围统计····················123
　第四节　潜在可开发利用滩涂资源····················125
　第五节　小结····················126
第六章　潜在可开发滩涂资源开发利用模式适宜性综合研究····················127
　第一节　滩涂资源开发模式····················127
　　一、滩涂农业开发模式····················128
　　二、滩涂渔业开发模式····················129
　　三、滩涂港口-开发区模式····················129
　第二节　评价单元划分····················130
　　一、综合性否决指标····················130
　　二、农业开发否决指标····················133
　　三、港口-开发区建设否决指标····················133
　第三节　滩涂农业开发模式适宜性分析····················133
　　一、评价单元····················133
　　二、评价方法····················134
　　三、评价结果····················135
　　四、小结····················144
　第四节　滩涂渔业开发模式适宜性分析····················144
　　一、评价单元····················144
　　二、评价方法····················144
　　三、数据来源····················148
　　四、评价结果····················149
　　五、小结····················151

第五节 滩涂港口-开发区模式适宜性分析·········152
　一、评价单元·········152
　二、评价方法·········152
　三、评价结果·········155
　四、小结·········160
第六节 综合分析·········161
第七章 广西海岸滩涂管理现状与存在问题·········164
第一节 管理现状·········164
第二节 存在问题·········166
第三节 对策建议·········168
　一、健全海域使用规划体系，优化海域利用结构布局·········168
　二、深化机构内部管理机制，完善海域动管系统功能·········168
　三、探索海洋管理协调机制，加强海洋部门之间联系·········168
　四、建立健全海洋政策法规，提升涉海人员法律意识·········169
　五、推进技术支撑体系建设，提高海域管理科学化水平·········170
　六、加快培养海洋高素质人才，提升海洋管理信息化水平·········170
　七、树立科学海洋开发理念，实现海洋资源可持续利用·········171
第八章 广西滩涂开发利用的可持续·········173
第一节 广西滩涂开发利用可持续实施方案·········173
　一、农业开发模式可持续实施方案·········173
　二、渔业开发模式可持续实施方案·········175
　三、港口-开发区开发模式可持续实施方案·········178
　四、节约集约用海·········180
第二节 海岸滩涂生态修复·········183
　一、滩涂植被修复·········183
　二、沙滩修复·········187
　三、海域清淤·········190
　四、广西海岸滩涂生态修复存在问题及建议·········191
参考文献·········201

第一章　绪　　论

海岸滩涂是一个敏感的海陆交替复合生态系统，蕴藏着各种矿产、生物及其他海洋资源，为人类各项生产活动提供了资源基础。研究表明（连镜清，1990；陆国庆和高飞，1996），滩涂资源在我国六大后备土地资源（滩涂、荒山地、荒坡地、荒草地、荒碱地和荒沙丘）中经济价值最高，开发潜力最大。

第一节　海岸滩涂相关概念

海岸带处在海陆之交，它不是一条固定不变的分界线，是在潮汐、波浪等海洋因素的作用下发生变动的一个地带，是地球大气圈、水圈、岩石圈和生物圈的交汇区。海岸滩涂，属于滩涂的一种，作为一个地域概念，它是海岸带的重要组成部分，为我国沿海渔民对淤泥质潮间带的俗称（《中国自然资源丛书》编撰委员会，1995）。海岸带滩涂分类图见图 1-1。

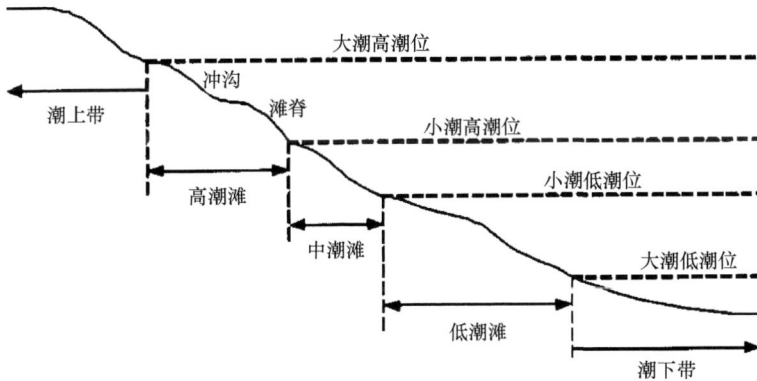

图 1-1　海岸带滩涂分类图（韩震，2004）

目前在不同的领域，对滩涂的定义是不同的。海洋行政主管部门定义滩涂为：平均高潮线以下低潮线以上的海域。国土资源管理部门定义滩涂为：沿海大潮高潮位与低潮位之间的潮浸地带。学术界从不同的角度出发，对滩涂的概念存在不同的认识与界定，有学者认为滩涂仅指潮间带新沉积的滩地（中国地理学会海洋地理专业委员会，1996；朱大奎，1986）；有的学者则明确界定了沿海滩涂的下限深度（陈永文等，1989）；还有学者认为，海涂（又称潮滩）（tidal flat）、海滩（coastal beach）可等同于滩涂（杨宝国等，1997）。

综上所述，滩涂可有广义和狭义之分（何书金等，2000）。狭义的定义，即从纯学术观点来看，滩涂本意是指海岸带受海水周期性淹没的区域，即潮间带，指大潮高潮线与大潮低潮线之间海水周期性淹没的地带；广义的界定，则指从开发利用角度来看，滩涂不仅拥有全部潮间带，还包括潮上带和潮下带可供开发利用的部分，按照这个定义确定范围，滩涂的范围基本上与海岸湿地的范围差不多。

根据沿海滩涂自然生态景观的差异，我国沿海滩涂大致可分为泥滩、沙滩、岩滩和生物滩（包括红树林滩和珊瑚礁滩）等四大基本景观生态类型（何阳和姜彪，2011）。据初步归纳，我国沿海这四大类型滩涂目前主要有 18 种土地利用方式（图 1-2），涉及三大产业的 12 个行业部门。

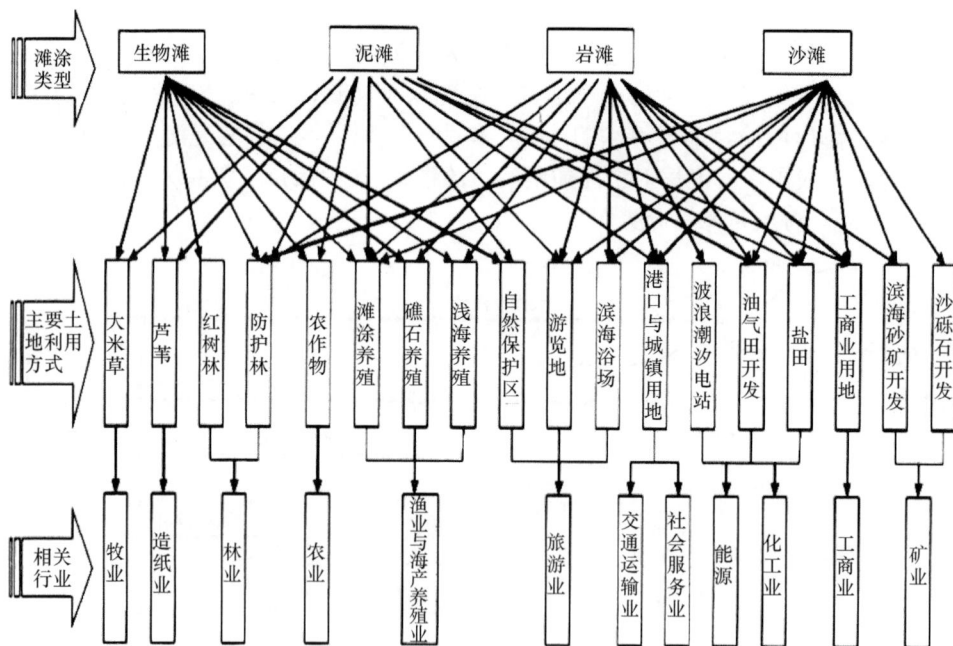

图 1-2 我国沿海滩涂利用方式图（彭建和高仰麟，2000）

根据沿海滩涂底质的颗粒结构差异，滩涂可分为以下 5 种类型。

1）淤泥（或粉泥）滩涂

这种滩涂底质的主要特点是：黏土（或粉砂）占优势；滩面柔软或稀软，步行困难；一般足陷 5～10cm，有的超过 50cm；这种滩涂很难利用。

2）泥砂滩涂

这种滩涂底质的主要成分是粉砂；滩面比较松软，人在滩面上行走会出现脚印；在这种滩面上栖息的生物较多，可开展人工养殖。

3）细砂滩涂

这种滩涂底质以细砂为主；滩面比较硬；栖息生物较少。

4）沙砾滩涂

这种滩涂底质十分粗糙，多由粗砂和砾石组成；滩面硬实，仅适合部分贝类栖息。

5）岩礁滩涂

在这类滩涂表面上多出现平礁或岩石；有的礁面上还会出现浮泥；这类滩涂在北方多繁生牡蛎和螺类，在南方多滋生紫菜和马尾藻等。

根据沿海滩涂形成的特点，可分为以下 3 类（科学技术部农村与社会发展司和科学技术部中国农村技术开发中心，1999）。

1）平原海岸

这类滩涂主要包括潮滩平原海岸与河口三角洲平原海岸，如我国渤海湾-莱州湾、黄河三角洲及其毗邻海岸、苏北平原海岸等。

2）港湾或沙岛后侧波浪作用减弱的海岸段

这类滩涂多淤张型厚层淤泥，如长江口以南浙、闽、粤港湾岸的泥滩等。

3）红树林泥沼海岸

如广西、广东及海南的红树林海岸等。

第二节 国内外海岸滩涂开发利用研究进展

一、国外海岸滩涂开发利用研究现状

目前，国外滩涂利用方式有以下几种。

（1）个体经营大规模机械化农场，发展大农业。

（2）浅海滩涂自然保护区。

（3）盐田海水制盐。

（4）滨海康乐游览地。

（5）港口、城镇建设。

国外滩涂研究主要涉及以下几个内容（何书全等，2005；裘江海和蒋鹏，2005）。

（1）海岸带综合管理。

（2）海岸带海陆交互作用。

（3）滩涂生物技术。

（4）浅海滩涂自然保护区建设。

（5）滩涂生态及开发模式。

（6）滩涂围垦水利工程。

各国（地区）沿海岸线都有滩涂分布，主要分布类型和地域有所不同，因此利用方式和研究内容也相应不同。荷兰围垦滩涂，发展园艺业和畜牧业，取得了极大成功（黄旭和特吉奥·斯皮德，2013）；英国部分地区实行了废坝、退田还海，以恢复天然滩涂和自然生态环境（吴洁和王琴，2014）；亚非拉大部分地区则利用滩涂大力发展大农业和港口城镇建设，"在气候条件适宜的地区分布有日晒制盐场和海滨旅游地"（Christine et al.，1995）。尽管由于各国政治、经济、文化存在差异，其滩涂开发利用及管理方式不同，但在开发模式、管理措施和技术手段等方面仍是可以借鉴的。

（一）荷兰滩涂开发模式：填海造陆，泥沙补给

荷兰位于欧洲西部，西、北濒临北海，海岸线长 1075km。荷兰的滩涂开发是全世界沿海滩涂开发较为成功的一个范例，其主要特点是填海造地、发展高效农业和以造船、港口为依托的外向型经济（黄旭和特吉奥·斯皮德，2013）。由于荷兰约有一半面积在海平面以下，为应对这一威胁，从 13 世纪就开始不断地在海岸修筑堤坝，排干海水，开垦农地，增加土地面积约 $6×10^5km^2$。荷兰的沿海滩涂主要由滩涂沙丘、海堤和其他一些水下屏障所组成。沙丘滩涂占总海岸线长度的 3/4，宽度从不足 10m 到几千米，沙丘和海滨及前滨形成了泥沙防护体系。但在自然的作用下，荷兰大部分滩涂剖面正在变陡，加上潮汐汊道淤闭、滩涂附近冲槽迁移和海平面上升等因素，泥沙在近岸槽沟中淤积，沙坝不断淤高，使滩涂不断受到侵蚀破坏（王丽，2007）。为了达到旅游和自然保护的目的，对滩涂开发和保护的首选方法是泥沙补给。为了将海底生物的损失减小到最低限度并保证海岸基础不受破坏，泥沙取自大于 20m 深或离岸 20km 的地方。泥沙补给模式包含了一系列的过程与技术，如每年的海岸线测量，滩涂淤涨变化和每年评估，泥沙补给技术和每年滩涂开发、管理的预算等。经过数百年的改造，荷兰农业生产实现了高度集约化，农产品出口居世界前列，成为仅次于美国、法国的第三大农产品出口大国。在外向型经济方面，其依靠优越的地理环境，以造船业和港口建设为依托，

大力发展外向型经济，其工业原料 80%靠进口，60%以上的产品供出口（黄旭和特吉奥·斯皮德，2013）。

泥沙补给模式和其他一些滩涂开发方法相比主要具有如下特点（陈成等，1998）。

（1）泥沙补给相比护岸堤及防波堤更加经济。

（2）泥沙补给更适合于自然状况，滩涂的自然演替过程不被打扰，对上下游滩涂无负面影响。

（3）泥沙补给几乎可以在任何地方使用，并且根据需求的泥沙量和用于滩涂开发、防护经费的不同而相应变化。

（二）日本滩涂开发模式：环保渔业养殖

日本地处亚洲大陆以东，由细长、呈弧形分布的群岛组成，从最北端的北海道岛延伸到最南端的八重山群岛冲绳县，跨越寒带至亚热带。

日本滩涂地区尤为重要，沿海城市商业销售量占全国的60%，其中工业海运量占52%。但是日本平原面积狭窄，矿产资源贫乏，成为其谋求发展的重大障碍（邱辉煌，1996）。但日本拥有漫长的海岸线和广阔的滩涂资源，因此向海洋扩展土地，是追求土地的最佳利用方式，这已经成为日本开发滩涂的最大特点（王晓东等，2001）。

日本滩涂开发可分为三个阶段（裘江海，2005）。第一阶段是"新田开发"时期。进入江户时期，以农业和盐业利用为目的的围海造田已具相当规模，特别是在本州岛西部和九州岛的一些堆积型海岸的河口三角洲和滩涂地带，修筑海堤将肥沃的滩地改造成水田。第二阶段是从 16 世纪末到 18 世纪初，在这100多年的时间里，日本进入工业化和军国扩张的发展阶段，为克服土地资源短缺，日本政府颁布了《公有水面埋立法》，以东京湾、大阪湾为开端，全面开发填海造地。在这一阶段，东京湾、大阪湾、伊势湾及九州市等以各自原有的港口海湾为中心填造了大量土地，形成了支撑日本经济的"四大工业带"。与此同时，为解决战后的粮食短缺问题，增加粮食产量供给和推广现代农业，也进行了相当规模的围海屯田活动。第三阶段是第三产业为主的再改造时期。20 世纪 70 年代中期以来，国内外资源、技术、劳动力、市场等情况发生了明显的变化，日本临海重化工业的重要地位让位于技术信息型产业，日本政府通过的《公有水面埋立法修正案》，人造陆地由鼓励变为限制，人造陆地的利用方向由重化工业改为第三产业，日本滩涂开发进入了新的历史时期。

日本的太平洋沿海受到黑潮暖流和亲潮寒流影响，两者交汇处形成了世界最为著名的渔场之一（裘江海，2005）。然而，由于日本经济的飞速发展，工业废水和生活污水的排放导致许多滩涂水域明显恶化。尤其在 20 世纪 60 年代，许多沿海滩涂鱼贝类的栖息地和繁殖场所逐渐消失，陆上废塑料及其他废物的处置破坏了原有的渔场。更为严重的是，在沿海滩涂水域捕捞的多数海产品均受到重金属、人造有机化合物和其他物质的污染（裘江海和蒋鹏，2005）。为减少滩涂围垦、水污染和其他因素而造成的沿海滩涂渔业损失，日本政府开始认识到必须努力提高在本国 200n mile（海里）滩涂水域的渔业生产率，因此，建立了一整套稳定的渔业制度（李清，2012）。政府在加强各种水域保护系统的同时，制定了积极保护沿海滩涂渔业的政策。并且，把滩涂渔业看作一种公共产业（裘江海和蒋鹏，2005），促进其有计划地开发，力图开发有用的海洋工业资源，提高资源回收率和生产能力。

日本政府颁布了《沿海渔业组织和发展条例》，依据该法成立的合资企业包括创建水产业、创立海上养殖区和保护滩涂渔业的株式会社等（李清，2012）。除了创建水产业、增加养殖地点和保护渔场这些原定的开发模式外，海滩涂渔业组织株式会社还提出了如下开发与保护模式（裘江海，2005）。

（1）以资源开发管理为中心，重塑区域性滩涂渔业结构，进一步促成以资源保护为导向的渔业。开发出一个评价未来娱乐捕鱼地位的系统，对渔业生产能力及有关的机制进行调查和全面认识并建立新的优良模式。

（2）组织全国水产养殖中心机构，协助政府建立地方养殖中心机构，以便进一步促进渔业的发展。

（3）发展"海洋革新概念"，开发多种海洋用途，以满足普通大众海上及沿海滩涂娱乐的需求。

（4）开发利用海洋生物增殖生成的自然能源系统，同时建立实现其他目标的机构。

（5）上述研究开发模式涉及企业、政府和学术界在联合开发组织中的合作问题，并将由全国渔业研究机构、高等院校和其他机构共同执行。

二、国内海岸滩涂研究进展及资源利用现状

（一）国内滩涂研究主要方式

我国沿海滩涂研究以 20 世纪 80 年代末为界，大致分为 2 个阶段。第一阶段侧重于沿海滩涂基本情况的调查研究，如 20 世纪 50 年代中期北方黄渤海区、东海舟山群岛和南海海南岛等代表性地区的潮间带生态调查，60 年代初近海沿岸动植物调查和潮间带生物调查，1980～1987 年开展的全国海岸带和滩涂资源综合调查。这三次大规模的普查，以及沿海各地区自己开展的调查，为我国滩涂研究积累了丰富的第一手资料（何阳和姜彪，2011）。第二阶段是从 20 世纪 90 年代开始的，

我国滩涂研究进展迅速，进入多学科交融发展时期，研究范围大为拓展。同时，借鉴国外研究的先进经验，逐步深入理论研究，注重技术突破，开始考虑滩涂开发的公众参与。

目前，我国研究的重点有以下几方面。

（1）当前的滩涂岸带产业结构及各产业开发管理模式的研究。

（2）滩涂开发的政治、经济政策与开发机制，一体化的海岸带综合管理模式，滩涂开发的新问题及其对策研究。

（3）以法律、法规及行政规章的形式，规范和限定滩涂开发行为，明确滩涂资源权属关系及开发各方的责、权、利的研究。

（4）在滩涂开发中，如何征求并考虑当地公众的意见与建议，考虑公众参与度的研究。

（5）鼓励开发滩涂所采用的优惠经济政策、措施的研究。

（6）各类资源利用间的相互影响及优化组合，实现资源利用间的相互促进的研究。

（7）滩涂自然保护区的设立、规模、管理、宣传教育与评价机制等的研究。

此外，我国一些学者在某些研究课题上取得了一定进展：①无土栽培技术（索安宁等，2011）；②海水农业（缪锦来等，2009）；③滩涂景观生态特征（黄俊彪等，2013；何阳和姜彪，2011）；④滩涂开发利用环境影响评价；⑤滩涂科学研究管理（吕建华和张顺香，2012）。

沿海滩涂研究是一项庞大的系统工程，任何一个方向的研究均涉及多学科领域。因此，迫切需要构建沿海滩涂研究框架，以使滩涂研究系统化、条理化、全面化，从而推动整个沿海滩涂研究及其资源开发事业的进展。一般而言，沿海滩涂研究主要包括两个层次，即基础研究与应用研究。基础研究针对沿海滩涂基本问题进行探讨，是应用研究必不可少的理论基础，主要有滩涂基本概念、滩涂动态演变和滩涂开发理论 3 个方面的问题。研究表明，我国滩涂总量很丰富，其资源是我国 6 大土地资源开发利用中最经济合理的、最投资可行的（邓俊英等，2014）。因此，滩涂开发是一项重要的国土开发事业，将成为我国经济发展的新增长点。应用研究是对沿海滩涂开发利用中存在问题的研究，是在滩涂开发理论的指导下针对滩涂各大子系统具体展开的。而滩涂子系统一般可分为滩涂社会、经济和生态三大子系统。

目前，我国滩涂研究尚未形成科学的体系，总体上还不够系统和全面，缺乏总体规划，基础研究薄弱，研究处于无序状态。在滩涂定义研究方面，定义界定、统计、动态监测等研究还处于空白或刚起步阶段，滩涂应用研究在很大程度上受制于滩涂自然生态特性、资源属性及综合评价等方面的研究（殷克东和张雪娜，2011）。在滩涂应用方面，虽然我国在个别研究项目（例如，滩涂资源开发技术与资源优化配置研究）上处于世界领先水平，但是关于滩涂管理体制、法律法规、产业政策、资源定级估价、开发利用环境影响评价和公众参与等的研究少之又少，总体上的研究仍然薄弱（邓俊英等，2014；赵彬等，2010）。国外滩涂研究侧重于技术突破、综合管理，重视公众参与，值得我国滩涂研究借鉴和反思。

（二）国内海滩涂资源利用主要方式

沿海滩涂作为海岸带重要的组成部分，一直是我国重要的后备土地资源。我国海岸带和滩涂资源综合调查资料显示，北起辽宁鸭绿江，南至广西北仑河口，沿海 11 个省、直辖市（不包含台湾地区）的 4 大海域共有 21 709 万 hm² 滩涂，且除个别滩涂处于冲蚀状态外，大部分都处于淤长状态（何阳和姜彪，2011）。

我国沿海滩涂开发历史悠久，在实践中，逐渐总结出"鱼鳞式围塘、促淤围塘、中低潮区围垦、软地基筑堤"和"因地制宜、综合经营"等围海造田模式。在过去，我国的滩涂开发以政府投资为主，改革开放以后沿海各地实行优惠政策，鼓励农民承包滩涂开发，同时采用市场机制引进多种投资渠道，试行"农场式管理、集约化经营、社会化服务"，极大地推动了我国沿海滩涂的开发。但在过去我们往往忽视滩涂资源多样性，沿海各地并未根据当地的资源组合特征，因地制宜地开发利用资源。这种利用方式既造成了滩涂资源的闲置浪费，又使各地沿海滩涂产业趋同，极大阻碍了沿海滩涂经济的发展。随着各地对沿海滩涂产业发展模式的重视，各地转换思维，相继按照当地滩涂土地的适宜性来发展生产，形成了各具当地特色、多种形式的开发利用方式。

我国海岸带纬度跨度大，分别属于温带、亚热带、热带，地理条件自北向南有较大的差别。因此，滩涂的开发利用，南方与北方有所不同，其基本特点是南方降水较多，水力资源丰富，年平均气温较高，热量丰富，滩涂生物资源因而较丰富，滩涂开发条件好。渤海的黄河三角洲与江苏沿岸，是我国最主要的滩涂分布区，两处滩涂面积约占全国滩涂总面积的45.4%，因此，对我国滩涂开发利用模式与技术的研究，也主要集中于黄河三角洲和江苏沿岸地区。又由于国内各地区滩涂开发技术水平相似，易于技术互补，因而国内滩涂开发利用研究注重在模式指导下的技术细节研究。

1. 黄河三角洲滩涂资源开发利用模式

针对黄河三角洲目前急需解决的主要问题和发展前景，沿海滩涂的开发利用采用"防护、改良、农业发展与振兴旅游业相结合的四位一体模式"，具体包括"农基鱼塘"农业生产模式、农田林网与防护林建设模式、滨海草地综合改良技术模式和旅游资源开发利用模式（中国水利学会滩涂湿地保护与利用专业委员会，2006），为滩涂土地可持续利用打下坚实的基础。

2. 江苏滩涂资源开发利用模式

江苏省根据自己长期滩涂开发的经验，总结出既能有效开发滩涂资源，又能保护滩涂环境的滩涂开发生产技术模式，即以滩涂开发管理法规为准绳，有计划地按带状结构进行开发，具体包括如下三方面（孟尔君和唐伯平，2010）。

（1）严格按照海岸带与滩涂管理法规行事，加强开发利用的统一管理。滩涂是国土资源的组成部分，是国家的财富。滩涂的开发利用，在海岸带从事建设、生产与生活活动，都应该服从滩涂管理法规，在滩涂管理法规允许的范围内合理地开发滩涂资源。

（2）滩涂资源开发列入省经济开发计划。滩涂资源是沿海地区重要的资源，其开发利用对振兴江苏沿海经济具有重要的意义。由于地少人多，土地匮乏，江苏开发沿海地区的出路只有滩涂（徐向红，2004）。江苏滩涂利用每年都列入省和地方经济开发计划，避免由当地局部部门、集体和个人无计划地分散进行，造成资源浪费与经济损失。

（3）根据滩涂的带状结构有针对性地进行开发。滩涂围垦，集中在草滩和盐蒿泥滩发展粮食及经济作物；集中在砂-泥混合滩和砂-粉砂滩建立滩涂养殖基地；工业用地及港口城市建设用地分别选择草滩和盐蒿泥滩的浅滩及砂-泥混合滩和砂-粉砂滩的深水岸线（徐向红，2004）；制盐工业和轻工业原料基地集中在海岸带盐蒿泥滩和泥混合滩。

3. 海南滩涂资源开发利用模式

海南滩涂资源堪称丰富。但是，长期以来海南只重视热带气候和热带植物资源，忽视了滩涂优势资源的潜在价值。对滩涂资源开发利用不充分，生产水平低，资源利用转化能力差，发展只顾经济效益，忽视社会效益和生态效益，环境问题日益突出，另外还存在滩涂开发缺乏全局观念、宏观调控机制不健全等问题（中国水利学会滩涂湿地保护与利用专业委员会，2006）。为了能够合理地开发滩涂，海南起草了相关的滩涂开发立法管理模式，具体包括如下五方面（中国水利学会滩涂湿地保护与利用专业委员会，2006）。

1）以综合的观点考虑整个滩涂问题

用统一的规范处理不同的复杂问题，在诸多矛盾的客观事物中进行最佳选择。这是由滩涂资源系统的整体性决定的。海南滩涂类型复杂多样，自然资源丰富，形成了不同的海洋功能区域。这是该省环形沿海生产力布局形成和发展的客观基础。随着大特区的发展，沿海工业、外向型农业、海滨旅游业和临海运输业成为海南的经济支柱（何书金等，2000）。滩涂管理法规本着遵循客观规律和综合利用原则，对资源的综合开发利用做出明确规定，制定了有关的协调办法，以保证滩涂开发的综合协调发展。

2）体现大特区的优惠政策

中共中央、国务院给海南许多优惠政策，只有"融"进适宜本省的地方法规，才能真正发挥其法律效力。海南滩涂管理法规制定了各类资源开发的鼓励性条款，简化资源开发的许可程序，以吸引国内外投资者前来投资。当前，海南尤其鼓励开发滩涂旅游资源、土地资源、港口资源等主要资源。成片开发滩涂是一种新型的开发形式，相关法规已做出了相应的规定。

3）正确处理资源开发和保护之间的关系

这是我国自然资源法的一个基本原则，资源是有限的，任何不合理的开发活动，都将导致资源量的减少与质量的下降。因此，海南滩涂管理法规对各种资源的开发和保护做出规定，制定了必要的保护性和限制性条款。例如，利用甲资源时做到保护好乙资源；利用有经济价值的资源时，能保护好后生待长的资源；利用与人工培育相结合；严禁破坏资源和浪费资源的行为；对沿岸资源保护区和名胜古迹制定相应的保护性条款。

4）加强宏观管理，统一规划，合理开发

自然资源的经济价值、可用量、蕴藏量、区域分布等都呈现各不相同的情况。各级生产部门开发滩涂的积极性日益高涨，各种临海工业开发区迅速发展。滩涂管理的任务就是要综合平衡，统一规划，起到宏观调节的作用。

5）建立专门的综合管理机构

涉及滩涂管理的部门很多，如海洋局、口岸、港口、工矿企业、水产、旅游等部门，它们都在特定区域执行管理职能，容易造成条块分割、各自为政的局面（何书金等，2000）。根据我国资源开发实行分级管理的法律规定，考虑到海南"小政府，大社会"的大特区运行机制，建议省政府设立滩涂管理委员会或领导小组一类的机构，在原有部门管理的基础上增加综合协调管理。

三、滩涂开发适宜性评价

适宜性分析是一项用于评价的方法，可以理解为土地资源对某种特殊利用适合程度的确定过程。适宜性分析综合了多项影响因素，以科学的方法综合评价这些影响因素，适应于处理复杂的信息（McHarg，1969）。土地利用适宜性评价的应用范围基本分为 5 大类：一是城市建设用地的评价，二是农业用地的评价，三是自然保护区或旅游区用地的评价，四是区域规划和景观规划，五是项目选址及环境影响评价（Malczewski，2004）。

由于人类对海岸的需求越来越多，为了达到可持续发展的目的，要求对海岸带的利用和开发必须符合统筹规划、科学论证、因地制宜、适度开发的原则，在土地适宜性评价的多元化应用领域中，滩涂开发适宜性评价是很重要的部分之一。目前海岸带开发适宜性评价的研究与实践主要集中在建设用地与农用地旅游移民安置、土地复垦等方面。滩涂农业、渔业、港口-开发区3种利用类型是我国沿海滩涂主要开发利用类型，对它们的适宜性评价也是研究的热点。

在评价滩涂农业利用类型方面，制定评价指标的选择及标准时，要从植物生长的需要和土地属性出发，选择那些既能反映土地质量特征，又是制约植物产品数量和质量的要素作为土地资源评价的指标。美国、加拿大等国家根据海岸带资源管理需求建立了国家级或区域性地理信息系统，用来掌握海岸带变迁、植被和其他资源分布状况和变异，已经开始利用地理信息系统掌握海洋环境变化对生物资源的影响。借鉴国外和国内对滩涂的利用现状和研究，在对滩涂土地适宜性等级进行划分时，既要考虑农业生产的实用性，力求简明，又要能使土地质量差异性得到正确反映。只有把两者结合起来，才能使评价结果直接为农业生产服务。

海水养殖是渔业的重要组成部分，我国海水养殖快速大规模发展的同时给生态系统带来巨大的压力，养殖自身的持续发展也受到影响（毛玉泽，2004；甘居利等，2006；张继红，2008；张丽旭等，2010）。信息化是提高决策和管理水平的重要保证。世界各国都十分重视海洋信息系统的建设：美国一直在研究海洋生物编码体系，建立了海洋生物数据库；英国、日本、葡萄牙等国家成功研制了渔业管理信息系统，用以指导渔船生产、防止滥捕，有效地保护了渔业资源。在评估滩涂海水养殖适宜性时，要充分考虑信息化在渔业评价中的重要性，其生态系统所承受的环境压力系统的状态和发展趋势是不可小觑的。有学者根据系统性、动态性生态-社会-经济相结合的原则，构建了基于指标体系法和层次分析法的滩涂渔业适宜性评价的方法与模式，以期为滩涂渔业利用类型适宜性评估和管理提供科学工具（王保栋和韩彬，2009）。

沿海港口-开发区建设、运行、发展对滩涂生态环境影响问题日益突出，生物多样性受到严重威胁，生态环境的恶化给滩涂资源的持续利用和滩涂经济的持续发展带来直接影响。如何在港口开发与滩涂保护及利用之间取得平衡，优化港口开发模式，是滩涂港口-开发区利用研究面对的课题和挑战。根据滩涂研究结果，其适宜性评价的原则是在评价滩涂土地资源适宜性时，就要找出港口开发的不利或者限制因素的种类、限制程度及其产生的原因，提出有效的改良方法和措施（何书金，2005）。

从21世纪开始，土地评价结果作为土地利用和规划的主要决策依据，理论体系开始完善、研究方法开始革新（赵彬等，2010）。目前，土地适宜性评价在方法、理论及手段等方面的研究逐渐深入，随着计算机技术的不断发展，地理信息系统的建立和模型方法的应用，以及土地适宜性评价从单一走向综合，从定性走向定量，从静态走向动态。评价的方法主要有：人工神经网络、特尔斐法、层次分析法、调试法、限制评分法、加权求和法、线性回归法、模糊数学模型等。各方法的主要特点是：特尔斐法咨询周期较长，而且主观随意性大（骆旭添等，2011）；线性回归也是常用的确定因子权重的方法，该方法在计算时要求较大的样本数量，且因变量和自变量之间线性关系比较明显（谷润平和王鹏，2014）；层次分析法常被用来确定由多个层次级别构成的因子权重（黄永奇等，2014），模糊综合评判也常被用来确定因子权重（黄永奇等，2014）；限制评分法主要突出了评价因子限制性在评价中的作用（张红旗等，2003）；加权求和法有时不能突出主要限制因子的作用（毛爱华等，2012）。

　　研究者利用不同的评价方法从不同的角度评价土地适宜性，并在研究中不断改进评价方法。不少国家已经建立土地适宜性评价模型系统并开发出相应软件，土地适宜性评价已成为土地评价研究的热点（曹文彬等，2013）；傅伯杰等（1997）利用传统的评价方法，从生态、经济、社会三方面建立了土地可持续利用的评价体系；彭建等（2003）应用景观生态学理论，将海岸带土地多重利用目标和景观格局相结合进行了土地可持续利用在时空上的综合评价、分级，以期使现状土地评价在时间上得到延续；吕晓剑等（2005）在汉阳湖区土地资源评价时考虑了生态环境和景观建设等因素，为合理开发城市湖泊区土地资源和生态保护提供了重要的科学依据；王全（2005）用模糊数学的方法基于 GIS 对南京市高淳新区进行了城市用地生态适宜性评价；张愉等（2013）针对泸定县的 14 个复垦区的土地，运用 Matlab 进行数值模拟和分析，提出了一种基于模糊聚类分析的土地适宜性评价方法；韩瑞芳和武新伟（2013）分析了有效土层厚度、表层土壤质地、地形坡度、交通状况等评价指标，得出了合理开发利用土地资源的方法，避免了土地开发利用的盲目性。

四、滩涂监测方法

（一）遥感技术

　　在海岸带滩涂信息采集的各种方式中，遥感技术是最重要的、不可缺少的手段之一。它能将地面（海面）大范围同步资料在较短的时间内，通过数字形式传递到计算机，再经过影像数据处理技术和数学方法，迅速地将需要的地面信息提取出来。由于海岸带是海洋与陆地交汇区，处于不断变化中，如冲淤、滩涂围垦等，现有的地形图等资料无法满足分析动态变化的需求，故采用了时相新、分辨率高的遥感卫星图像作分析底图。在研究中选取的遥感卫星影像需满足以下要求。

（1）空间分辨率高，一般不低于 30m，能满足海岸带地区的地物识别，主要包括对河口、河道、海堤等地物的识别。

（2）波谱分辨率高，由于各种地物在不同的波段范围内反射率不一样，故各种地物在不同的波段范围内成像是不同的，这样采用不同的波段组合可以区分不同利用类型的滩涂。

（3）卫星图像成像的时间应该是研究区的低潮位或者是接近低潮位的时间，这样在卫星图像上滩涂露出最多，可以直观地观测滩涂的形状。

（4）研究区成像时刻天空无云、地面能见度高。

（5）在进行滩涂演变分析时，选取的卫星影像成像时间应该均匀分布，可充分反映滩涂在各时期的地貌特征。

（二）地理信息系统技术

地理信息系统（geography information system，GIS）是一种采集、模拟、检索、分析和处理海量地理空间数据的计算机系统，通常由数据输入子系统、数据库管理子系统、空间分析子系统、数据输出子系统等组成。同时，GIS 也是对地理环境有关问题进行研究和分析的一门学科，采用空间模型分析方法，可适时提供多种空间和动态信息。GIS 通过对地理数据的集成、存储、检索、操作和分析，生成并输出各种地理信息，从而为土地利用、资源评价管理、环境监测、交通运输、经济建设、城市规划及政府部门行政管理提供新的技术，为工程设计和规划、管理决策服务。

地理信息是滩涂与围垦资源的重要基础信息之一，90%以上的滩涂与围垦信息都与地理信息相关。滩涂与围垦资源需要运用先进的信息管理手段来提高工作效率，解决滩涂资源基本资料不详、信息采集与分析手段相对落后的问题。GIS 能为滩涂与围垦资源信息管理提供行之有效的现代化管理手段，实现管理与决策的规范化、标准化、科学化。同时通过对系统的研究，为建立类似的滩涂围垦管理信息系统提供范例，为该技术的广泛应用奠定基础（魏家绮，2003）。

第二章　广西海岸滩涂的基本特征

第一节　广西海岸自然地理概况

一、地理位置

广西地处中国华南沿海，南临北部湾，与海南隔海相望，东连广东，东北接湖南，西北靠贵州，西邻云南，西南与越南毗邻。广西沿海地区位于广西壮族自治区的最南端，海岸线东起粤桂交界处的洗米河口，西至中越边界的北仑河口，大陆海岸线长 1628.6km。沿海岛屿有 643 个，岛屿总面积 119.9km²。有 6 条主要河流入海：北仑河、防城江、茅岭江、钦江、大风江、南流江。与曲折、漫长海岸相伴，分布有珍珠湾、防城湾、钦州湾、廉州湾、铁山港湾、英罗湾，这些海湾为广西提供了丰富的港口资源。广西沿海城市包括北海、钦州、防城港三市。

北海市位于广西南端，北部湾东北岸，北纬 20°26′～21°55′、东经 108°50′～109°47′，东邻广东，南与海南隔海相望，西邻越南。海岸线长 526.7km。北海是广西连接香港、澳门和台湾的前沿，是中国大西南连接东盟最便捷的出海口，占有独特的区位优势。

钦州市位于广西南部，北纬 20°52′～22°41′、东经 108°10′～109°52′，处于东南亚与大西南两个辐射扇面的轴心，是大西南经济协作区最便捷的出海口，扼广西沿海三个地级市与广西内地及大西南交通联系的咽喉。海岸线长 523.9km。

防城港市地处北纬 20°36′～22°22′、东经 107°28′～108°36′，居北回归线以南。东邻钦州市，南临北部湾，其辖区的东兴市（县级市）与越南的广宁省接壤。西与宁明县为界，北接扶绥县，东北连南宁市邕宁区，大海岸线长 578.0km，边境线长 200 多千米。作为中国通往越南及东南亚国家最便捷的海陆通道，防城港市在构筑中国–东盟自由贸易区战略格局中居于特殊的地位。

二、气候概况

广西沿海地区位于北回归线以南，属南亚热带气候区，受大气环流和海岸地形的共同影响，形成了典型的南亚热带海洋性季风气候。其主要特点是高温多雨、干湿分明、夏长冬短、季风盛行。

（一）气温

广西沿海地区各市所处的地理位置不同，从沿岸东部至西部依次为北海市、钦州市、防城港市，不同岸段的气温存在一定差异，现将三市的气温概况简述如下。

北海市历年平均气温为 22.9℃；历年年极端最高气温为 37.1℃；历年年极端最低气温为 2℃；历年最热月为 7 月，平均气温为 28.7℃；历年年最冷月为 1 月，平均为 14.3℃。

钦州市历年年平均气温为 21.1～23.4℃，历年月平均最高气温为 26.2℃，月平均最低气温为 19.2℃。最热月为 7 月，平均气温为 28.4℃，平均最高气温为 31.9℃。历年极端最高气温为 37.5℃。最冷月为 1 月，平均气温为 13.4℃，平均最低气温为 10.3℃。历年极端最低气温为-1.8℃。

防城港市历年年平均气温为 23.0℃；最热月为 7 月，平均气温为 29.0℃；最冷月为 1 月，平均气温为 14.7℃。历年极端最高气温为 37.7℃（出现在 1998 年 7 月 24 日）；极端最低气温为 1.2℃（出现在 1994 年 12 月 29 日）。

（二）风况

广西沿岸为季风区，冬季盛行东北风，夏季盛行南或西南风，春季是东北季风向西南季风过渡时期，秋季则是西南风向东北风过渡的季节。

北海市常风向为 N 向，频率为 22.1%；次风向为 ESE 向，频率为 10.8%；强风向为 SE 向，实测最大风速 29m/s。该地区风向季节变化显著，冬季盛吹北风，夏季盛吹偏南风。据统计，风速≥17m/s（8 级以上）的大风天数，历年最多 25 天，最少 3 天，平均 11.8 天。

钦州市沿海地区位于钦州湾沿岸，其平均风速大小处在不同区域具有明显差异，湾中部龙门居首，平均风速为 3.9m/s；湾东岸犀牛脚次之，为 3.0m/s；钦州市区最小，为 2.7m/s，历年最大风速为 30m/s。钦州市地区的风向以北风为主，南风次之。钦州市地区大风日数≥17m/s（8 级以上）历年年均为 5.1 天，历年年最多大风数为 9.0 天，明显少于北海地区平均 11.8 天。

防城港市历年年平均风速为 3.1m/s，历年月平均最大风速出现在 12 月，为 3.9m/s，其次为 1 月和 2 月，为 3.7m/s；最小风速出现在 8 月，为 2.3m/s。该区冬季风速比夏季风速大。防城港的常风为 NNE，频率为 30.9%；次常风向为 SSW，频率为 8.5%，强风向为 E，频率为 4.7%。

（三）降水量

北海市降水量的季节性变化较为明显，一般每年 5～9 月为雨季，占全年降水量的 78.7%，10 月至次年 4 月为旱季，降水量较少，为全年降水量的 21.3%。历年年平均降水量为1663.7mm，历年年最大降水量为2211.2mm；历年年最小降水量为849.1mm。

钦州市降水量的季节变化较大，全年降水量集中在4～10 月，占全年降水量的90%，而 6～8 月为降雨高峰期，这 3 个月占全年降水量的 57%。历年年平均降水量为 2057.7mm，历年年最大降水量 2807.7mm，最小降水量为 1255.2m。

防城港市历年年平均降水量为 2102.2mm，历年年最大降水量为 2911.19mm。大部分集中在 6～8 月，占全年平均降水量的 54%，1～8 月雨量逐月增多，其中 8 月是高峰期，月雨量达 416.0mm，9～12 月雨量递减，其中，12 月雨量最少，月雨量仅 24.1mm。防城港 24h 最大降水量为 365.3mm。

（四）灾害性天气

广西沿海地区的灾害性天气较多，主要有台风（热带气旋）、强风和寒潮大风、低温阴雨等。沿海地区每年 5～10 月为台风季节，平均每年热带气旋影响 2～3 次，平均每 5～8 年有一次强台风危害，在强台风的严重影响下，较容易产生较大的台风暴潮，给工业、农业、海洋开发的安全带来威胁。强风和寒潮大风主要出现在 9 月至次年 4 月，平均每月出现 6～9 天，这给海上渔业捕捞和运输安全带来影响。低温阴雨天气主要发生在每年 2～3 月，给种植业和海水养殖业带来危害。

三、海洋水文

（一）潮汐概况

广西沿海以全日潮为主，除铁山港和龙门港为非正规全日潮以外，其余均为正规全日潮，是一个典型的全日潮区，但每次大潮过后有 2～4 天为半日潮。全日潮在一年当中占 60%～70%。全日潮潮差一般大于半日潮潮差。因此，广西沿岸潮差较大，各站最大潮差均大于 4m，平均潮差为 2～3m（表 2-1）。广西海岸属于强潮型海岸，最大潮差位于钦州港，达 6.41m。

表 2-1 广西沿岸各站潮差（单位：m）

验潮站	珍珠港	防城港	企沙镇	龙门港	北海港	铁山港	涠洲岛
平均潮差	2.28	2.12	1.96	2.55	2.49	2.53	2.30
最大潮差	5.00	4.17	4.24	5.49	5.36	6.41	5.37

（二）潮流特征

广西沿岸潮流为往复类型，涨潮流向东北，落潮流向西南，表层、中层和底层潮流方向基本一致。根据潮流的强弱，广西沿岸浅海可分为东、西岸段海区：北海市以东至铁山港海区潮流较强，最大平均流速为 2.0cm/s 以上，北海市以西至江平一带海区潮流流速减弱，最大平均潮流流速为 1.25cm/s，底层平均最大流速同样是东部大于西部，但底层略有减小。由于北部湾形成了规模较大的逆时针环流，冬夏季不变。海流流速为 0.3～0.4cm/s，湾顶又达1.5cm/s。逆时针环流在广西沿岸浅海流向稳定，为西南向，致使广西沿岸潮流增强。

（三）波浪

广西沿岸波浪的季节性变化异常明显，冬季以北东和北北东浪为主，最高达当月的 43%。夏季西部主要为南向浪，东部则以南南西向浪为主，其中 7 月南南西向浪占当月的 40%。波浪中风浪与风速、风向关系最为密切，根据白龙尾和涠洲岛观测，风浪与风向一致，夏季盛行南向风浪。冬季偏北浪频率最大，涌浪只有偏南向。白龙尾站平均波高 0.5m，最大波高 3.6m，而涠洲岛平均波高同样为 0.5m，但最大波高达 5.0m；北海港平均波高和最大波高较小，分别为 0.3m 和 2.0m（表 2-2）。广西沿岸最大波高出现在东南方向，其次为西南向波浪。

表 2-2　广西沿岸各月最大波高（单位：m）

月份 站名	1	2	3	4	5	6	7	8	9	10	11	12	全年
涠洲	2.3	2.2	1.9	2.2	5.0	3.9	4.2	4.0	4.6	4.6	1.8	1.8	5.0
北海港	1.3	1.2	1.3	1.1	1.2	1.3	1.0	1.5	1.6	1.6	2.0	2.0	2.0
白龙尾	2.0	1.5	1.7	1.9	2.8	3.6	4.1	3.7	3.5	3.6	2.0	2.2	3.6

（四）海水水色和透明度

水色　广西近海春季海水的水色变化范围为 6.8～14，水色较高值分布于铁山港湾至钦州湾之间的海域；夏季海水的水色变化范围为 3.9～15，从近岸浅水向深水区水色值降低；秋季海水的水色变化范围为 7.9～15，变化趋势与夏季相似；冬季海水的水色变化范围为 8.6～14，从东向西，水色值逐渐降低。

透明度　广西近海春季海水的透明度变化范围为 2.58～13m，透明度较大深度值分布于西部的珍珠湾和防城湾外；夏季海水的透明度变化范围为 0.67～21m，从近岸浅水向深水区透明度深度值增大；秋季海水的透明度变化范围为 1.7～9.2m，变化趋势与夏季相似；冬季海水的透明度变化范围为 2.79～10.2m，变化趋势与夏季和秋季相似。

（五）海水温度和盐度

水温　广西近海春季表层海水温度平均为 18.83℃，底层水温平均为 19.04℃；

夏季表层海水温度平均为 31.5℃，底层海水温度平均为 30.9℃；秋季表层海水温度平均为 27.1℃；冬季表层海水温度平均为 17.6℃，底层海水温度平均为 17.6℃。表层海水和底层海水温度的分布趋势基本相同，都表现为西北近岸水温低，东南远岸水温高。

盐度　广西近海春季表层海水盐度平均为31.82，底层平均为31.96；夏季表层海水盐度平均为 26.44，底层平均为 31.74；秋季表层海水盐度平均为 30.12；底层平均为31.74；冬季表层海水盐度平均为 31.56，底层平均为 31.55。近岸海水盐度低，远岸海水盐度高；夏、秋两季表层海水盐度明显低于底层，而春、冬两季表层和底层海水盐度差别不大。

四、海岸地貌概况

广西海岸带陆上地区总的地势是西北高、东南低。近岸浅海属半封闭型大陆架海域，海底地形坡度平缓，等深线基本与岸线平行，大致呈纬向分布。

由于受地层、岩石和构造控制，广西海岸大致以大风江口为界，东、西两侧具有不同的地貌特征。东部地区主要为第四系湛江组和北海组砂砾、砂泥层组成的古洪积-冲积平原，地势平坦，略向南倾斜。西部地区主要是由下古生界志留系和中生界侏罗系的砂岩、粉砂岩、泥岩，以及不同期次侵入岩体构成的丘陵多级基岩剥蚀台地。

海岸带地貌按其成因可划分为侵蚀-剥蚀地貌、洪积-冲积地貌、河流冲积地貌、河海混合堆积地貌、海蚀地貌、海积地貌和生物海岸地貌。

水下地貌　水下地貌分为河口沙坝和潮流脊两个亚类。河口沙坝分布于南流江、钦江、茅岭江等河口地带，是河流和潮流共同作用的产物。河口沙坝的存在往往使河床或岔道河床进一步分岔。沙坝成分主要为中、细粒石英沙，泥质含量占 0%～14%，钛铁矿等重矿物含量占 2.31%～2.72%。潮流脊主要见于钦州湾和铁山港，是近岸浅海中由潮流形成的线状沙体。其延伸方向与潮流方向一致，常脊、槽（沟）相间，平行排列成指状伸展。

沉积物类型　广西沿岸浅海沉积物约 10 种，由粗至细分别为：砾砂（GS）、粗砂（CS）、中砂（MS）、细砂（FS）、泥质砂（T-Y-S）、粉砂质砂（TS）、黏土质砂（YS）、砂-粉砂-黏土（STY）、黏土质粉砂（YT）和粉砂质黏土（TY）。

五、滨海湿地

除潮间带滩涂外，三角洲农田、入海河流、滨海水库、咸水养殖池等。根据广西 908 相关调查结果，各类型详述如下。

三角洲农田：南流江和钦江分别在合浦和钦州境内，淤积成较大面积的三角洲滨海平原和农田，是广西沿海一带的粮仓。这里淡水水源流两江之水，流量丰富，农作物组合都可满足一年三熟的耕作制度，在以农耕为主的时代，属历史上富庶之地。本岸段之北面的地貌均为破碎丘陵，受广西中路寒潮灾害性天气影响较大，热量较东西两岸带低，难以发展典型热带植物，其中在农作物种植组合上，热量难以满足双季稻+冬红薯这种全粮高产熟制。

入海河流与泥沙状况　广西沿海流域面积在 50km² 以上的河流有 123 条，分别汇成 22 条干流独流入海，年径流总量约 300×10⁸m³。较大的常年性河流有南流江、钦江、茅岭江、大风江、防城江和北仑河 6 条，流域面积共约 1.8×10⁴km²，总河长 960km，其年径流量共 182×10⁸m³，占其全部河流年径流总量的 73%，详见表 2-3；其余 117 条均为季节性小河。广西沿海地处亚热带气候区，四季分明，海径流大小与季节变化有着密切关系。通常，夏季（6～8 月）径流量最大，约占全年径流总量的 50% 以上，其次为春季（3～5 月），约占全年径流总量的 30%；再次为秋天（9～11 月），约占全年径流总量的 15%；冬季（12 月至次年 2 月）径流量最小，仅占全年径流总量的 5%。显然，一年当中，4～10 月是每年年径流量最集中的时段，即汛期径流量约为全年径流总量的 80% 以上。

表 2-3　广西主要入海河流的基本情况

河流名称	集雨面积 /km²	干流长 /km	坡降/‰	平均径流量/亿 m³	含沙量/（kg/m³）	年平均输沙 /10⁴t	备注
南流江	9232	285	0.35	74.96	0.21	111	独流入海
大风江	1888	139	0.21	14.8	—	36	独流入海
钦江	2391	195	0.32	22.1	0.23	46.5	独流入海
茅岭江	2909	123	0.49	19.2	—	55.3	独流入海
防城河	895	83.8	1.84	15.6	—	23.7	独流入海
北仑河	1187	98	2.53	2	—	22.2	境内 830km²

注：汇总了李树华《广西近海水文及水动力环境研究》和王文介《中国南海海岸地貌沉积研究》的数据

滨海水库　水库担负着拦洪减灾、蓄水兴利等重要作用。广西滨海水库数量少，蓄水量小，仅供给小型农业生产和生活。闸口水库位于北海市闸口江的入海口，涨潮时海水和水库连在一起，面积 147hm²，是滨海较大的水库之一。高德镇七星江水库、龙头江水库、后沟江水库都是小型水库，面积都不足 5hm²，钦州市九河水库，在九河入海处筑堤拦截九河水而形成，面积约 170hm²，是滨海 1km 内较大的淡水源储地。防城港市的东兴水库，面积 1366hm²，距离海岸约 5km，是滨海较大型的水库。除了以上所列水库外，还有很多大大小小无名的小型库塘，在雨季的时候拦截地表径流，供给农业生产和其他生产生活用水。

咸水养殖池　新中国成立后，广西就开始了海水养殖，较大的国营养殖场主要有企沙镇的天堂坡虾塘和江平镇的交东虾塘，群众性养殖始于 1979 年。咸水养殖池最初主要由沿岸的毁弃盐碱荒地、小部分的红树林地和水稻田改造而成，面积较小，分布零散，不成规模。从 2001 年开始，大量的稻田、耕地、盐田和坡地改建为养殖池，20 世纪 90 年代末期，一些盐滩地、滨岸沼泽地和低海拔台地陆续被开发，最近一两年，个别的养殖户甚至将水引上较高海拔（最高可达 21m）的丘陵坡地进行养殖。根据相关海岸带调查数据，至 2008 年，广西沿海共有养殖池约 34 091hm²，大量的农田、盐田、盐滩地、红树林和其他土地改建成虾塘。大规模不规范地开发虾塘，使农田、坡地、人饮水和农业用水咸化，近海水体受污染，海岸天然屏障红树林和滨海植被生境被破坏，稻田和盐田退化等。同时滨海养殖是一项高风险的生产活动，2008 年 6 月的特大潮加特大暴雨，北海市近岸就有 1000 多亩[①]的虾塘被海水淹没，虾农损失惨重。所以，过度、无序地开发虾塘，对滨海生态环境造成了严重的威胁，同时对人民生产生活的稳定产生了一定的影响。

第二节　广西沿海社会经济发展情况

一、行政及人口概况

广西沿海滩涂行政上隶属于北海、钦州、防城港三个市 8 个县（市、区），由西向东分别为防城港市的东兴市、防城区、港口区；钦州市的钦南区；北海市的合浦县、海城区、银海区、铁山港区。

根据统计年鉴，从 2008～2013 年的人口统计数据来分析（表 2-4），广西沿海城市人口从 595.63 万增加到 636.89 万，净增 41.26 万，增长了 6.93%。

表 2-4　广西沿海城市人口统计数据（单位：万人）

年份	2008	2009	2010	2011	2012	2013
北海	156.32	157.72	160.18	161.75	163.04	164.41
钦州	355.99	364.51	371.19	379.11	382.62	385.22
防城港	83.32	84.76	86.92	86.01	86.54	87.26
合计	595.63	606.99	618.29	626.87	632.2	636.89

① 1 亩≈666.7m²。

二、北部湾经济区经济概况

2011年广西北部湾经济区各项主要经济指标继续领先全区，经济发展的龙头地位日益明显。地区生产总值增速高于全区平均水平，幅度创历史新高。北部湾经济区实现地区生产总值3862.33亿元，同比增长15.9%，高于全区3.6个百分点，创历史新高；生产总值占全区的比重由2010年的31.8%提高到历史性的33%；钦州、北海、防城港3市分列全区增长幅度前3名。

经济发展速度远远高于广西其他经济区域。北部湾经济区GDP、财政收入、规模以上工业增加值增速、全社会固定资产投资、进出口等主要经济指标增速均高于桂西资源富集区、西江经济带、西江黄金水道沿江七市。其中，生产总值增速分别高于以上区域9.6个百分点、4.7个百分点、4.7个百分点。11个重点产业园区工业总产值首次突破1000亿元。11个重点产业园区完成工业产值1358亿元，增长1.17倍。11个重点产业园区中有5个园区总产值超过100亿元，百亿元园区数量占全区总数近1/4，工业产值超亿元的企业有119个。重大项目建设取得新突破。中石化北海炼油异地改造、中粮钦州粮油加工、南宁电厂、防城港中一重工等一批重大项目建成，中石油钦州炼油一期配套工程等项目开工建设，防城港红沙核电站等续建项目顺利推进，南宁至钦州高速铁路正式铺轨。北部湾港吞吐量达到1.53亿t，完成集装箱吞吐量73.8万标箱，同比增长30.92%，远超湛江港。根据交通运输部的统计，去年11月北部湾港货物吞吐量增速在全国规模以上港口中排名第二，仅次于河北黄骅港。保税物流全面建成，运营良好。钦州保税港区全面开港运营，成为我国沿海第5个汽车整车进口口岸；凭祥综合保税区一期顺利封关运营，已有37家企业签订协议入园发展。

2013年，广西北部湾经济区实现生产总值4817.43亿元，同比增长10.5%，高于广西全区0.3个百分点；占全区的比重为33.5%，比上年提高0.76个百分点。经济运行总体呈现前低后高、企稳回升态势，主要经济指标增幅均高于广西全区。2013年，广西北部湾港完成货物吞吐量1.87亿t（规模以上），位居全国沿海规模以上港口第15位，同比增长7.09%；集装箱首次突破100万标箱，达到100.33万标箱，同比增长21.86%。

三、广西海洋经济概况

根据《2014年广西海洋经济统计公报》统计结果，广西海洋经济情况如下。

（一）广西海洋经济总体情况

2014年广西海洋生产总值926亿元，比上年增长9.1%，占广西地区生产总值的比重为 5.9%，约占广西北部湾经济区四城市（南宁、北海、钦州、防城港）生产总值的 17%，其中，主要海洋产业增加值 484 亿元，占沿海三市（北海、钦州、防城港）生产总值的 21%。

按三次产业结构划分，海洋第一产业增加值 166 亿元，海洋第二产业增加值 357 亿元，海洋第三产业增加值 403 亿元。海洋第一、第二、第三产业占海洋生产总值的比重分别为 17.9%，38.6%，43.5%。

（二）广西主要海洋产业发展情况

按海洋经济核算三大块（核心层、支持层、外围层）划分，海洋主要产业（核心层）增加值 484 亿元，海洋科研教育服务业（支持层）增加值 95 亿元，海洋相关产业（外围层）增加值 347 亿元。

2014 年全区主要海洋产业平稳较快发展，主要海洋产业增加值 484 亿元，比上年增长 10%。其中，海洋渔业比重最大，增加值 184 亿元，占 38.0%；第二位是海洋交通运输业，增加值 117 亿元，占 24.2%；第三位是海洋工程建筑业，增加值 89 亿元，占 18.4%；第四位是滨海旅游业产值 71 亿元，占 14.7%。

（三）广西区域海洋经济发展情况

2014 年，钦州市海洋生产总值为 344 亿元，占全区海洋生产总值的 37.1%；北海市海洋生产总值为 345 亿元，占全区海洋生产总值的 37.3%；防城港市海洋生产总值为 237 亿元，占全区海洋生产总值的 25.6%。

第三节　广西海洋环境现状

根据《广西壮族自治区 2014 年海洋环境质量公报》，2014 年，我区近岸海域海水环境状况总体良好，符合第一、二类海水水质标准的海域面积约占我区近岸海域面积的 83.4%。重点保护的红树林生态系统保持稳定，处于健康状态。海洋自然保护区内的珍稀濒危物种和生态环境能够得到有效的保护。陆源入海排污口的达标率有了较大幅度的提升。重点海水浴场和滨海旅游度假区环境质量良好，海水增养殖区环境质量基本能满足养殖活动要求。海洋倾倒区环境状况总体稳定。海水入侵及土壤盐渍化范围有所缩小、程度有所降低。

但内湾和人口密集区沿岸污染逐渐加重的趋势没有改变。港湾、河口的污染物逐渐向近岸海域扩散。江河排海污染物排海总量比 2013 年大幅减少，与 2010～2012 年水平相当。入海排污口邻近海域环境质量状况总体依然较差。海草床生态系统依然受到海洋工程建设、渔民滩涂赶海等人为干扰活动的影响，仍处于亚健康状态。珊瑚礁生态系统与 5 年前相比，珊瑚种类数和造礁石珊瑚覆盖度均有不同程度下降，竹蔗寮分布区下降得比较严重。2014 年，广西沿海虽然没有发生典型意义上的赤潮，但 2 次由球形棕囊藻引发的大范围水质异常现象应引起我们的高度重视。2014 年，广西沿海受到了 2 次风暴潮灾害的袭击，即 1409 号超强台风"威马逊"和 1415 号台风"海鸥"，给广西沿海带来了重大经济损失。

一、海水环境状况

2014 年，我区近岸海域海水环境状况总体良好，但近岸局部海域污染依然严重，主要污染要素为无机氮、石油类和活性磷酸盐。

2014 年夏季，海水中无机氮、活性磷酸盐、化学需氧量、石油类和重金属等多项监测要素的综合评价结果显示，我区近岸海域符合第一类、第二类、第三类、第四类和劣于第四类海水水质标准的监测站位比例分别为 17.7%、27.4%、37.2%、5.3%和 12.4%。我区近岸海域符合第一、二类海水水质标准的面积约为 4744km²，约占近岸海域面积的 83.4%；符合第三类、第四类和劣于第四类海水水质标准的海域面积分别为 306km²、174km² 和 466km²；劣于第四类海水水质标准的海域主要分布在廉州湾、茅尾海、防城港东湾及北仑河口等局部海域。

近岸海域各主要监测要素评价结果如下。

溶解氧　夏季，绝大部分海域的溶解氧含量符合第二类海水水质标准；春季和秋季，绝大部分符合第一类海水水质标准。

化学需氧量　夏季和秋季，绝大部分海域化学需氧量符合第一类海水水质标准，未达到第一类海水水质标准的区域主要分布在钦州湾；春季，绝大部分符合第二类海水水质标准。

无机氮　夏季，无机氮污染整体较为严重，钦州湾、北仑河口部分海域劣于第四类海水水质标准；春季和秋季情况稍好，大部分海域符合第一、二类海水水质标准，但茅尾海和北仑河口仍有局部海域劣于第四类海水水质标准。

活性磷酸盐　春、夏和秋季，大部分海域活性磷酸盐含量均符合第一类海水水质标准，廉州湾和钦州湾等港湾其含量较高。

石油类　春、夏和秋季，绝大部分海域海水中石油类含量符合第一、二类海水水质标准。夏季廉州湾、北仑河口、钦州湾部分海域劣于第二类海水水质标准；春季钦州湾、北仑河口、珍珠湾和大风江口部分海域劣于第二类海水水质标准；秋季钦州湾和北仑河口部分海域劣于第二类海水水质标准。

重金属　春、夏和秋季，所有监测站位海水中铜、锌、镉、铬、砷含量均符合第一类海水水质标准；汞、铅含量绝大部分海域符合第二类海水水质标准。

按照行政区划，广西 3 个沿海市的海水质量如下。

北海市　近岸海域大部分符合第二、三类海水水质标准；劣于第三类海水水质标准的海域主要分布在廉州湾和大风江口，其中廉州湾部分海域水质已劣于第四类海水水质标准。海水中的主要污染物为活性磷酸盐、石油类和无机氮。

钦州市　近岸海域大部分符合第二、三类海水水质标准；钦州湾（含茅尾海）和犀牛脚附近局部海域劣于第四类海水水质标准。海水中的主要污染物为无机氮、石油类和活性磷酸盐。

防城港市　近岸海域大部分符合第二、三类海水水质标准；但防城港东湾和北仑河口海域劣于第四类海水水质标准。海水中的主要污染物为无机氮、石油类和化学需氧量。

二、海洋生态系统状况

2014 年，对我区近岸海域典型海洋生态系统和生态监控区开展了海洋生物多样性状况监测，监测内容包括浮游生物、底栖生物、珊瑚、红树植物、海草等生物的种类组成和数量分布等。对实施监测的 4 个重点监测区的生态系统健康状况进行评价，结果表明，山口红树林保护区和北仑河口红树林保护区的红树林生态系统处于健康状态，北海市铁山港湾海草床生态系统和涠洲岛珊瑚礁生态系统处于亚健康状态。

山口红树林生态系统　2014 年，山口红树林生态系统总体呈健康状态。群落结构和类型保持稳定，能够维持原有物种的多样性和生境完整性。无瓣海桑经过砍伐治理，已得到控制。监测区域内红树植物平均密度为 6745 株/hm² （注：2014 年监测站位在 2013 年的基础上调整，13 个站位已发生变化），核心区和缓冲区分布差距较大。

北仑河口红树林生态系统　2014 年，北仑河口红树林生态系统总体亦呈健康状态。红树林群落稳定，能够维持原有物种的多样性和生境完整性。

海草床生态系统　2014 年，北海市铁山港海草床生态系统呈亚健康状态。铁山港海草床生态系统比较脆弱，群落较不稳定，主要受海洋工程建设、渔民滩涂赶海等人为干扰活动的影响。共监测到 2 种海草，分别是喜盐草、矮大叶藻，去年偶尔可见的小喜盐草今年没有观测到。海草平均密度为 88 枝/m²，与去年相比，下降幅度明显（去年 330 枝/m²）。

珊瑚礁生态系统　2014 年，涠洲岛珊瑚礁生态系统总体呈亚健康状态，与 5 年前相比，造礁石珊瑚盖度有着明显下降。竹蔗寮海域共鉴定出造礁石珊瑚 13 种，平均活珊瑚覆盖度为 22.7%（5 年前为 40.6%）；橙黄滨珊瑚为绝对优势种，分布面积占全部珊瑚种类的 32.8%。牛角坑海域共鉴定出造礁石珊瑚 15 种，平均活珊瑚覆盖度为 40.3%，牡丹珊瑚属和刺孔珊瑚属为优势属，具有明显的优势，其分布面积占全部珊瑚种类的 73.4%。

三、主要入海污染源状况

（一）主要江河污染物入海量

2014 年，我区经由大风江、南流江、钦江、防城江和茅岭江 5 条主要河流入海的污染物总量为 329 939t。其中化学需氧量（COD$_{Cr}$）312 173t，约占总量的 94.6%，氨氮 5275t，硝酸盐氮 6537t，亚硝酸盐氮 706t，总磷 3593t，石油类 1343t，重金属 303t，砷 9.4t。化学需氧量（COD$_{Cr}$）、硝酸盐氮（以氮计）、亚硝酸盐氮（以氮计）、总磷（以磷计）、重金属和砷分别减少了 45.4%、67.7%、37.1%、57.6%、8.2% 和 47.8%，而石油类和氨氮（以氮计）增加了 41.2% 和 18.4%。

（二）入海排污口及其邻近海域环境质量状况

2014 年，我区对 20 个陆源入海排污口的排污状况开展了监测，监测结果显示，不同类型入海排污口中，工业类排污口达标排放次数比率为 65%，与去年相比升高了 55%；市政类排污口达标排放次数比率为 30%，与去年相比略有升高；排污河达标排放次数比率为 100%，与去年相同。入海排污口污水中总磷达标率一直较低，COD$_{Cr}$、悬浮物达标率有所升高，氨氮达标率变化不大。

2014 年，我区对 5 个重点入海排污口邻近海域的水质、沉积物质量和生物质量状况开展了监测。监测结果显示，入海排污口邻近海域环境质量状况总体依然较差，与 2013 年相比未见改善。

水质状况　5 月和 8 月，分别对水质进行了监测。5 月有 4 个重点排污口邻近海域水质劣于第四类海水水质标准（北海市红坎污水处理厂排污口、钦州港中石油排污口、钦州港金桂纸业排污口和防城港市污水处理厂排污口），8 月有 3 个重点排污口邻近海域水质劣于第四类海水水质标准（钦州港中石油排污口、钦州港金桂纸业排污口和防城港市污水处理厂排污口）。排污口邻近海域水体中的主要污染物是无机氮和活性磷酸盐。

沉积物质量状况　沉积物质量监测结果显示，所有排污口沉积物质量均符合第二类海洋沉积物质量标准。沉积物质量状况总体与上年相近。

生物质量状况　银滩正门排污口、红坎污水处理厂排污口、钦州港中石油排污口和钦州港金桂纸业排污口邻近海域生物质量均符合第二类生物质量标准，能满足所在海洋功能区要求；防城港市污水处理厂排污口邻近海域生物质量不能满足所在海洋功能区生物质量要求，主要超标污染物为石油烃和粪大肠菌群。

四、海洋功能区环境状况

（一）海水增养殖区环境状况

2014 年，我区对北海市廉州湾海水增养殖区、涠洲岛海水增养殖区、钦州市茅尾海大蚝增养殖区、防城港市红沙大蚝增养殖区和珍珠湾珍珠增养殖区开展了增养殖状况、水质、沉积物质量和养殖生物质量综合监测，监测结果显示，实施监测的海水增养殖区环境质量从及格到优良不等。

水质状况　实施监测的海水增养殖区海水质量总体一般，基本能满足养殖功能的要求。涠洲岛海水增养殖区海水中的石油类和粪大肠菌群含量超标，超标站位比例分别为12.5%和8.3%。廉州湾海水增养殖区海水中的活性磷酸盐、石油类和粪大肠菌群含量超标，超标站位比例分别为 53.6%、28.6%和 28.6%。钦州市茅尾海大蚝增养殖区海水中的化学需氧量、无机氮、活性磷酸盐、石油类和粪大肠菌群含量超标，超标站位比例分别为 28.6%、71.4%、25.0%、67.9%和57.1%。防城港红沙大蚝增养殖区海水中的无机氮、活性磷酸盐和石油类含量超标，超标站位比例分别为79.4%、23.5%和17.6%。珍珠湾珍珠增养殖区海水中的石油类含量超标，超标站位比例为 20.0%。

沉积物质量状况　实施监测的海水增养殖区沉积物质量总体良好，满足养殖功能的要求。防城港珍珠湾珍珠增养殖区沉积物符合第一类海洋沉积物质量标准；涠洲岛海水增养殖区、廉州湾海水增养殖区、钦州市茅尾海大蚝增养殖区和防城港红沙大蚝增养殖区沉积物中的粪大肠菌群含量均超过第一类海洋沉积物质量标准。

生物质量状况　廉州湾海水增养殖区和涠洲岛海水增养殖区生物体中的石油烃含量超标，钦州市茅尾海大蚝增养殖区生物体中的总汞、镉和石油烃含量超标，防城港红沙大蚝增养殖区生物体中的镉、铜、砷、石油烃和粪大肠菌群含量超标。所有海水增养殖区养殖生物体中均未检出麻痹性贝毒（PSP）和腹泻性贝毒（DSP）。

养殖状况　实施监测的海水增养殖区分布有浮筏养殖、网箱养殖、池塘养殖和底播增殖等主要增养殖模式；监测的养殖生物主要有对虾、牡蛎、扇贝等。增养殖区全年未发生赤潮和规模养殖病害。

综合环境质量等级　综合评价结果表明，在监测的 5 个增养殖区中，2 个增养殖区环境质量为"优良"，2 个为"较好"，1 个为"及格"，增养殖综合环境质量等级与 2013 年相比略有降低。

（二）海水浴场环境状况

2014 年 4 月 24 日至 10 月 30 日，我区对北海银滩海水浴场和防城港金滩海水浴场开展了每日环境状况监测。综合评价结果显示，两个重点海水浴场的环境质量状况总体良好，浴场休闲功能主要受天气和风浪等自然因素的影响。

水质状况　两个海水浴场的水质状况均达到良好水平。北海银滩海水浴场水质"差"级别的天数比例为 0，防城港金滩海水浴场水质为"差"的天数比例为3%。

健康指数　北海银滩海水浴场的健康指数为 84，防城港金滩海水浴场的健康指数为 89，均达到优秀水平。

游泳适宜度　游泳适宜度是综合海水浴场的水文气象、水质状况、海滩环境和游泳健康指数做出的评价。北海银滩海水浴场适宜和较适宜游泳的天数比例为90%，防城港金滩海水浴场为 77%。不适宜游泳的主要原因是受热带气旋"威马逊"和"海鸥"的影响，天气不佳，风浪偏大。

（三）滨海旅游度假区环境状况

2014 年 3 月 24 日至 10 月 30 日，我区继续对北海银滩滨海旅游度假区开展每日环境状况监测。综合评价结果显示，2014 年北海银滩滨海旅游度假区的环境质量状况总体优良，很适宜开展滨海休闲娱乐活动。

水质状况　2014 年北海银滩滨海旅游度假区的水质指数为 4.3，水质状况优良，达到良好及以上水平的天数比例占总监测天数的 97%。

海面状况　对滨海旅游度假区海面水文和气象状况的综合评价结果显示，2014 年北海银滩滨海旅游度假区的海面状况指数为 4.7，其中达到优良及以上水平的天数比例为 93%。

专项休闲（观光）活动指数　专项休闲（观光）活动指数的综合评价结果显示，2014 年北海银滩滨海旅游度假区的年均休闲（观光）活动指数为 4.4，综合环境质量状况优良，很适宜开展各类休闲（观光）活动。

（四）海洋保护区环境状况

1. 山口红树林国家级海洋自然保护区

2014 年保护区红树林群落结构和类型基本保持不变，林相良好。红树植物主要有桐花树、红海榄、木榄、秋茄和白骨壤。共监测到鸟类 105 种，隶属于 11 目34 科，其中，国家级重点保护鸟类 7 种，均为国家二级重点保护动物：黑脸琵鹭、黑翅鸢、雀鹰、松雀鹰、日本松雀鹰、褐翅鸦鹃和领角鸮。冬季还观测记录到一个新鸟种——中华攀雀。

今年危害红树林的害虫主要有广州小斑螟和三点广翅蜡蝉，主要危害树种是白骨壤，发生虫害的时间为 4～6 月，总受害面积为 55.7hm^2。保护区工作人员及时采取措施进行灭杀，虫害得到了有效的遏制。

保护区外来物种仍主要是无瓣海桑和互花米草。2014 年保护区管理处组织人员砍伐了 408 棵无瓣海桑，已基本能够控制它的扩展形势。互花米草分布面积为 472.0hm^2，入侵红树林群落中的面积为171.5hm^2，与去年基本持平，仍然具有较大的威胁。

2. 北仑河口海洋自然保护区

2014 年保护区红树林群落结构和类型基本保持不变，整体长势良好。共鉴定出红树林植物 7 种，主要优势种为桐花树、秋茄和木榄。共发现鸟类 99 种，隶属于 11 目 31 科，其中世界极危鸟类（CR）1 种——勺嘴鹬。

3～6 月，竹山和石角小部分区域发生了虫害，主要害虫是广州小斑螟和袋蛾，危害的主要树种为白骨壤和桐花树。部分海域仍然受到营养盐和重金属锌、铅和汞的污染。其中，营养盐和石油类污染区域主要分布在独墩和竹山。沉积环境质量符合一类沉积物质量标准。

3. 广西钦州茅尾海国家海洋公园

2014 年，钦州茅尾海国家海洋公园部分站位水质超标情况严重，达到四类水质标准，主要污染物为汞、磷酸盐、无机氮和石油类。共鉴定出大型浮游动物 41 种，平均生物多样性指数为2.46，平均均匀度为0.73；小型浮游动物平均生物多样性指数为 1.98，平均均匀度 0.55。底栖生物 16 种，潮间带生物平均生物多样性指数为1.48，平均均匀度为0.73。大型底栖生物平均生物多样性指数为0.83，平均均匀度为0.44。

第四节　广西海岸滩涂的自然特征

一、滩涂的空间分布

复杂的潮间带沉积形成了各种类型的滩涂湿地，根据海岸地貌类型、沉积体系和动力因素，将潮间带沉积分为海滩沉积和潮滩沉积，则潮间带分为岩石性海岸、砂质海岸海滩和粉砂淤泥质海岸潮滩，另外潮间带还分布有一定面积的生物滩涂。下述各类型滩涂的分布与面积数据来自于广西 908 调查结果。

（一）岩石性海岸（岩滩）

分布于白龙半岛、渔万岛部分海岸、三娘湾附近、七十二泾内的海岛、坑仔至牛栏山海滩、湾仔海岸、大岭、后背塘至梓桐木海滩、龙鸡坪南部海岸、冠头岭、斜阳岛（呈带状分布）等海岸。一般岩滩都较窄，小者几百米，甚至仅有几米，如三娘湾附近的滩涂不到200m，大面墩一带仅宽几米。广西海岸带岩滩总面积约为13km^2，面积小，仅占滩涂湿地的1.4%。

（二）砂质海岸海滩

砂质海岸是侵蚀-堆积夷平海岸类型中的一个亚类，是波浪的侵蚀和堆积作用使古洪积-冲积平原边缘受到改造而趋于夷平，在其前缘发育形成侵蚀-堆积夷平海岸，其中大部分发育成砂质海岸，分布在高潮线至低潮线的范围内。整个岸带砂质海岸的分布较广，见于巫头到万尾沿岸、山心岛红树林外围、渔万岛的东侧海岸、龙门西村岛的东北部-北部海岸、麻蓝头岛的南部海岸、南流江三角洲湿地南面海岸、北海外沙、营盘至高德沿岸、西场及涠洲岛的部分海岸等湾口及湾之间的地带，总面积为733km^2，占滩涂湿地的80.9%，位居第一。

砂质海岸在钦州湾以东岸段较宽，一般在1～5km，以西岸段较窄，一般小到几十米，最大不超过3km，但江平一带相对较宽，一般在2～3km，最宽可达5km。砂质海岸的沉积物主要由粗砂、中砂、细中砂和中细砂组成，各自的分布特点为自岸向海逐渐变细。粗砂通常分布在高潮线附近，为淡黄色、土黄色。中砂分布在中潮位附近，呈灰白色和土黄色。细中砂或中细砂分布于低潮线附近，灰白色和淡黄色。波浪对海滩剖面的塑造作用，往往使得粗颗粒的高潮位滩面坡度高陡，如营盘、企沙平均坡度5°～7°，中砂和细砂沉积剖面只有3°～5°，如北海白虎头和钦州湾西侧岸段。

（三）粉砂淤泥质海岸潮滩

粉砂淤泥质海岸主要见于湾顶和河口地区，潮滩的沉积物基本有粉砂质黏土、砂-粉砂-黏土和细砂-中砂。潮滩受潮汐作用明显，受波浪作用弱，因此，它们的分布自岸向海由细变粗，与砂质海岸的刚好相反。粉砂质黏土主要分布在潮滩的高潮位，呈灰黑色，表面灰黄，砂-粉砂-黏土主要分布于中潮位，表面灰黄色，向下变为灰黑色。细砂-中砂分布于低潮位，呈灰黄色和浅灰黄色。粉砂淤泥质滩涂由于含大量的植物碎屑，淤泥层较厚，为40～50cm。

广西沿海粉砂淤泥质海岸主要分布在铁山港、廉州湾、大风江口、钦州湾茅岭对面海岸、大新围岛（亚公角岛）的东部海岸、龙门西村岛海岸、防城港、珍珠港等，在港湾、溺谷地段与红树林海岸相间分布，总面积为160hm^2，占滩涂湿地的17.7%，位居第二。

钦州湾顶部的滩面较宽，一般为3～5km，其他地方宽1～2km，最窄仅有几十米。潮滩的沉积物基本有粉砂质黏土、砂-粉砂-黏土和细砂-中砂。潮滩受潮汐作用明显，受波浪作用弱，因此，它们的分布自岸向海由细变粗，与砂质海岸的刚好相反。粉砂质黏土主要分布在潮滩的高潮位，呈灰黑色色，表面灰黄色，砂-粉砂-黏土主要分布于中潮位，表面灰黄色，向下变为灰黑色。细砂-中砂分布于低潮位，呈灰黄色和浅灰黄色。粉砂淤泥质滩涂由于含大量的植物碎屑，淤泥层较厚，为40～50cm。

（四）生物滩涂

1. 海草床

海草，是指在热带到温带海域沿岸柔软底部区域中生长的一类单子叶植物。

当前广西的海草面积约 7.7km^2，主要分布在东部的铁山港湾和防城港的珍珠湾，两个海湾的海草面积占广西海草总面积的65%，尤其以铁山港湾的海草面积所占比例最大。

铁山港湾的优势海草种为卵叶喜盐草，是广西合浦儒艮国家级自然保护区的主要分布地，但与北海市铁山港工业区距离也相当近，而且这一带受人为干扰强度较大，挖沙虫、耙螺、电鱼、贝类养殖等现象十分突出。过去有大量儒艮在此区域活动进食。防城港珍珠湾海草场的优势种为矮大叶藻，草场毗邻广西北仑河口国家级自然保护区，附近海域无大规模工业，但挖沙虫、耙螺、抽沙等对海草床产生破坏的活动也十分严重。该海区未见有儒艮出现的报道。

2. 红树林

红树林是热带海岸特有的湿地类型，生长着能适应潮间带恶劣生境的木本植物，它由红树科和其他不同科属而具相似生境要求的种类组成。红树林主要分布在海河汇合或河口海湾，淤泥碎屑沉积形成的广阔滩涂及其附近，这些环境风力较弱，潮汐缓和，利于海潮和内河带来的泥沙及碎屑物的沉积，形成红树林的土壤。不同的红树林类型在潮汐带内大致与海岸线平行成带状分布，主要受土壤盐度、有无淡水调和海岸地质（岩基岸、沙质岸、上伸岸、下陷岸等）影响。广西海岸带红树林的主要树种有白骨壤（*Avicennia marina*）、桐花树（*Aegiceras corniculatum*）、秋茄（*Kandelia candel*）、红海榄（*Rhizophora stylosa*）、木榄（*Bruguiera gymnorrhiza*）等。红树林作为广西典型的湿地类型将在第四章作详细介绍。

广西的红树林主要分布在茅尾海、铁山港、大风江、珍珠港、廉州湾、防城港东湾和丹兜海等地，面积约 7.3km^2。

3. 盐沼

广西的滨岸沼泽主要为河口半咸水盐沼，主要分布在钦江、大榄江入海口形成的大面积海积平原上，淤泥滩广阔，曾经大面积生长着茳芏和短叶茳芏，早期当地群众利用这些莎草类植物作为编织材料，20 世纪 80 年代尚存小面积莎草，现已几乎消亡，仅零散地分布有芦苇-茳芏混生群落，桐花树-芦苇混生群落及芦苇群落等，除小片面积的芦苇群落覆盖度在20%～30%外，其他群落的覆盖度都在10%以下。南康江入海口虽有青山头海堤，但潮水通过水闸进出，生长有小面积的沟叶结缕草盐沼。其他沟叶结缕草盐沼虽覆盖度较高，但面积非常小。广西滨海滨岸沼泽的总面积约3.22km²，其中相当部分盐沼与红树林混生。

茳芏、短叶茳芏群落广布于广西全海岸带，两者常混生在一起，短叶茳芏为多。钦州湾顶部的茅尾海一带浅水沼泽分布面积大且集中，并随海潮倒流到内陆数千米远的河边沼泽地带。芦苇群落只在海岸带中段的钦江西岔口和大榄江口的东岸分布较集中，庞通角到九鸦西村一带的河汊岸边和稻田水沟内有零散小片状分布。芦苇高1～2m，植株稀疏。芦苇丛间混生有茳芏，或两者纯群呈块状混生，偶有几株桐花树间入。本群落象征性地零散分布，没有形成资源。

4. 珊瑚礁

2014年广西北部湾珊瑚礁分布面积3060.5hm²，其中造礁石珊瑚分布面积为2343hm²，柳珊瑚分布面积为852.5hm²。主要分布于涠洲岛、斜阳岛、白龙尾。

涠洲岛珊瑚核心礁区主要分布在西南部沿岸浅海、西北沿岸浅海、东北沿岸浅海一带海域。涠洲岛珊瑚沿着海岸线分布，西北部沿岸海域最宽。

斜阳岛近岸水较深，大部分在20m左右，造礁石珊瑚和柳珊瑚都有分布。珊瑚分布围绕基岩海岸分布，整个沿岸均有分布，其中东北沿岸、东部、东南沿岸海域珊瑚分布范围较大。

白龙尾海域珊瑚沿基岩海岸生长，呈现零星分布状况，无柳珊瑚。

二、滩涂理化性质

（一）潮间带沉积物类型及分布

在谢帕德分类的基础上，采用1975年《海洋调查规范》第四分册《海洋地质调查》中对粗粒沉积物命名原则把砂细分为粗砂、中砂和细砂。结合这种分类命名原则，广西海岸潮间带表层沉积物类型共10种，由粗至细分别为：砾砂（GS）、粗砂（CS）、中砂（MS）、细砂（FS）、泥质砂（T-Y-S）、粉砂质砂（TS）、黏土质砂（YS）、砂-粉砂-黏土（STY）、黏土质粉砂（YT）和粉砂质黏土（TY）。

广西海岸带潮间带表层沉积物中，粗粒砂质沉积物比细粒泥质沉积物分布广泛，而粗粒砂质沉积物中以细砂分布最广，粗砂次之，细粒泥质沉积物中以泥质砂分布最广，砂-粉砂-黏土次之；涠洲岛潮间带砂质沉积物中不含粉砂和黏土组分，以砂和砾石为主。

砾砂分布区域有限，只在廉州湾的沙岛及大风江西岸、钦州湾湾口东西两岸等地与岩滩相伴出现。

粗砂在北海西村港以东至石头埠岸段的高潮滩或中潮滩呈条带状出现，在钦州大环半岛与麻蓝头岛之间的潮间浅滩处为细粗砂和含砾粗砂。

中砂比粗砂分布区域小，主要分布在铁山港丹兜海以东至英罗湾西岸的高潮中潮滩，以及北海西村港以西至冠头岭高中潮滩处，在钦州鹿耳环江以西碎石滩和防城港西湾湾顶针鱼岭低潮滩有零星分布。

细砂分布最为广泛，在北海主要分布在铁山港湾口东岸的低潮滩附近，以及西岸向西至营盘镇的低潮滩附近，在廉州湾至大风江东岸的低潮带，在钦州的钦州湾外湾的东西两侧的中、低潮带，以及防城港和珍珠湾的中、低潮滩处广泛分布。

泥质砂分布在北海铁山港丹兜海东岸至沙田岸段的中、低潮滩及充美岸段的高潮滩，在钦州主要分布在茅尾海湾顶大榄江和钦江入海口的水下三角洲区，以及茅岭江入海口处，在三娘湾养殖场附近和珍珠湾顶东部的低潮带也有零散分布。

粉砂质砂主要分布在北海铁山港湾口、丹兜海湾口及以北的东岸至湾顶的低潮带附近，以及廉州湾南流江西出海口的中潮滩、钦州金鼓江东出海口的中潮滩和防城港江平竹排江出海口大堤外侧等局部区域。

黏土质砂主要分布在大风江东支丹竹江与大风江交汇处、大风江口东出海口、大风江口西岸的高中滩、钦江入海口的江心滩及其东岸段的高中滩，钦州湾湾口西岸的低潮滩的局部也有分布。

砂-粉砂-黏土主要分布在茅尾海东、西两侧的中潮带和低潮带，在北海主要分布在铁山港湾顶和石头埠养殖池外岸段；在防城港主要分布在防城港湾东湾沿岸和西湾湾顶及西湾入海口牛头岸段；在钦州分布较广，大风江口出海口的西岸、钦州湾外湾东侧鹿耳环江出海口外西北岸段和金鼓江入海口东、西两岸，以及西岸白蚁岭以北岸段等局部出现。

黏土质粉砂只有局部分布。主要出现在丹兜海的湾内、廉州湾、大风江口以西和茅尾海、珍珠湾湾顶及竹排江入海口的入口大堤内侧的岸段。

粉砂质黏土只在钦州湾外湾西岸沙寮岸段的低潮线附近出现。粉砂质黏土分布在钦州所辖岸段的局部，如大风江口靠近出海口的西岸、茅尾海靠近湾口东岸及茅岭江外的低潮带（孟宪伟和张创智，2014）。

（二）潮间带沉积化学

广西沿海广泛分布着红海榄、秋茄、桐花树等红树植物，构成了独特的红树林生态系统；近岸滩涂还有重要的海水养殖基地和旅游胜地。潮间带的环境与生态系统受到来自陆地和海洋的双重影响，成为一个典型的环境脆弱带和敏感带。

沿岸排污和入海河流携带的重金属污染物，通过吸附、络合、螯合等物理化学作用转移到悬浮颗粒物或胶体上，在河流入海口附近受海水 pH、Eh 等物化性质突变的影响与吸附剂一起在近岸共沉淀。沉淀于沉积物中的重金属对潮间带生态系统健康构成了潜在威胁。

根据广西 908 调查结果，广西海岸带潮间带沉积物化学环境整体上处于清洁和尚清洁状态，局部少数站位处于允许状态，污染相对较轻，综合指数介于 0.09～0.95（均值 0.37），均小于 1。

潮间带底质环境综合污染指数的空间分布具有如下特征：清洁站占总测站的 38.5%，主要分布在防城段、钦州湾的外湾段和北海的银滩段等区域；尚清洁站占总测站的 57.7%，主要分布在茅尾海、廉州湾、铁山港湾、防城港湾等海湾内；允许占总测站的 3.8%，均位于茅尾海内。

整体而言，广西海岸带底质环境处于清洁和尚清洁状态，局部少数站位处于允许状态，污染相对较轻。海岸带沉积物中各污染物质从沿岸往外海减少，河口区高于沿岸区，港湾内高于港湾外，但 Cd 的平面分布特征恰恰相反，远岸海域明显高于近岸海域，湾外高于湾内。茅尾海内潮间带沉积物受污染程度最重，其次是南流江口，随后是铁山港湾、大风江口和防城港湾，其他区域受污染程度较轻。潮间带污染程度的区域性差异，主要是受入海污染物质排放量的大小和海水交换的强弱所控制。受污染重的站位，出现在入海污染物质多或海水交换比较缓慢的港湾海区；受污染类型较轻区域出现在入海污染物质少或海水交换良好的开阔式海区（孟宪伟和张创智，2014）。

三、滩涂灾害易损性

（一）相对海平面上升

海平面上升是全球气候变化的重要表现形式之一，是沿海地区海洋灾害的重要致灾因子，属于一种长期的、缓发性灾害，如果不能有效应对，将会淹没滨海低地，人口受灾，经济受损，破坏红树林等沿海生态系统，且其长期累积效应加剧风暴潮、海岸侵蚀、洪涝、咸潮、海水入侵与土壤盐渍化等灾害，威胁沿海基础设施安全，给沿海地区经济社会发展带来多方面的不利影响。

海岸线变化及滩涂变迁。第四纪以来，北部湾沿岸至少有过 6 次大幅度的海平面变化和海陆进退，留下了 5 条明显的古海岸线，最大海侵深入陆地 40km 左右。近代海平面在波动中下降，岸线稍有变化。现今海平面则有升有降（验潮站资料），岸线变化不大，但滩涂变迁很突出。据 1958～1985 年不同时期摄制、测绘的航空照片和 1∶50 000、1∶250 000 地形图分析与实地考察，北海市成田-营盘、防城港区岸段的大部分滩涂在不断地向海增进。成田-营盘岸段1958～1977年拓宽了3km，大约每年向海增进150m，1958年以前营盘附近还是海水浸没的浅海滩，如今已变成海积砂堤，成田东南3.5km宽的滩涂在1958年时也是被海水淹没的浅海滩，而在1977年的航空照片上已是开垦的盐场。北海-高德-西场江口长约60km的滩涂线亦有向海增进的势态。但长约12km的地角-成田滩涂前缘受北西向活动断裂的影响，形成了较深的槽沟，滩涂迁移不明显。防城港区的滩涂上留有许多海蚀槽及高于海水高潮位的海蚀柱，表明滩涂也在变迁。渔洲岛、插排尾-白沙河-带海积沙滩不断上升，已高出高潮位5m左右，而且拓宽到20～300m。

据国家海洋局发布的《2014年中国海平面公报》，广西沿海海平面比常年高59mm，比2013年低19mm。广西沿海各月海平面变化较大，与常年同期相比，4月和10月海平面分别高97mm和112mm；与2013年同期相比，1～5月海平面低35～70mm，7～9月海平面低20～60mm。预计未来30年，广西沿海海平面将上升60～120mm。

海平面变化对红树林的影响。红树林是分布在热带及亚热带海湾河口潮间带泥质沼泽上的盐生植物群落，一般分布在平均潮位线和平均大潮高潮位线之间的潮间带区域。由于海水潮位有周期性的变化，红树林也会周期性地被海水淹没。根据红树林群落中红树林的生长位置与潮汐所在位置的关系，红树林可以分为向海侧、中间部分及向陆侧三个部分。由于红树林生长在平均潮位线与平均大潮高潮位线之间，红树林对于海平面上升是很敏感的（Eliot et al.，1999；Joanna，1993；Semeniuk，1994）。红树林群落内部有不同的红树林种，都会被海水周期性淹没，但是由于其距离海岸的远近不同，各自有适合的淹没周期、频率、深度、海水盐度等生长条件，因此，红树林群落内部各种类在滩涂上有规律的平行海岸呈带状分布。典型的红树林滩涂剖面，由陆向海方向的内滩、中滩、外滩分别生长着木榄群落、红海榄群落、秋茄和白骨壤群落。相对海平面变化引起平均潮位线、平均大潮高潮位线的水平位置发生移动，原来位置上的淹没周期、频率、深度、海水盐度等水文条件也会随之发生变化，不同的红树林种为了找到适合自己的土壤积水期、海水盐度等生长环境，会随着潮位线的变化发生迁移。

（二）风暴潮灾害

广西沿海处于南海和太平洋台风影响区域范围，是中国风暴潮、大浪的多发区和主要灾害区之一。

风暴潮是由热带气旋、热带天气系统、海上风暴过境所伴随的强风和气压骤变引起的局部海面振荡或非周期性异常升高或降低的现象。风暴潮叠加在天文潮和周期为数秒或十几秒的风浪、涌浪之上而引起的沿岸涨水能酿成巨大灾害，即为风暴潮灾害。

1. 影响广西的热带气旋频数

1961~2005 年，有 235 个热带气旋影响广西，平均每年 5.2 个。45 年间，影响广西的热带气旋频数有逐年减少的趋势，特别是自 1997 年以来，热带气旋频数减少得更加明显，平均每年 3.1 个。45 年中，成灾热带气旋有 91 个，占影响总数的 38.7%。

一年四季中，7~9 月为热带气旋影响旺季，45 年中共发生 170 个（占 72.3%），其次为 6 月和 10 月。在成灾热带气旋中，7 月、8 月和 9 月分别为 31 个、23 个和 18 个，共占 79.1%；而 5 月、11 月各有 1 个热带气旋造成灾害，4 月、12 月无热带气旋造成灾害（黄香杏，2001）。影响广西的热带气旋中，以台风级别最多，有 114 个，占 48.5%；热带风暴最少，为 22 个，占 9.4%。

2. 影响广西的风暴潮频数

广西沿海遭受风暴潮灾害的频繁程度较广东、福建和浙江沿海为低，但历史上也确曾留下不少严重风暴潮灾害的记录。根据历史档案、政府文献和水文、气象、海洋等业务部门的有关统计数据，1501~1949 年，对广西沿海影响比较严重的风暴潮灾害共有 8 次；1949 年后，影响广西沿海的热带风暴 78 个，其中登陆广西沿海的热带风暴 15 个。

广西风暴潮多发生在每年的 5~11 月，出现高峰为每年的 7~9 月，其出现率达全年的 71.4%，其次是在每年的 6 月，出现率占全年的 12.8%。在影响广西沿海的热带风暴中，移经北部湾的热带风暴数占 20.5%，登陆广西沿海的热带风暴比率最小，仅为 19.2%。

3. 广西主要风暴潮灾情

据《中国海洋灾害公报》（1989~2010）统计数据，近 20 年来广西沿海因风暴潮（含近岸浪）灾害造成的累计损失如下：直接经济损失高达 60.32 亿元，受灾人数 1053.73 万人，死亡（含失踪）77 人，农业和养殖受灾面积 $61×10^4 hm^2$，房屋损毁 16.29 万间，冲毁海岸工程 476.57km，损毁船只 1613 艘。其中，发生在广西最近的两次风暴灾害是 1409 号超强台风"威马逊"和 1415 号台风"海鸥"。

1409 号超强台风"威马逊"于 2014 年 7 月 12 日 14 时在关岛以西大约 210km 的西北太平洋洋面上生成（北纬 13.4°、东经 142.8°），生成后向偏西向移动。15 日 18 时 20 分在菲律宾中部登陆，登陆时发展为强台风级别，16 日上午进入南海海面，18 日 15 时 30 分前后在我国海南省文昌市翁田镇沿海登陆，登陆时中心附近最大风力有 17 级（60m/s），中心最低气压为 910hPa（百帕）。18 日 19 时 30 分，"威马逊"的中心前后在广东省徐闻县龙塘镇沿海再次登陆，后进入北部湾。于 19

日 07 时 10 分在广西防城港市光坡镇沿海再次登陆，登陆时中心附近最大风力有 15 级（48m/s），中心最低气压 950hPa，20 日 5 时，减弱为热带低压。"威马逊"影响期间，广西沿岸出现了 84～286cm 的风暴增水，其中北海站 58 最大增水 170cm，钦州站最大增水 250cm，防城港站最大增水 286cm，涠洲岛站最大增水 84cm，但各验潮站的最高潮位均在警戒潮位以下。由于风大浪高，广西沿海出现了比较严重的风暴潮海浪灾害。北海市海城区、银海区、铁山港区和合浦县，水产养殖损失 15 300t；损坏堤防 24 处 3.86km，水产养殖经济损失 6025 万元。钦州市钦南区损坏水库 8 座，损坏堤防 28 处 7.2km，损坏护岸 47 处，损坏水闸 18 处，冲毁塘坝 17 座，损坏灌溉措施 188 处，损坏机电泵站 11 座，水利设施直接经济损失 16 610 万元。防城港市港口区、防城区和东兴市水产养殖受灾面积 5330hm²，数量 778 610t；损坏堤防 91 处 17.78km，损坏护岸 27 处，损坏水闸 192 座，损坏灌溉设施 460 处，水利设施直接经济损失 11 032 万元。

1415 号台风"海鸥"于 2014 年 9 月 12 日 14 时在菲律宾以东洋面上生成（北纬 13.8°、东经 131.1°），生成后向西北偏西向移动，15 日 02 时穿过菲律宾进入南海，15 日 20 时中心附近最大风力达到 13 级（40m/s），中心最低气压 960hPa，强度达到最强，之后一直以这个强度向西北偏西向移动。"海鸥"于 16 日 9 时 40 分在海南省文昌市翁田镇登陆，16 日 12 时 45 分再次在广东徐闻南部沿海登陆。16 日 13 时左右进入北部湾海面，16 日 18 时离涠洲岛只有 27km，中心气压 960hPa，中心风力 40m/s（13 级）。"海鸥"于 16 日 23 时前后在越南北部广宁省沿海登陆，登陆时中心附近最大风速 35m/s（12 级），中心最低气压 975hPa。17 日 14 时减弱为热带低压。2014 年 9 月 16 日夜间，受 1415 号台风"海鸥"外围风力的影响，广西沿海各验潮站出现 86～161cm 的风暴增水，各验潮站的最高潮位均没有出现超过当地警戒潮位的高潮位。由于风大浪高，广西沿海出现了不同程度的风暴潮海浪灾害。钦州市钦南区水产养殖损失 533.3hm²；损坏堤防 3 处 0.14km，损坏水闸 17 座，损坏灌溉措施 16 处，水利设施直接经济损失 250 万元。防城港市港口区、防城区和东兴市，水产养殖受灾面积 257.3hm²，数量 640t；损坏堤防 41 处 13.95km，损坏护岸 3 处，损坏水闸 46 座，损坏灌溉设施 224 处，水利设施直接经济损失 814 万元。

第三章 广西海岸滩涂资源分析

第一节 滩涂生物生态资源

广西海岸线位于我国海岸线的西南端，东起粤桂交界处的洗米河口，经英罗港、丹兜海、铁山港、北海半岛、廉州湾、大风江、钦州湾、防城港、珍珠港，西至中越边境的北仑河口，属热带季风气候，温湿的气候条件和充沛的降雨十分适宜植被生长，红树林、盐沼植物、滨海植被种类丰富，独具特色。广西北部湾海域栖息着鱼类 500 余种，虾类 200 多种，头足类近 50 种，蟹类 190 余种，浮游动植物近 300 种。广西北部湾是我国的重要渔场，是南海具有高度物种多样性的代表性海域之一，是近江牡蛎、二长棘鲷、长毛对虾等重要经济种的种质资源分布区，是儒艮、中华白海豚、江豚和中国鲎的栖息地。

一、滩涂重要经济生物资源

广西滩涂具有经济价值的生物资源主要为腹足类、双壳类和甲壳类，其中腹足类主要包括浅缝骨螺（*Murex trapa*）、可变荔枝螺（*Thais lacerus*）、方斑东风螺（*Babylonia areolata*）、齿纹蜒螺（*Nerita yoldi*）、彩拟蟹守螺（*Cerithidea ornata*）；双壳类主要包括近江牡蛎（*Ostrea rivularis*）、马氏珍珠贝（*Pinctada martensii*）、文蛤（*Meretrix meretrix*）、波纹巴非蛤（*Paphia undulata*）、菲律宾蛤仔（*Ruditapes philippinarum*）、青蛤（*Cyclina sinensis*）、毛蚶（*Scapharca subcrenata*）、栉江珧（*Atrina pectinata*）、红树蚬（*Geloina erosa*）、长竹蛏（*Solen gouldi*）、突畸心蛤（*Cryptonema producta*）等；甲壳类主要包括近缘新对虾（*Metapenaeus affinis*）、长毛明对虾（*Fenneropenaeus penicillatus*）、日本囊对虾（*Penaeus japonicus*）、凡纳滨对虾（*Litopenaeus vannamei*）、拟穴青蟹（*Scylla paramamosain*）、远海梭子蟹（*Portunus pelagicus*）、钝齿蟳（*Charybdis hellerii*）、长腕和尚蟹（*Mictyris longicarpus*）等；鱼类主要包括中华乌塘鳢（*Bostrychus sinensis*）、弹涂鱼（*Periophthalmus cantonensis*）等。另外，亚氏海豆芽（*Lingula adamsi*）、可口革囊星虫（*Phascolosoma esculenta*）和裸体方格星虫（*Sipunculus nudus*）也是重要的滩涂生物资源。广西滩涂经济生物养殖及捕捞状况见图 3-1、图 3-2。

图 3-1　广西沿海滩涂近江牡蛎养殖图（彩图请扫封底二维码）

图 3-2　广西滩涂裸体方格星虫捕捞（彩图请扫封底二维码）

二、滩涂重要植被资源

（一）红树林

广西红树林面积共 7276hm^2，在防城港、钦州、北海面积分别为 1936hm^2、2121hm^2、3219hm^2，有海岸红树林和海岛红树林两大生态类群，根据它们的种类组成、外貌、结构、动态等特征，可划分为 8 个群系和 15 个群落类型（表 3-1）。自然分布的红树植物共 15 种（表 3-2），常见的有白骨壤、桐花树、秋茄、红海榄、木榄、海漆、老鼠簕和银叶树等。其中，珍珠湾的红树林是我国海岸规模最大的港湾红树林，老鼠簕林和银叶树林的分布面积和群落长势在我国海岸红树林中比较少见。

表 3-1　广西红树林群落构成

群系/群落		拉丁名
（一）白骨壤群系		**Form.** *Avicennia marina*
	白骨壤群落	**Comm.** *Avicennia marina*
	白骨壤＋桐花树群落	**Comm.** *Avicennia marina*、*Aegiceras corniculatum*
	白骨壤＋秋茄群落	**Comm.** *Avicennia marina*、*Kandelia candel*
（二）桐花树群系		**Form.** *Aegiceras corniculatum*
	桐花树群落	**Comm.** *Aegiceras corniculatum*
（三）秋茄群系		**Form.** *Kandelia candel*
	秋茄群落	**Comm.** *Kandelia candel*
	秋茄＋桐花树群落	**Comm.** *Kandelia candel*、*Aegiceras corniculatum*
（四）红海榄群系		**Form.** *Rhizophora stylosa*
	红海榄群落	**Comm.** *Rhizophora stylosa*
	红海榄＋木榄群落	**Comm.** *Rhizophora stylosa*、*Bruguiera gymnorrhiza*
	红海榄＋秋茄群落	**Comm.** *Rhizophora stylosa*、*Kandelia candel*
（五）木榄群系		**Form.** *Bruguiera gymnorrhiza*
	木榄群落	**Comm.** *Bruguiera gymnorrhiza*
（六）海漆群系		**Form.** *Excoecaria agallocha*
	海漆群落	**Comm.** *Excoecaria agallocha*
	海漆＋桐花树群落	**Comm.** *Excoecaria agallocha*、*Aegiceras corniculatum*
（七）老鼠簕群系		**Form.** *Acanthus ilicifolius*
	老鼠簕群落	**Comm.** *Acanthus ilicifolius*
	老鼠簕＋桐花树群落	**Comm.** *Acanthus ilicifolius*、*Aegiceras corniculatum*
（八）银叶树群系		**Form.** *Heritiera littoralis*
	银叶树群落	**Comm.** *Heritiera littoralis*

根据广西红树林研究中心 2013 年典型生态区遥感监测项目成果，广西红树林各群落类型占总面积比例按从大到小（前七位）排列依次是白骨壤群落（41.25%）、桐花树群落（30.58%）、白骨壤+桐花树群落（5.53%）、木榄-白骨壤群落（4.15%）、红海榄-白骨壤群落（2.93%）、无瓣海桑-桐花树群落（1.89%）、木榄-桐花树群落（1.75%）。

表 3-2　广西自然分布红树植物名录

序号	中文名	拉丁名
1	红海榄	*Rhizophora stylosa*
2	木榄	*Bruguiera gymnorrhiza*
3	角果木	*Ceriops tagal*
4	秋茄	*Kandelia candel*
5	白骨壤	*Avicennia marina*
6	桐花树	*Aegiceras corniculatum*
7	老鼠簕	*Acanthus ilicifolius*
8	榄李	*Lumnitzera racemosa*
9	银叶树	*Heritiera littoralis*
10	海漆	*Excoecaria agallocha*
11	海芒果	*Cerbera manghas*
12	卤蕨	*Acrostichum aureum*
13	黄槿	*Hibiscus tiliaceus*
14	杨叶肖槿	*Thespesia populnea*
15	水黄皮	*Pongamia pinnata*

沿海三市主要红树林各群落类型占本市红树林总面积比例情况如下。

北海市主要群落类型为白骨壤群落（占北海市红树林面积的 45.97%）、桐花树群落（27.47%）、白骨壤+桐花树群落（9.09%）。

钦州市主要群落类型为桐花树群落（45.47%）、白骨壤群落（28.61%）、无瓣海桑-桐花树群落（6.57%）。

防城港市主要群落类型为白骨壤群落（46.95%）、桐花树群落（19.52%）、木榄-白骨壤群落（13.54%）。

（二）盐沼植物

广西滩涂盐沼植被多见于沿海各河口区海滩，北海半岛以西沿海滩涂以原生盐沼植被如短叶茳芏、茳芏为主，北海半岛以东主要分布种则为外来入侵种互花米草。原生滩涂盐沼植被以南流江、茅岭江和钦江入海口分布相对最为集中，在沿海其他淤泥质河口区也有零星分布。

广西主要滩涂盐沼植物约 46 种，隶属于 15 科（表 3-3），总面积超过 1000hm²，其中外来入侵种互花米草占比超过70%，其余原生滩涂盐沼面积约占 24%。广西滩涂盐沼植物绝大部分属于低盐生态类群，以禾本科和莎草科的种类较多，此二科共 23 个种，占广西滩涂盐沼植物总种数的近一半，其建群种有互花米草、沟叶结缕草、芦苇、茳芏、短叶茳芏等。根据植物种类组成，可将广西滩涂盐沼植被

表 3-3　广西滩涂盐沼植物名录

科名	编号	中文名	拉丁名
莎草科 Gyperaceae	1	茳芏	*Cyperus malaccensis* Lam.
	2	短叶茳芏	*Cyperus malaccensis* Lam. var. *brevifolius* Bocklr.
	3	粗根茎莎草	*Cyperus stolonifer* Retz.
	4	佛焰苞飘拂草	*Fimbristylis spathacea* Roth
	5	华刺子莞	*Rhynchospora chinensis* Nees et Mey.
	6	刺子莞	*Rhynchospora rubra*（Lour.）Makino
	7	羽状刚毛蔍草	*Scirpus subulatus*（Vahl）Lye
	8	低矮薹草	*Carex humilis* Leyss.
	9	锈鳞飘拂草	*Fimbristylis sieboldii* Miq.
	10	双穗飘拂草	*Fimbristylis subbispicata* Nees et Meyen
	11	独穗飘拂草	*Fimbristylis ovata*（Burm. f.）Kern
	12	少穗飘拂草	*Fimbristylis schoenoides*（Retz.）Vahl
	13	结状飘拂草	*Fimbristylis rigidula* Nees
	14	两歧飘拂草	*Fimbristylis dichotoma*（Linn.）Vahl
	15	海滨莎	*Remirea maritima* Aubl.
	16	南水葱	*Scirpus validus* Vahl var. *laeviglumis* Tang et Wang
禾本科 Gramineae	17	沟叶结缕草	*Zoysia matrella*（L.）Merr.
	18	芦苇	*Phragmites australis*（Cav.）Trin. ex Steud.
	19	鬣刺	*Spinifex littoreu*（Burn.f.）Merr.
	20	铺地黍	*Panicum repens* Linn.
	21	盐地鼠尾粟	*Sporobolus virginicus*（L.）Kunth
	22	互花米草	*Spartina alterniflora* Lois.
	23	二型马唐	*Digitaria heterantha*（Hook. f.）Merr.
菊科 Asteraceae	24	阔苞菊	*Pluchea indica* Less.
	25	羽芒菊	*Tridax procumbens* Linn.
	26	白子菜	*Gynura divaricata*（Linn.）DC.
	27	小飞蓬	*Conyza canadensis*（L.）Cronq.
	28	茵陈蒿	*Artemisia capillaris* Thunb.
藜科 Chenopodiaceae	29	南方碱蓬	*Suaeda australis* Moq.
	30	匍茎滨藜	*Atriplex repens* Roth
	31	盐角草	*Salicornia europaea* L.
白花丹科 Plumbaginaceae	32	补血草	*Limonium sinense*（Girard）Kuntze
	33	中华补血草	*Limonium sinense*（Girald）Kuntze
草海桐科 Goodeniaceae	34	海南草海桐	*Scaevola hainanensis* Hance
	35	草海桐	*Scaevola sericea* Vahl.
马鞭草科 Verbenaceae	36	钝叶臭黄荆	*Premna obtusifolia* R. Br.
	37	单叶蔓荆	*Vitex trifolia* L.
	38	苦郎树	*Clerodendron inerme*（L.）Gaertn.
番杏科 Aizoaceae	39	海马齿	*Sesuvium portulacastrum*（Linn.）Linn.
蝶形花科 Papilionaceae	40	鱼藤	*Derris trifoliata* Lour.
旋花科 Convolvulaceae	41	厚藤	*Ipomoea pes-capra*（L.）Sweet
玄参科 Scrophulariaceae	42	假马齿苋	*Bacopa monnieri*（L.）Wettst.
苦槛蓝科 Myoporaceae	43	苦槛蓝	*Myoporum bontioides*（S. et Z.）A. Gray
露兜树科 Pandanaceae	44	露兜树	*Pandanus tectorius* Sol.
帚灯草科 Restionaceae	45	薄果草	*Leptocarpus disjunctus* Mast.
刺鳞草科 Centrolepidaceae	46	刺鳞草	*Centrolepis banksii*（R. Br.）Roem. et Schult

分为以下几个主要分布类型：①互花米草群落；②茳芏群落；③短叶茳芏群落；④沟叶结缕草群落；⑤芦苇群落；⑥茳芏-芦苇群落等。盐沼植被有时也与红树林共生，常见的分布类型有茳芏-桐花树群落、短叶茳芏-桐花树群落等。原生盐沼植被中分布面积最广的种是短叶茳芏（119hm²）和茳芏（90hm²），短叶茳芏广泛分布于各沿海河口，分布区域可达河口沿河流往上数千米，后者集中分布于茅尾海东北岸钦江入海口处。

（三）海草

海草（seagrass）是指生活在热带到温带海域沿岸浅水中的单子叶植物，单种或多种海草植物构成了海草床（seagrass bed）。海草床是近海海水的生物净化场，可以拦截海水与沉积物中大量营养物和有机物，是海洋动物觅食、繁殖和生长的重要海底栖息地，维持着近海海域生态环境和海洋渔业资源的安全。

广西沿岸的海草调查发现海草种类为 7 种，占中国海草总种类数（22 种）的 31.8%，见表 3-4。其中北海市铁山港和防城港市珍珠湾为广西海草的主要分布区域，见图 3-3、图 3-4。海草种类以喜盐草（*Halophila ovalis*）、矮大叶藻（*Zostera japonica*）、贝克喜盐草（*Halophila beccarii*）为优势种类。

表 3-4　广西海草种类及主要分布

科 Family	种名（拉丁名）	种名（中文名及俗名）	在广西的主要分布
大叶藻科 Zosteraceae			
	Zostera japonica	矮大叶藻、西草、扁西、海西（钦州湾一带叫法）	防城港珍珠湾有面积较大的草床
海神草科 Cymodoceaceae			
	Halodule uninervis	二药藻、西草	北海市区附近、铁山港北暮盐场有零星分布
	Halodule pinifolia	羽叶二药藻、圆头二药藻	北海市区附近有零星分布
水鳖科 Hydrocharitaceae			
	Halophila ovalis	（卵叶）喜盐草、龟蓬草、圆西、乒乓叶、蟑螂草	北海铁山港有面积较大的草床；北海附近有零星分布
	Halophila beccarii	贝克喜盐草	防城港珍珠湾、北海丹兜海、钦州团和岛
	Halophila minor	小喜盐草	偶见于铁山港湾
眼子菜科 Potamogetonaceae			
	Ruppia maritima	流苏藻、川蔓藻、西草（钦州湾一带叫法）	广西沿海各地咸水体

三、滩涂鸟类资源

2011 年出版的《广西野生动物分布名录》中，记录鸟类共 687 种，分属于 23 目 82 科，占中国鸟类总种数的 51.57%。属于滩涂鸟类的有 236 种，分属于 16 目

图 3-3　防城港珍珠湾矮大叶藻海草床（彩图请扫封底二维码）

图 3-4　北海铁山港贝克喜盐草海草床（彩图请扫封底二维码）

53 科，雀形目种类占 40%。有 56 种列入《中国国家重点鸟类保护目录》，其中一级保护 2 种（中华秋沙鸭、勺嘴鹬），二级保护 55 种，隼形目和鸦形目占比例最大，分别有 26 种和 15 种；有 36 种鸟列入《中日候鸟保护协定名录》，鸻形目占22 种；有 127 种列入《中澳候鸟保护协定名录》，其中雀形目和鸻形目分别占 44种和 31 种。广西滩涂鸟类名录详见表 3-5，常见的滩涂鸟类白鹭见图 3-5。

图 3-5　广西北海滩涂白鹭（彩图请扫封底二维码）

表 3-5　广西滩涂鸟类名录

序号		中文名称	拉丁名
Ⅰ		䴙䴘目	**Podicipediformes**
1		**䴙䴘科**	**Podicipedidae**
	1	小䴙䴘	*Tachybaptus ruficollis*
	2	凤头䴙䴘	*Podiceps cristatus*
Ⅱ		鹈形目	**Pelecaniformes**
1		**鹈鹕科**	**Pelecaniae**
	3	斑嘴鹈鹕	*Pelecanus philippensis*
2		**鸬鹚科**	**Phalacrocoracidae**
	4	普通鸬鹚	*Phalacrocorax carbo*
	5	海鸬鹚	*Phalacrocorax pelagicus*
Ⅲ		鹳形目	**Ciconiiformes**
1		**鹭科**	**Ardeidae**
	6	苍鹭	*Ardea cinerea*
	7	草鹭	*Ardea purpurea*
	8	绿鹭	*Butorides striatus*
	9	牛背鹭	*Bubulcus ibis*
	10	池鹭	*Ardeola bacchus*
	11	大白鹭	*Egretta alba*
	12	白鹭	*Egretta garzetta*
	13	黄嘴白鹭	*Egretta eulophotes*
	14	中白鹭	*Egretta intermedia*
	15	夜鹭	*Nycticorax nycticorax*

续表

序号		中文名称	拉丁名
	16	黄斑苇鳽	*Ixobrychus sinensis*
	17	紫背苇鳽	*Ixobrychus eurhythmus*
	18	栗苇鳽	*Ixobrychus cinnamomeus*
	19	黑苇鳽	*Dupetor flavicollis*
2		**鹮科**	**Threskiornithidae**
	20	白琵鹭	*Platalea leucorodia*
	21	黑脸琵鹭	*Platalea minor*
IV		**雁形目**	**Anseriformes**
1		**鸭科**	**Anatidae**
	22	小白额雁	*Anser erythropus*
	23	灰雁	*Anser anser*
	24	小天鹅	*Cygnus columbianus*
	25	针尾鸭	*Anas acuta*
	26	绿翅鸭	*Anas crecca*
	27	绿头鸭	*Anas platyrhynchos*
	28	斑嘴鸭	*Anas poecilorhyncha*
	29	白眉鸭	*Anas querquedula*
	30	琵嘴鸭	*Anas clypeata*
	31	红头潜鸭	*Aythya ferina*
	32	青头潜鸭	*Aythya baeri*
	33	凤头潜鸭	*Aythya fuligula*
	34	红胸秋沙鸭	*Mergus serrator*
	35	普通秋沙鸭	*Mergus merganser*
	36	中华秋沙鸭	*Mergus squamatus*
V		**隼形目**	**Falconiformes**
1		**鹗科**	**Pandionidae**
	37	鹗	*Pandion haliaetus*
2		**鹰科**	**Accipitridae**
	38	凤头蜂鹰	*Pernis ptilorhynchus*
	39	黑翅鸢	*Elanus caeruleus*
	40	黑鸢	*Milvus migrans*
	41	蛇雕	*Spilornis cheela*
	42	白尾鹞	*Circus cyaneus*
	43	草原鹞	*Circus macrourus*
	44	鹊鹞	*Circus melanoleucos*

续表

序号		中文名称	拉丁名
	45	凤头鹰	*Accipiter trivirgatus*
	46	苍鹰	*Accipiter gentiles*
	47	雀鹰	*Accipiter nisus*
	48	松雀鹰	*Accipiter virgatus*
	49	灰脸鵟鹰	*Butastur indicus*
	50	普通鵟	*Buteo buteo*
3		**隼科**	**Falconidae**
	51	白腿小隼	*Microhierax melanoleucos*
	52	红隼	*Falco tinnunculus*
	53	燕隼	*Falco subbuteo*
	54	猛隼	*Falco severus*
	55	红脚隼	*Falco amurensis*
VI		**鸡形目**	**Galliformes**
1		**雉科**	**Phasianidae**
	56	中华鹧鸪	*Francolinus pintadeanus*
	57	鹌鹑	*Coturnix japonica*
	58	蓝胸鹑	*Coturnix chinensis*
VII		**鹤形目**	**Gruiformes**
1		**三趾鹑科**	**Turnieidae**
	59	林三趾鹑	*Turnix sylvaticus*
	60	黄脚三趾鹑	*Turnix tanki*
	61	棕三趾鹑	*Turnix suscitator*
2		**鹤科**	**Gruidae**
	62	灰鹤	*Grus grus*
3		**秧鸡科**	**Rallidae**
	63	白喉斑秧鸡	*Rallina eurizonoides*
	64	蓝胸秧鸡	*Gallirallus striatus*
	65	普通秧鸡	*Rallus aquaticus*
	66	红脚苦恶鸟	*Amaurornis akool*
	67	白胸苦恶鸟	*Amaurornis phoenicurus*
	68	小田鸡	*Porzana pusilla*
	69	棕背田鸡	*Porzana bicolor*
	70	红胸田鸡	*Porzana fusca*
	71	斑胁田鸡	*Porzana paykullii*
	72	董鸡	*Gallicrex cinerea*

续表

序号	中文名称	拉丁名
73	黑水鸡	*Gallinula chloropus*
74	骨顶鸡	*Fulica atra*
VIII	**鸻形目**	**Charadriiformes**
1	**水雉科**	**Jacanidae**
75	水雉	*Hydrophasianus chirurgus*
2	**彩鹬科**	**Rostratulidae**
76	彩鹬	*Rostratula benghalensis*
3	**反嘴鹬科**	**Recurvirostridae**
77	黑翅长脚鹬	*Himantopus himantopus*
4	**燕鸻科**	**Glareolidae**
78	普通燕鸻	*Glareola maldivarum*
5	**鸻科**	**Charadriidae**
79	凤头麦鸡	*Vanellus vanellus*
80	灰头麦鸡	*Vanellus cinereus*
81	金斑鸻	*Pluvialis fulva*
82	灰斑鸻	*Pluvialis squatarola*
83	金眶鸻	*Charadrius dubius*
84	环颈鸻	*Charadrius alexandrinus*
85	蒙古沙鸻	*Charadrius mongolus*
86	铁嘴沙鸻	*Charadrius leschenaultii*
6	**鹬科**	**Scolopacidae**
87	丘鹬	*Scolopax rusticola*
88	针尾沙锥	*Gallinago stenura*
89	扇尾沙锥	*Gallinago gallinago*
90	黑尾塍鹬	*Limosa limosa*
91	斑尾塍鹬	*Limosa lapponica*
92	勺嘴鹬	*Eurynorhynchus pygmeus*
93	白腰杓鹬	*Numenius arquata*
94	大杓鹬	*Numenius madagascariensis*
95	鹤鹬	*Tringa erythropus*
96	红脚鹬	*Tringa totanus*
97	泽鹬	*Tringa stagnatilis*
98	青脚鹬	*Tringa nebularia*
99	白腰草鹬	*Tringa ochropus*
100	林鹬	*Tringa glareola*

序号		中文名称	拉丁名
	101	矶鹬	*Actitis hypoleucos*
	102	红腹滨鹬	*Calidris canutus*
	103	红颈滨鹬	*Calidris ruficollis*
	104	青脚滨鹬	*Calidris temminckii*
	105	尖尾滨鹬	*Calidris acuminata*
	106	弯嘴滨鹬	*Calidris ferruginea*
	107	红颈瓣蹼鹬	*Phalaropus lobatus*
	108	黑腹滨鹬	*Calidris alpina*
7		**鸥科**	**Laridae**
	109	海鸥	*Larus canus*
	110	银鸥	*Larus argentatus*
	111	红嘴鸥	*Larus ridibundus*
	112	黑嘴鸥	*Larus saundersi*
	113	灰背鸥	*Larus schistisagus*
8		**燕鸥科**	**Sternidae**
	114	粉红燕鸥	*Sterna dougallii*
IX		**鸽形目**	**Columbiformes**
1		**鸠鸽科**	**Columbidae**
	115	山斑鸠	*Streptopelia orientalis*
	116	珠颈斑鸠	*Streptopelia chinensis*
	117	火斑鸠	*Streptopelia tranquebarica*
X		**鹃形目**	**Cuculiformes**
1		**杜鹃科**	**Cuculidae**
	118	红翅凤头鹃	*Clamator coromandus*
	119	大杜鹃	*Cuculus canorus*
	120	大鹰鹃	*Cuculus sparverioides*
	121	中杜鹃	*Cuculus saturatus*
	122	四声杜鹃	*Cuculus micropterus*
	123	八声杜鹃	*Cacomantis merulinus*
	124	噪鹃	*Eudynamys scolopaceus*
	125	绿嘴地鹃	*Phaenicophaeus tristis*
	126	褐翅鸦鹃	*Centropus bengalensis*
	127	小鸦鹃	*Centropus sinensis*
XI		**鸮形目**	**Strigiformes**
1		**鸱鸮科**	**Strigidae**
	128	红角鸮	*Otus sunia*

续表

序号		中文名称	拉丁名
	129	领角鸮	*Otus bakkamoena*
	130	斑头鸺鹠	*Glaucidium cuculoides*
	131	鹰鸮	*Ninox scutulata*
XII		**夜鹰目**	**Caprimulgiformes**
1		**夜鹰科**	**Caprimulgidae**
	132	普通夜鹰	*Caprimulgus indicus*
	133	林夜鹰	*Caprimulgus affinis*
XIII		**雨燕目**	**Apodiformes**
		雨燕科	**Apodidiae**
	134	白腰雨燕	*Apus pacificus*
	135	小白腰雨燕	*Apus affinis*
XIV		**佛法僧目**	**Coraciiformes**
1		**翠鸟科**	**Alcedinidae**
	136	普通翠鸟	*Alcedo atthis*
	137	蓝翡翠	*Halcyon pileata*
	138	白胸翡翠	*Halcyon smyrnensis*
	139	斑鱼狗	*Ceryle rudis*
2		**蜂虎科**	**Meropidae**
	140	蓝喉蜂虎	*Merops viridis*
	141	栗喉蜂虎	*Merops philippinus*
3		**佛法僧科**	**Coraciidae**
	142	三宝鸟	*Eurystomus orientalis*
XV		**䴕形目**	**Piciformes**
		啄木鸟科	**Picidae**
	143	蚁䴕	*Jynx torquilla*
XVI		**雀形目**	**Passeriformes**
1		**八色鸫科**	**Pittidae**
	144	仙八色鸫	*Pitta nympha*
2		**百灵科**	**Alaudidae**
	145	小云雀	*Alauda gulgula*
3		**燕科**	**Hirundinidae**
	146	金腰燕	*Hirundo daurica*
	147	家燕	*Hirundo rustica*
4		**鹡鸰科**	**Motacillidae**
	148	山鹡鸰	*Dendronanthus indicus*
	149	白鹡鸰	*Motacilla alba*
	150	黑背白鹡鸰	*Motacilla lugens*

序号	中文名称	拉丁名
151	黄头鹡鸰	*Motacilla citreola*
152	黄鹡鸰	*Motacilla tschutschensis*
153	灰鹡鸰	*Motacilla cinerea*
154	田鹨	*Anthus rufulus*
155	林鹨	*Anthus trivialis*
156	树鹨	*Anthus hodgsoni*
157	红喉鹨	*Anthus cervinus*
5	**山椒鸟科**	**Campephagidae**
158	暗灰鹃鵙	*Coracina melaschistos*
159	粉红山椒鸟	*Pericrocotus divaricatus*
160	灰山椒鸟	*Pericrocotus roseus*
6	**鹎科**	**Pycnonotidae**
161	红耳鹎	*Pycnonotus jocosus*
162	白头鹎	*Pycnonotus sinensis*
163	白喉红臀鹎	*Pycnonotus aurigaster*
7	**伯劳科**	**Laniidae**
164	红尾伯劳	*Lanius cristatus*
165	棕背伯劳	*Lanius schach*
166	栗背伯劳	*Lanius collurioides*
8	**黄鹂科**	**Oriolidae**
167	黑枕黄鹂	*Oriolus chinensis*
9	**卷尾科**	**Dicruridae**
168	黑卷尾	*Dicrurus macrocercus*
169	灰卷尾	*Dicrurus leucophaeus*
170	发冠卷尾	*Dicrurus hottentottus*
171	古铜色卷尾	*Dicrurus aeneus*
10	**椋鸟科**	**Sturnidae**
172	八哥	*Acridotheres cristatellus*
173	鹩哥	*Gracula religiosa*
174	黑领椋鸟	*Sturnus nigricollis*
175	丝光椋鸟	*Sturnus sericeus*
11	**燕鵙科**	**Artamidae**
176	灰燕鵙	*Artamus fuscus*
12	**鸫科**	**Turdidae**
177	红喉歌鸲	*Luscinia calliope*

续表

序号		中文名称	拉丁名
	178	蓝喉歌鸲	*Luscinia svecica*
	179	蓝歌鸲	*Luscinia cyane*
	180	红胁蓝尾鸲	*Tarsiger cyanurus*
	181	鹊鸲	*Copsychus saularis*
	182	北红尾鸲	*Phoenicurus auroreus*
	183	黑喉石鵖	*Saxicola torquatus*
	184	白喉石鵖	*Saxicola insignis*
	185	灰林鵖	*Saxicola ferreus*
	186	蓝矶鸫	*Monticola solitarius*
	187	紫啸鸫	*Myophonus caeruleus*
	188	橙头地鸫	*Zoothera citrina*
	189	白眉地鸫	*Zoothera sibirica*
	190	虎斑地鸫	*Zoothera dauma*
	191	灰背鸫	*Turdus hortulorum*
	192	黑胸鸫	*Turdus dissimilis*
	193	乌灰鸫	*Turdus cardis*
	194	灰翅鸫	*Turdus boulboul*
	195	乌鸫	*Turdus merula*
	196	白腹鸫	*Turdus pallidus*
13		鹟科	**Muscicapidae**
	197	乌鹟	*Muscicapa sibirica*
	198	北灰鹟	*Muscicapa dauurica*
	199	黄眉姬鹟	*Ficedula narcissina*
	200	鸲姬鹟	*Ficedula mugimaki*
	201	红喉姬鹟	*Ficedula albicilla*
	202	白腹姬鹟	*Cyanoptila cyanomelana*
	203	铜蓝鹟	*Eumyias thalassinus*
	204	海南蓝仙鹟	*Cyornis hainanus*
14		王鹟科	**Monarchinae**
	205	紫寿带	*Terpsiphone atrocaudata*
	206	寿带	*Terpsiphone paradisi*
15		画眉科	**Timaliidae**
	207	画眉	*Garrulax canorus*
16		扇尾莺科	**Cisticolidae**
	208	棕扇尾莺	*Cisticola juncidis*

续表

序号		中文名称	拉丁名
	209	褐胁鹪莺	*Prinia subflava*
	210	黄腹鹪莺	*Prinia flaviventris*
	211	褐头鹪莺	*Prinia inornata*
17		**莺科**	**Sylviidae**
	212	中华短翅莺	*Bradypterus tacsanowskius*
	213	黑眉苇莺	*Acrocephalus bistrigiceps*
	214	厚嘴苇莺	*Acrocephalus aedon*
	215	金头缝叶莺	*Orthotomus cuculatus*
	216	长尾缝叶莺	*Orthotomus sutorius*
	217	褐柳莺	*Phylloscopus fuscatus*
	218	黄腰柳莺	*Phylloscopus proregulus*
	219	黄眉柳莺	*Phylloscopus inornatus*
	220	极北柳莺	*Phylloscopus borealis*
	221	暗绿柳莺	*Phylloscopus trochiloides*
18		**山雀科**	**Paridae**
	222	大山雀	*Parus major*
19		**啄花鸟科**	**Dicaeidae**
	223	黄腹啄花鸟	*Dicaeum melanoxanthum*
	224	纯色啄花鸟	*Dicaeum concolor*
20		**雀科**	**Passeridae**
	225	麻雀	*Passer montanus*
	226	白腰文鸟	*Lonchura striata*
	227	斑文鸟	*Lonchura punctulata*
21		**花蜜鸟科**	**Nectariniidae**
	228	黄腹花蜜鸟	*Cinnyris jugularis*
22		**燕雀科**	**Fringillidae**
	229	金翅雀	*Carduelis sinica*
23		**鹀科**	**Emberizidae**
	230	凤头鹀	*Melophus lathami*
	231	黄喉鹀	*Emberiza elegans*
	232	黄胸鹀	*Emberiza aureola*
	233	栗鹀	*Emberiza rutila*
	234	灰头鹀	*Emberiza spodocephala*
	235	苇鹀	*Emberiza pallasi*
	236	栗耳鹀	*Emberiza fucata*
	237	小鹀	*Emberiza pusilla*

四、滩涂大型哺乳动物资源

（一）中华白海豚

中华白海豚（*Sousa chinensis*）属脊索动物门（Chordata）、哺乳纲（Mammalia）、鲸目（Cetacea）、海豚科（Delphinidae）、白海豚属（*Sousa*）。早在 1988 年白海豚就被定为国家一级重点保护水生哺乳动物。同时它还属于《濒危野生动植物种国际贸易公约》（CITES）附录中的 I 类物种，被《国际自然保护联盟濒危物种红色名录》列为"近危"物种。广西沿海海域有北仑河、防城江、茅岭江、钦江、大风江、南流江等多条河流独流入海，构成有利于中华白海豚栖息的浅海海湾及河口生态系统。钦州学院海洋学院中华白海豚研究团队历经 2 年多的出海照相识别调查，发现三娘湾中华白海豚的分布范围从三娘湾西面的大庙墩一直到大风江口以东海域，面积为259.8km²，核心分布区位于大风江口一带海域，面积为72.9km²。另外，北海沙田海域及北仑河口海域偶尔也有分布，但频次及数量较少。

从 2013 年 2 月到 2014 年 10 月，钦州学院海洋学院中华白海豚研究团队共进行了 34 个照相识别航次，识别中华白海豚个体 178 头。在识别的个体中，幼年个体（UC）占 8%，青少年个体（SJ）占 32%，成年个体（SA）占 37%，中老年个体（UA）占 23%。并以此为基础利用 Mark 软件的 closed model with sampling heterogeneity（抽样异质性封闭模型）对中华白海豚种群进行估算，估算结果为以三娘湾为主要活动区域的中华白海豚种群为 400～500 头。

（二）儒艮

儒艮（*Dugong dugon*）属哺乳纲海牛目儒艮科，是国家一级保护野生动物，也是 CITES 附录 I 类物种，属于我国 43 种濒临灭绝的脊椎动物之一。在中国儒艮科仅 1 属 1 种，是热带和亚热带唯一的草食性海洋哺乳动物。广西北海市合浦县沙田镇海域是我国儒艮主要活动海域和栖息地之一，历史上这片海域儒艮资源非常丰富。据报道，1958～1962 年共捕获儒艮 216 头，1976 年捕捉儒艮 23 头，1997～2004 年 8 年间，共记录儒艮搁浅或活动出现次数为 45 头次，于 2000 年 6 月 23 日最近一次发现儒艮尸体，在合浦县山口镇北界村附近海域，由沙田镇渔政站工作人员执法时收缴。

（三）江豚

江豚（*Neophocaena phocaenoides*）别名江猪、海猪，是 CITES 附录 I 类物种，是鼠海豚科在我国分布的唯一物种，属国家二级保护野生动物。江豚是我国沿海常见的一种近岸小型齿鲸类，通常出现在沿岸咸淡水交汇处及河口一带，分布于整个中国大陆沿海、长江中下游及台湾海域一带。北海沙田、冠头岭海域多次发现江豚的踪迹。2011～2012 年，调查共发现江豚 6 次，群大小平均为 2.17 头，5 次在 2 头以下，仅一次达到 6 头次。

五、生态系统服务功能

滩涂生态系统服务功能是指滩涂实际或潜在支持和保护自然生态系统与生态过程、人类活动与生命财产的能力，包括供给服务功能、调节服务功能、支撑服务功能、人文服务功能等。

（一）供给服务功能

滩涂作为植物和动物的栖息地，为人类提供供给服务功能，其中最主要的就是食物利用。传统利用的滩涂经济种类有 5 大类群，包括：①星虫类，如裸体方格星虫，俗称“沙虫”，是广西沿海的名优特产，享有“海洋中冬虫夏草”的美称，以及可口革囊星虫，俗称“泥丁”，是广西沿海群众主要挖取的产品；②贝类，如牡蛎、泥蚶、文蛤、大竹蛏、毛蚶、青蛤、红树蚬等种类；③腹足类的齿纹蜒螺（*Nerita yoldi*）和彩拟蟹守螺（*Cerithidea ornata*）味道鲜美，有时也被采集食用；④蟹类，主要是拟穴青蟹，其他种类有远海梭子蟹等，其中长腕和尚蟹在广西有研磨、发酵做成沙蟹酱的食用传统。⑤虾类，如刀额新对虾、长毛对虾等种类；⑥鱼类，主要有中华乌塘鳢、弹涂鱼等种类，随潮水进入滩涂的鱼类如斑鰶、中华小公鱼、大眼青鳞鱼、边鱲、条鲾、短吻鲾、鲷、鲻、圆颚针鱼等是渔获中主要经济鱼种。其他的种类如长蛸、虾蛄等亦是红树林区常见的经济动物。这些都是价值较高的海产品，味道鲜美。滩涂上生长的红树林有多种经济价值，如白骨壤果实去单宁后可供实用，是广西沿海居民的特殊菜肴之一；红树林还是沿海群众放养鸭子的好场所，这种喂养方式的鸭子通过吃食体小型的蟹类和贝类等滩涂动物，不仅产蛋率高，而且品质优，群众称为“红银蛋”，创造了较好的经济收益。

另外，滩涂动植物可作为工业原材料使用，红树植物富含单宁，可作化工原料；木榄树干通直，质地坚硬，可用作建筑材料；用红树植物的树茎和树桩与土石混用建造海堤可抗蚁害；贝类石灰质外壳可用作建筑材料。

（二）调节服务功能

波浪是破坏海岸堤防的主要动力因素，在堤岸外保有或栽植一定数量和规格的红树林、盐沼植物等潮滩植被，能防止波浪毁坏堤岸，减少灾害损失，从而起到促淤造陆和保护土壤等作用。红树林的防浪护岸作用主要体现在：①红树林具有较好的防风功能，结构紧密的天然红树林在背风面林高 5 倍和 15 倍处的风速降低 56%和 30%，红树林和海岸防护林组成了一条坚实的海岸防风带，抗御着各种海洋灾害，保护着沿海人民的生命和财产安全；②红树林通过吸收潮汐能量，一方面减少波浪对海岸的侵蚀，保护土壤，另一方面减缓水流，促进悬浮物和有机物的沉积，抬高滩涂，形成陆地。由于红树植物具有发达的根系，如白骨壤的指状呼吸根、红海榄的支柱根、秋茄的板状根纵横交织，当外海水进入红树林时，这些根系及红树植物枝叶等成了海水的障碍，水体与红树林发生强烈的相互作用并因能量损耗而使涨落潮流速明显减缓，受到红树植物及滩面摩擦力作用的波浪波能被削弱，波长缩短，这就直接减弱了海浪对海岸的冲刷，较大限度地减少了对海岸土壤的剥蚀。

另外，滩涂及其生长的植被具有空气调节、污染净化等功能。滩涂植被能有效固定 CO_2 释放 O_2，维持大气 CO_2/O_2 平衡，减少温室效应气体。植被通过自身代谢，制造和存储有机物，分解污染物，富集或吸附重金属和放射性物质。

（三）支撑服务功能

广西沿海滩涂区域已建立山口国家级红树林生态自然保护区、北仑河口国家级自然保护区、合浦儒艮国家级自然保护区、北海涠洲岛火山国家地质公园、钦州茅尾海国家海洋公园、广西北海滨海国家湿地公园、涠洲岛珊瑚礁国家级海洋公园 7 个国家级保护区和湿地公园。滩涂支撑的红树林、盐沼生态系统、珊瑚礁生态系统具有重要的生物多样性保护功能，为动物提供栖息地、避难所，为迁徙种和当地种提供繁育栖息和越冬场所。

（四）人文服务功能

科学研究服务：广西海洋研究院、广西科学院、广西红树林研究中心等多家单位以广西滩涂红树林、海草床、盐沼、珊瑚礁为研究对象，进行生物生态相关研究，了解滩涂生态系统服务作用方式，通过科学的人工修复恢复受损生态系统，提出了可持续的滩涂开发利用方法和模式。

生态教育服务：北仑河口保护区在竹山建立起保护区管理站和教育中心，通过参观湿地的动物、植物图片，参观者不仅可以了解保护区的管理条例、游览守则，还可以直观地学到生物多样性、湿地生态等方面的知识。

生态旅游服务：山口红树林保护区建成生态旅游客访中心，架设有通往林区 200m 长的木桥和 150m 长浮桥，林中还建有观景亭 3 座，建立了保护区标本展览室等设施，已成为北海市主要观光旅游点之一。北仑河口国家级自然保护区东南临北部湾，西南与越南毗邻，陆岸距离防城港市区不远，而且交通极为方便，具有开展生态旅游的极好区位优势。保护区内的"京族三岛旅游度假区"、"万鹤山"

等景点已经闻名遐迩。

第二节 滩涂的旅游资源

广西沿海地区南濒北部湾，旅游资源丰富，拥有自然风光、生态环境、休闲娱乐等类型多样的旅游资源。漫长的海洋线造就了广西独特的滩涂海岸风光，温暖柔和的阳光，水清浪平的碧海，细软平缓的沙滩，再加上具有地带性特点的滨海植物群落，犹如一幅天然的画卷舒展在广西北部湾的版图之上。

广西滩涂旅游资源主要分为沙滩水体旅游资源和滩涂生态旅游资源两大组合类型。主要滩涂旅游资源见表 3-6，分布图见图 3-6。

表 3-6 滩涂旅游资源分类

类型	名称	所属行政区
沙滩水体旅游资源	银滩	北海市
	金滩	东兴市
	三娘湾	钦州市
	天堂滩——蝴蝶岭岛沙滩	防城港市
	大平坡	防城港市
	涠洲岛沙滩	北海市
	月亮湾	钦州市
	麻蓝岛沙滩	钦州市
	玉石滩	防城港市
	怪石滩	防城港市
滩涂生态旅游资源	北仑河口国家级自然保护区	防城港市
	山口国家级红树林生态自然保护区	北海市
	茅尾海红树林自然保护区	钦州市
	广西北海滨海国家湿地公园	北海市
	党江红树林生态旅游区	北海市
	合浦国家级儒艮自然保护区	北海市
	渔洲坪城市红树林旅游区	防城港市

一、沙滩水体旅游资源

广西沙滩水体旅游资源大多数地处南亚热带，属海洋性季风气候，冬无严寒，夏无酷暑，可供入水游泳时间达9个月，且滨海环境质量较好，空气中负离子含量多，空气清新，可开发成为度假疗养区。广西主要沙滩水体旅游资源有：

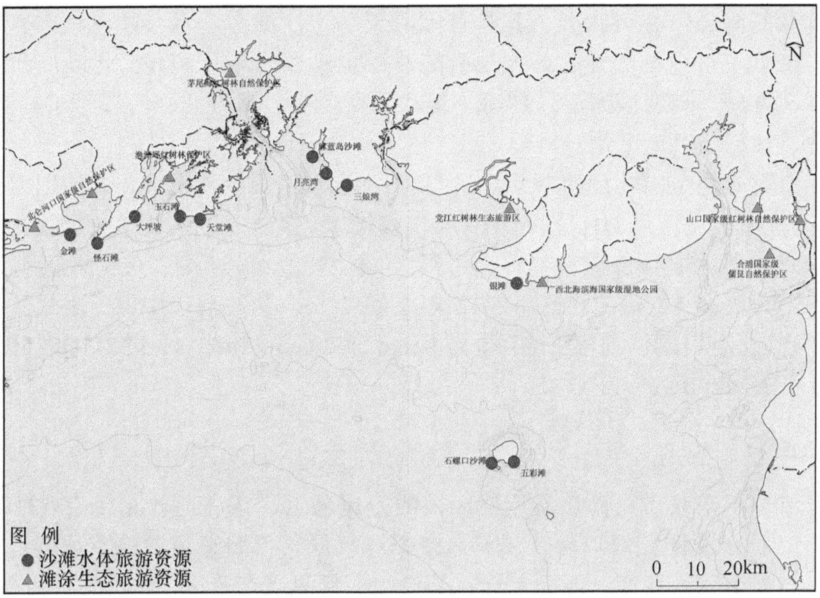

图 3-6　广西主要滩涂旅游资源分布图（彩图请扫封底二维码）

银滩、金滩、三娘湾、天堂滩、大平坡、月亮湾、麻蓝岛沙滩、玉石滩、怪石滩及涠洲岛石螺口沙滩和五彩滩，其中三娘湾沙滩附近的海域更是有大潮景观。从整个广西滨海旅游资源来看，滩涂旅游资源中沙滩水体类旅游资源是其中的精华和主体。

（一）北海银滩

北海银滩是北海市的旅游景点，位于广西北海市银海区南海沿岸，处于广西南端，濒临北部湾，位于东经 108°50′46″～109°47′28″、北纬 20°54′～21°55′34″，银滩西起侨港镇渔港，东至大冠沙，由西区、东区和海域沙滩区组成，东西绵延约 24km，海滩宽度为 30～3000m，陆地面积 12km²，总面积约 38km²。银滩景区属亚热带海洋性季风气候。冬季较短（每年的 12 月到次年的 2 月），夏季很长（5～11 月），春秋两季不明显，时间也短。年平均气温 22.9℃，极端最高温度 37.1℃，极端最低温度 2℃（百度百科，2015）。

北海银滩原称"白虎头"，因为从地图上看整个区域像一个张开嘴的大白虎。其沙滩面积超过大连、烟台、青岛、厦门和北戴河海滨浴场沙滩的总和，而平均坡度仅为 0.05°。沙滩均由高品位的石英砂堆积而成，沙滩中二氧化硅的含量高达98%以上，为国内外所罕见，被专家称为"世界上难得的优良沙滩"。在阳光的照射下，洁白、细腻的沙滩会泛出银光，故称银滩。广西以"北有桂林山水，南有北海银滩"而自豪，洁白如银的沙滩、湛蓝似梦的海水、明媚的阳光、阵阵的波浪、徐徐的海风，令人陶醉。其具有"滩长平，沙细白，水温净，浪柔软，无鲨鱼"的特点，可容纳国际上最大规模的沙滩运动娱乐项目和海上运动娱乐项目，是我国南方最理想的滨海浴场和海上运动场所，有"南方北戴河"、"东方夏威夷"之美称，被誉为"天下第一滩"。

北海银滩是全国首批的 4A 级景点，1992 年经国务院批准，北海银滩成为全国 12 个国家级旅游度假区之一，1994 年被国家旅游局评为"最美休息地"之一，1995 年北海银滩被国家旅游局评为中国 35 个"王牌景点"之"最美休憩地"。2000 年被评定为国家 4A 级旅游区。2012 年 7 月 2 日，第一届"中国十大最美海滩"网络评选，北海银滩位列第三名（http://baike.baidu.com/link?url=x2tU7OtVPRKFMwN0N8LdZA2qlwBQwwPEaj）。

（二）金滩

金滩位于东兴市京岛旅游度假区内的万尾岛上，该岛地处北纬 21°31′，东经 108°22′，位于北回归线以南，属亚热带季风气候，日照充足，旅游季节长达 8 个月之久。岛上草木繁茂，四季常绿，是自治区级风景名胜区，滨海旅游度假胜地。金滩是我国大陆海岸线的最西南端，居民以京族为主。金滩全长 15km，面积约为 25km²。宽阔坦荡，沙质细柔金黄，浪平坡缓，无污染，海水清澈。绿岛、长滩、碧海、阳光构成京岛如画景色，是天然的海滨浴场。唱哈、跳竹竿舞、弹独弦琴、拉大网、放虾灯等是独具特色的民俗风情。经过几年的开发，京岛旅游度假区已初具规模，旅游基础设施、接待设施、娱乐设施日趋完善，可容纳三四万人进行海浴和沙滩活动，现已成为广西继北海银滩之后又一滨海旅游热点（http://www.baike.com/wiki/%E9%87%91%E6%BB%A9%5B%E5%B9%BF%E8%A5%BF%E9%98%B2%E5%9F%8E%E6%B8%AF%E6%97%85%E6%B8%B8%E6%99%AF%E7%82%B9%5D）。

（三）三娘湾

三娘湾，广西十佳景区之一，地处中国南方北部湾沿海，位于广西钦州市犀牛脚镇南面，东邻北海市，西接钦州港经济开发区，与防城港市隔海相望，南临北部湾海域，地处北部湾广西经济区的腹心地带，地理位置十分优越，水陆交通便捷，水产资源丰富，有青蟹、大蚝、对虾、石斑鱼等四大名产。三娘湾不仅有闻名于世的白海豚，而且还有神奇、壮丽的大潮景观。2005 年，三娘湾获得"广西首届十佳景区"称号，2006 年 10 月，获得国家 4A 级景区和全国农业旅游示范点，2007 年 12 月，获得"中国西部最具投资潜力旅游景区"荣誉称号。

三娘湾景区以碧海、沙滩、奇石、绿林、渔船、渔村、海潮、中华白海豚而著称，拥有"中华白海豚之乡"的美称，由三娘石、母猪石、鸳鸯石、风流石、天涯石、海狗石、伏波庙、乌雷岭、威德寺等景观景点组成，是著名电影《海霞》

的外景拍摄地和中央电视台 MTV《湾湾歌》和 20 集电视剧《海藤花》的拍摄基地，也是众多摄影家创作的摇篮。

三娘湾沿岸月亮沙滩长约 1.5km，沿线碧波闪烁，绿树成荫，林中有古代传说的三婆娘娘（亦即三婆石）站在石船中，船上有艄工撑舵；往西有狗仔石，海中有母猪石，形似一头睡卧的母猪，石背平滑；东边有晒鱼石、东炮台、东石角等。

三娘湾海域栖息着上千头野生海豚，有难得一见的世界奇观——三娘湾"七彩海豚"。在三娘湾可以看到的海豚有黑色、灰色、白色、粉红色、墨绿色、海蓝色等，跳跃的颜色划过碧蓝的海面，犹如绚丽多彩的海上芭蕾，场面壮观、热情奔放，令人叹为观止，形成了海洋生态共荣的奇观。世界鲸豚研究专家研究认为，三娘湾的中华白海豚是目前全球最年轻、最有活力、最健康的种群，专家还认为三娘湾创造了可近距离观看海豚和海豚与人亲密接触的世界奇迹。与此同时，目前的三娘湾也是我国中华白海豚生存率比较高的一个地方。三娘湾位于钦江、大风江与海水的咸淡水交汇处，水域面积 350km²。早在 20 世纪 70 年代，当地曾经发现白海豚，但是其后的十多年未见其踪影，20 世纪 90 年代，当地加强了海湾的生态环境建设，白海豚重现三娘湾。白海豚在这里的主要栖息地域面积约 120km²，主要为浅水区域（水深不多于 10m）。但由于人为活动的压力，三娘湾白海豚种群为中国 5 个已知的白海豚种群中最小的。2006 年，世界自然基金会与三娘湾的观豚活动机构、社区及有关当局交流有关白海豚的行为及生态资讯，并制定了观豚守则，为当地白海豚的保护奠定了基础（http://www.baike.com/wiki/%25E4%25B8%2589%25E5%25A8%2598%25E6%25B9%25BE&prd=so_1_doc）。

（四）天堂滩——蝴蝶岭岛沙滩

天堂滩是企沙半岛的南面外滩，滨海型自然风景旅游区。岛上绿树参天，阡陌交通，鸡犬相闻，渔民安居乐业。沿岛沙滩长约 3.5km，滩宽 250m。沙滩平缓，水浅流缓，没有漩涡。沙子银白洁净，海水清澈透底，是开展海滨体育运动的极佳场所，滨海旅游度假胜地。与天堂滩相隔 2km 处为玉石滩。蝴蝶岭位于天堂滩与玉石滩交接处，涨潮时成为海岛，退潮时与大陆相连，岛上林木葱葱。蝴蝶岭是日本入侵中国大陆西南的第一个登陆点，此处留下了中国军队抗击日军的史篇，是开展爱国主义教育的基地。蝴蝶岭四面临海，渔产丰富，还是极佳的钓鱼场所。

（五）大平坡（白浪滩）

大平坡地处江山半岛中段，离防城港约 7km，是旅游度假的好去处。2012 年，白浪滩景区被评为国家 4A 级旅游景区，还被列为广西建设大 5A 景区的重点培育景区。2012 年，江山半岛旅游度假区被中国生态旅游发展协会授予"中国最美休闲度假旅游胜地"的称号。

伫立在海滩上，你不但可以浏览海天一色的大自然景观，还会惊讶于不断翻滚而来的排排白浪，浪花飞溅，在阳光下变幻出七彩霓虹，每一朵浪花仿佛都在欢呼都在起舞。在天与海的交接处还会有成群的海鸥出其不意地掠过你的身边，给你带来惊喜。远处的红树林里，千万只白鹭翱翔于蓝天白云之下，仿佛在为远方的来客翩翩起舞。白浪、白鹭、白云，同在你的眼前，展示了大平坡的自然魅力，于是有人又给了大平坡一个更加富有诗意的名字——白浪滩。

北部湾沿岸多台地丘陵，而白浪滩（大平坡）却是平原的延伸，它一马平川，在湛蓝的大海中有十数千米只高出海面少许的偌大滩涂，远望烟水朦朦，分不清哪里是海，哪里是沙滩。其实它是海上有滩，滩边有海。怪不得有人说，不到白浪滩，不知海滩之宽平，不知海滩之其美！

白浪滩属于典型的亚热带气候，而且这里几乎没有冬天。海岸翠绿、沙滩洁净、气候宜人。白浪滩就像是一个朴实的村姑，她没有飘逸的衣裙，也没有华丽的装饰，更没有铅华的装扮。星移斗转，沧海桑田，白浪滩得天地之灵气，集日月之精华，她是大自然鬼斧神工的产物，至今依然保持着原始的本色。岸边高大粗壮的木麻黄树林是忠于职守的卫兵，日夜守护着她的闺房。涛声是她动人心魄的歌，浪花是她灿烂明媚的笑容，小船是她放飞的理想，那弯弯的沙滩是她秀美的身姿。

白浪滩不仅仅是天然的浴场，而且还是休闲疗养的好地方。随着北部湾经济区的开放开发，这里将成为中国对接东盟各国的一块热土，沿海工业的发展将会像雨后春笋一样节节向上，钢铁、核电、粮油、能源、物流等大型企业也会在防城港安家落户，一座现代化的海滨城市已经躁动于母腹之中，仿佛一轮喷薄而出的红日，很快就要出现在地平线上。更妙的是，一座现代化的港口城市就在你的眼皮底下，身在白浪滩，隔海相望，可以清晰地看到防城港从"0号泊位"一直向大海、向月亮湾、向白浪滩延伸的连绵十里的码头泊位，威武高大的红色门吊正在忙碌着，和蓝天、白云、碧海构成了一幅瑰丽壮阔的画卷（http://www.baike.com/wiki/%25E5%25A4%25A7%25E5%25B9%25B3%25E5%259D%25A1&prd=so_1_doc）。

（六）涠洲岛沙滩

涠洲岛是一座位于北海市南方北部湾海域的海岛，是中国最大、地质年龄最年轻的火山岛，也是中国最美的十大海岛之一，现为国家4A级旅游景点。涠洲岛地势南高北低，南部有南湾港、五彩滩，西面有石螺口海滩。

南湾港是由古代火山口形成的天然良港，港口呈圆椅形，东、北、西三面环山，东拱手与西拱手环抱成娥眉月状，像力大无比的螃蟹横卧海中。码头背靠高10～30m的悬崖峭壁，崖顶青松挺拔，巨型仙人掌攀壁垂下，各式船艇进进出出，人来货往；飞鸟水禽，时隐时现；浪涌波兴，空阔无边；水天一色；气象恢弘。南湾沙滩，沙子洁白，坡度平缓。

五彩滩，原名芝麻滩，因沙滩上有许多像芝麻一样的黑色小石粒而出名。退潮后的芝麻滩格外漂亮，巨大的火山岩石一层一层的，在阳光的照射下特别壮观。大片大片的火山熔岩裸露出来，特别宽阔。许多地方虽然海水退了，但还是留下了一洼一洼的水，在蓝天的映射下，一洼一洼的水在视线中也变成了蓝色，和裸露的岩石一起，很是迷人。远处蓝蓝的天和蓝蓝的海水成了一色，白白的云点缀蓝蓝的天，让天空更生动；海水时而很温柔地亲吻着火山岩石，时而遇到岩石便跳跃起来，飞溅成白色的美丽浪花。碰到好天气，在芝麻滩远眺，离涠洲岛约9海里远、面积约 1.89km^2 的斜阳岛犹如就在眼前。

石螺口海滩位于涠洲岛西部石螺口。沿海海水清澄如镜，当属本岛之最。和别的沙滩不同，既有国内其他地方海滩的那种浪漫，又有涠洲岛特有的原始与自然。海中瑰丽珊瑚、各色海鱼如画显现。沿岸火山岩、海蚀岩丰富、奇特、怪异。天空与白云、海水与浪花、沙滩与茅草棚、渔船与飞翔的海鸟、戴着斗笠织网的渔民与躺在沙滩上沐浴阳光的游客，很自然地构成了一幅无可言说的风景（http://www.baike.com/wiki/%25E6%25B6%25A0%25E6%25B4%25B2%25E5%25B2%259B&prd=so_1_doc）。

（七）钦州湾犀牛脚月亮湾

位于钦犀一级公路旁，从钦州港往犀牛脚需要经过该区。因海滩海岸线呈弯月形而得名。植被类型为木麻黄防护林，因人为影响较大，林下灌草层很少（孟宪伟和张创智，2014）。

（八）麻蓝岛沙滩

麻蓝岛又名麻蓝头，是钦州湾上的一个海岛，位于钦州市犀牛脚镇的西北角。该岛酷似一个牛轭，最宽处 400 多米，最窄处 200 多米，岛上有一座面积约 8 万 m^2 的小山，海拔 21.8m，登上山顶就可饱览大海的奇观异彩。岛上种植有马尾松、木麻黄、竹簧、美国湿地松等树木，植株生长茂密、整齐，绿树成荫，绿地覆盖率达 80%。麻蓝岛四面环海，大环三面是海，岛的西北面为一大片沙滩，宽阔平坦，沙质金黄，是天然海滨浴场，西南面为礁石群，礁石千姿百态，奇形怪状，东面则为一大片极为壮观的红树林。这一带还盛产“三沙”：沙虫、沙钻鱼、沙蟹，名扬海外。碧波荡漾，天水一色，沙鸥翔翔，锦鳞游泳，风帆点点，渔歌互唱，轻风指面，心旷神怡（百度百科，2015）。

（九）玉石滩

玉石滩位于广西防城港市港口区光企半岛外缘约东经 108°25′、北纬 21°32′处，面向北部湾。玉石滩分布着颗粒圆滑的石粒，银白洁净，形状颜色各不相同，好像用海里的珍珠来点缀了沙滩的每一个角落。玉石滩的海水清澈洁净，空气清新，沙滩柔软平缓，沙粒粗细适中（孟宪伟和张创智，2014）。

（十）怪石滩

怪石滩位于江山半岛南端，坐落在半岛第二高峰——灯架岭脚下，为海蚀地貌，石头呈褐红色，经海浪千百万年的雕刻，形成今天形态各异、奇形怪状的天然石雕群，当地百姓据此起名怪石滩。怪石滩崖高岩矗，酷似内陆江河边上的悬崖，故游人又赋名"海上赤壁"。

怪石滩怪石嶙峋，形态栩栩如生，有的像怪兽，有的似花木，有的如战阵，有的似迷宫，其中最逼真的要数"笔架山"、"金龟望海"、"袋鼠观海"、"鳄鱼跳水"、"雄狮守海疆"、"蘑菇石"等，无不惟妙惟肖，引人入胜。涨潮时，更可观赏到"乱石穿空，惊涛拍岸，卷起千堆雪"的壮观场面。站在灯架岭上，朝可看日出，目睹红日冲破黑暗，从东方海中喷薄而出的壮观情景；晚可观日落，望眼碧海映红霞，海天一色，海面烟水茫茫，恍如散银碎金，闪烁跳动，美不胜收的夕景。有诗曰：海上赤壁听惊涛，怪石如画浪如刀。疑是诸葛入卦阵，东坡犹赞古今豪（http://www.baike.com/wiki/%25E6%2580%25AA%25E7%259F%25B3%25E6%25BB%25A9&prd=so_1_doc）。

二、滩涂生态旅游资源

广西沿海地区地处南亚热带，属季风型海洋性气候，形成独具特色的海洋生态系统。红树林作为广西的海洋特色资源在广西海岸广有分布，从两广交界的山口红树林到中越交界的北仑河口，是广西沿海地区重点保护和开发的生态旅游资源。广西沿海地区海洋生物资源丰富，国家一级保护动物中华白海豚和儒艮（被称为"美人鱼"）对前来旅游的人们颇具吸引力。

（一）北仑河口海洋自然保护区

北仑河口国家级自然保护区位于中国大陆海岸的最西南端，在防城港市境内。由西到东保护区跨越北仑河口（河口）、万尾岛（开阔海岸）和珍珠湾（港湾），海岸线总长 105km。保护区以红树林生态系为保护对象，岸线长 105km，面积约为 11 927hm²。保护区于 1983 年开始建立，属县级，1990 年晋升为省级海洋自然保护区，2000 年 4 月经国务院批准晋升为国家级自然保护区。2001 年 7 月，加入中国人与生物圈（MAB）组织，2004 年 7 月加入中国生物多样性保护基金会自然保护区委员会。2004 年防城港红树林被 UNEP 批准为中国首个、全球三大 GEF 红树林国际示范区之一。

北仑河口保护区的红树林发育良好，结构独特，连片较大，是保存较完整的天然红树林，共有红树植物 7 科 9 种。底栖生物共有 167 种，其中多毛类 37 种，软体动物类 62 种，甲壳动物 41 种，底栖鱼类 27 种。保护区为候鸟的重要繁殖地和迁徙停歇地，已观察到的鸟类有 187 种，13 种鸟类属于国家二级保护动物，黑脸琵鹭被国际鸟类保护组织列为世界最濒危的 30 种鸟类之一。保护区内分布有面积较大、连片生长的红树林。主要群落类型有：木榄群落、秋茄群落、桐花树群落、白骨壤群落、红海榄群落、海漆群落和老鼠簕群落 7 种基本群落（孟宪伟和张创智，2014）。

（二）山口国家级红树林生态自然保护区

山口国家级红树林生态自然保护区，地域跨越合浦县的山口、沙田和白沙三镇。保护区下设英罗和沙田两个保护站。保护区海岸线总长 50km，总面积 8000hm²，其中海域、陆域各为 4000hm²，有林面积 806hm²。山口国家级红树林生态自然保护区是 1990 年 8 月国务院批准建立的我国首批（5 个）国家级海洋类型保护区之一，1993 年加入中国人与生物圈组织，1994 年列为中国重要保护湿地，1997 年与美国鲁克利湾国家河口研究保护区建立姐妹保护区关系，2000 年 1 月加入联合国教科文组织人与生物圈（MAB）保护区网络，2002 年 1 月列入国际重要湿地，是全国海洋系统目前唯一的荣获世界双桂冠的自然保护区。

保护区内的红树林是中国内地海岸红树林典型代表，是发育良好、结构独特、连片较大、保存较完整的天然红树林。区内有红树植物 10 种，主要伴生植物 22 种；浮游植物 96 种，底栖硅藻 158 种，鱼类 82 种，贝类 90 种，虾蟹 61 种，昆虫 258 种，其他动物 26 种；该区是亚洲大陆东北部与半岛、南洋群岛及澳大利亚之间的候鸟迁飞的一条重要通道，鸟类较丰富，共 132 种，其中有国家二级保护动物黑脸琵鹭、白琵鹭、凤头鹰等 13 种。红树林水域也是国家一级保护动物儒艮（美人鱼）栖息的好场所（孟宪伟和张创智，2014）。

（三）茅尾海红树林自然保护区

广西茅尾海红树林自然保护区是林业部门主管的自治区级自然保护区。保护区位于广西钦州湾，总面积 2784hm²，分别由康熙岭片、坚心围片、七十二泾片和大风江片 4 大片组成。

保护区内有红树植物 13 科 16 种，占全国红树种类的 43.2%，有各种动物 491 种，其中 33 种鸟是中澳、中日保护候鸟及其栖息环境协定的保护鸟类。红树林的主要群落类型有：桐花树群落、白骨壤群落、无瓣海桑群落。这里也是钦州 4 大海产品大蚝、对虾、青蟹、石斑鱼的主要产区。茅尾海湿地拟建湿地公园是红树林生态系统、滨海沼泽湿地生态系统和滨海植被生态系统的有机统一，拥有非常丰富的自然资源。

（四）广西北海滨海国家湿地公园

大冠沙和银滩是北海的姐妹滩。大冠沙有几千亩红树林，主要以白骨壤为主，混生有少量秋茄和桐花树，海堤内是防护林带木麻黄。

红树植物有 6 种，为白骨壤、桐花树、秋茄、海漆、卤蕨和红海榄。其中白骨壤占绝对优势, 总面积139.8hm^2。素有"海上森林"美誉的红树林是鸟类、昆虫、贝类、鱼、虾、蟹等生物栖息繁衍之所 (孟宪伟和张创智, 2014)。

(五)党江红树林生态旅游区

党江红树林生态旅游区位于廉州湾北端, 这里有红树林湿地、三角洲湿地和大片的滩涂湿地。党江红树林主要为桐花树群落, 平均高约 2m, 覆盖度 40%～90%, 伴生秋茄、茳芏。此外, 还有大片的老鼠簕纯林和人工种植的秋茄林, 秋茄林平均高约 0.5m, 覆盖度约 25%。

(六)合浦国家级儒艮自然保护区

在山口红树林保护区海域, 即在合浦县铁山港外的近海一带, 生存着国家一级保护动物——儒艮。这里既属亚热带海洋气候, 海底潮沟深槽发育也相当好, 水温、盐度都适中, 海草资源也丰富, 是儒艮生存栖息的优良环境。1992 年, 国务院将合浦县营盘至英罗湾一带确定为国家级儒艮自然保护区。主要为海草群落。主要的海草种类为喜盐草、贝克喜盐草、小喜盐草等。

(七)防城港渔洲坪城市红树林旅游区

防城港市中心的渔洲坪滩涂曾生长着约400hm^{2}红树林, 受城市开发建设活动影响, 现存面积 2300hm^{2}左右, 是中国最大的城市红树林区。1999 年, 防城港红树林海洋生态实验园区, 取得自治区发改委的立项批复。2003 年, 国家环保总局将该园区项目列入《国家环境保护"十五"重点项目规划》。2005 年, 该园区成为联合国环境署(UNEP)/全球环境基金(GEF)联合设立的《扭转南中国海和泰国湾环境退化趋势项目》国际示范区。

渔洲坪的旅游资源主要为红树林。红树林的主要群落为白骨壤群落, 岸边有小片半红树银叶树林。其他的红树植物有红海榄、木榄、秋茄、桐花树、海漆等, 镶嵌分布在白骨壤林中, 数量较少。由于此片红树林面积较大、林冠整齐、外貌葱郁, 又位于市郊, 作为市民或游客的休闲度假地, 具有较高的旅游价值 (孟宪伟和张创智, 2014)。

第三节　滩涂农业资源

一、滩涂渔业资源

(一)滩涂天然渔业资源

广西地处低纬度地带, 属亚热带气候, 气候温和, 雨量充沛, 光照充足, 其优越的自然环境和独特的岩溶地形地貌很适宜各种水生生物的繁殖生长和栖息，因此，鱼类品种繁多，资源丰富。在水域方面：北部湾海域面积 12.8 万 km²，湾口以南的南中国海面积约 200 万 km²，两处海域可捕捞的渔场面积 212.8 万 km²，浅海滩涂可开发海水养殖的面积 70 万 km²。内陆江河、水库和池塘可进行淡水养殖的面积 66.7 万 km²。在鱼类物种方面：北部湾和南中国海栖息的海洋鱼类有 100 余种，常见的虾蟹 30 多种，贝类近 10 种，鱿、墨鱼等头足类及海产经济动物数十种；内陆淡水鱼类 271 种，野生龟鳖类 20 余种，大鲵、鲟类 3 种，珍稀蚌类 2 种，其中，属国家一级保护的品种有 2 种（中华鲟和鼋），国家二级重点保护的品种有 4 种（江豚、花鳗、佛尔丽蚌、三线团壳龟）（甘晖和吕敏，2010）。

广西滩涂盛产沙虫（学名裸体方格星虫）和泥丁（学名可口革囊星虫），是沿海居民的一项主要经济来源。裸体方格星虫（*Sipunculus nudus*）隶属于星虫动物门星虫纲星虫科，由于它生长在沙中，故两广群众都称其为"沙虫"。它的营养价值较高，素为宴席上的佳肴，还具有清肝润脾、降血压等功能，在国内外市场上久负盛名。可口革囊星虫（*Phascolosoma esculenta*），属于星虫动物门革囊星虫纲革囊星虫目革囊星虫科，俗称海丁、海蚂蝗、泥丁、土笋等，主要分布在高潮区沙质滩涂，具有滋阴、补肾、去火的食疗作用，被誉为"动物人参"、"海中冬虫夏草"。挖"沙虫"和"泥丁"是广西沿海渔农妇女的一项主要副业。随着人民生活水平的提高和出口贸易的发展，对沙虫的需求量日益增加，沙虫和泥丁的身价也大为提高。广西沿海的沙质滩几乎都有沙虫和泥丁分布。主要分布区是：合浦县的乌泥、殿洲、川江、营盘、草墩西、白坪咀、高沙；北海市的白虎头；钦州市的大沥；防城县的沙螺寮、谭吉、巫头和万尾（梁广耀，1990）。

（二）滩涂经济养殖资源

广西滩涂养殖品种有近江牡蛎、对虾、青蟹、贝类、鱼、泥蚶、珍珠等。其中最典型和最具特色的为近江牡蛎、对虾、珍珠。

1. 近江牡蛎

近江牡蛎（*Ostrea rivularis*），俗称大蚝，广温性贝类，适盐性广，一般在河口咸淡水处为密集区。近江牡蛎生活方式以左壳营固着生活，附着基为岩礁、水泥等各种硬物体，有群聚习性。近江牡蛎是牡蛎养殖品种中的佼佼者，在生长速度、抗病性和口感方面均优于美洲牡蛎，是值得全世界范围内推广养殖的优良品种。近江牡蛎分布于太平洋沿岸的日本和我国南北沿海，以中国东南沿海的广东、广西、海南和福建为全球重要分布区。广西钦州市、北海市、防城港市和广东的湛江市构成的北部湾北部沿海地区是全球近江牡蛎的养殖中心，4 个市近江牡蛎的养殖规模约占广西、广东两省区牡蛎养殖总规模的 70%。

2008 年钦州养殖近江牡蛎的面积和产量分别达到 19 802hm² 和 44.7 万 t，占湛江－防城港沿海总规模的 53%左右。

20 世纪 70 年代兴起的牡蛎水泥柱采苗技术，很快使茅尾海成为全国最大的近江牡蛎采苗基地。水泥柱采苗是在茅尾海周边的红树林海岸进行的，主要采苗区位于茅尾海东岸钦江入海口的沙井港到钦州港七十二泾沿岸，以及茅尾海西岸大陶村附近沿岸。近江牡蛎采苗生产是茅尾海周边群众的一条主要生产门路。而广西钦州湾（包括茅尾海）的近江牡蛎种苗占据中国牡蛎种苗市场 70%以上的份额，成为全球最重要的近江牡蛎分布地与种质资源保留地。

2005 年钦州市钦南区被中国农学会特产经济委员会命名为"中国大蚝之乡"；钦州市龙门七十二泾海域的近江牡蛎浮筏养殖区被农业部授予"农业部水产健康养殖示范区"称号。

近几年随着钦州港、临海工业和城市发展速度的加快，围填海、近海的挖沙采砂、工业与生活污染加重，该海区的牡蛎已呈现衰退的迹象，表现为生长速度减缓，养殖周期延长，病害频发，部分苗种和养殖个体异常死亡。为保护钦州茅尾海近江牡蛎繁殖生境及其环境，钦州市政府申报了茅尾海国家海洋公园。

2. 对虾

广西对虾养殖面积及需求量居全国第二位，近年来，由于沿海一带工业的大力发展，同时受房地产业的影响，全区对虾养殖面积开始出现小幅度缩减，约为 31.2 万亩，产量约 22 万 t，由于对虾价格上涨近一倍，产值达到 106 亿元。近两年产业形势与全国形势基本相同，2014 年更是由于超强台风"威马逊"在广西登陆，广西对虾产业遭受严重损失，2015 年产量将有所下滑。广西对虾在良种繁育、规模养殖、加工流通等方面已经形成比较完整的产业链，目前全区已有规模育苗场 166 家，育苗水体 13.93 万 m³，年产对虾苗 85 亿尾；连片开发、面积达 1000 亩以上的规模化养殖场达 15 家；水产加工企业 103 家，年总加工能力 33 万 t，其中，有 11 家企业获得了出口欧盟资格和美国 HACCP 认证（http://www.aquainfo.cn/news/2015/1/13/2015113946650673.shtml）。

3. 合浦珍珠

合浦位于北部湾近陆海域，海湾开敞，潮流畅通，海域隐蔽，风浪较小，且两河流相夹，咸、淡水适中，东面有雷州半岛，东南面有海南岛，西有中南半岛，是防止风浪冲击的屏障。北有云开大山余脉，阻挡寒潮的侵袭。东南无内陆大河注入，浅海多为砂质或砾底质，有 60 万亩平坦的砂砾。浮泥和敌害生物少、饵料丰富、无污染。气候冬无严寒、夏无酷暑，年平均气温 22.6℃，最冷月平均气温 10～15℃，年均极端低温 2℃，年均日照时数为 2108.5h。属亚热带气候，气候温和，水温适宜，沿海水质清净无污染，浮游生物极其丰富，海水比重稳定，为1015～1022，平均为1018，水温18～32℃，平均为23.5℃，所有这一切为珍珠贝的生长与繁衍提供了得天独厚的生态环境。

合浦珍珠和合浦生态珍珠，又称南珠、廉珠和白龙珍珠，在海内外享有极高的声誉，号称"中国瑰宝"，素有"掌握之内，价盈兼金"之说。南珠它以细腻器重、玉润浑圆、粒大凝重、瑰丽多彩、晶莹圆润、皎洁艳丽、光泽经久不变等优点称霸世界市场。有"东珠不如西珠，西珠不如南珠"之美誉。广西合浦一带海域自古就是珍珠的"珠母海"，养珠、插珠技术已经有两千多年的历史。目前，故宫博物院里陈列的珍珠多为合浦出产。慈禧太后皇冠上镶嵌的数千颗珍珠便是合浦珍珠。据史料记载，我国从秦朝起就将南珠作为进贡皇帝的贡品。在东汉，合浦珍珠业的发展达到了高峰，作为"海上丝绸之路"始发港之一的合浦港（乾体港）是当时的珍珠集散地，南珠从这里走向东南亚各国，据说英国女王伊丽莎白一世皇冠上的珍珠就是南珠。南珠几度辉煌又几度衰落，具有举世瞩目的鉴赏价值和药用价值。"珠还合浦"、七大珠池的神秘传说赋予了南珠独特的文化内涵。

4. 滩涂养殖区重点养殖品种选划

广西拥有滩涂可养殖面积达26 000hm²以上，但目前已养殖的仅占可养殖面积的10%～12%，如将所有可养殖滩涂全部利用，则对沿海地区的经济发展和人民生活水平提高有不可低估的作用。但发展养殖应因地制宜，合理布局。同时还应充分利用沿海对外开放的优势，增加一些价值高、出口创汇力强、市场需求量大的海产品的养殖面积，如对虾、泥蚶、青蟹等。根据调查研究（蓝福生等，1993），广西各岸段滩涂的宜养情况大致是：①东兴-白龙尾田廖港，港湾内水质好，风浪小，无工业污染，适宜养殖牡蛎、文蛤、江蓠和粗糙参。②沙沥-赤沙一带，为沙泥底质，岸段弯曲，在高、中潮区易筑池围养，适宜养殖对虾、青蟹、鱼、泥蚶、贻贝。③企沙-乌雷岭一带，是养殖贝、虾、蟹、鱼的良好场所，那里种苗资源丰富，且当地群众有一定的养殖技术和基础。④三娘湾-西场一带，饵料丰富，内湾适宜养殖牡蛎，外湾滩涂广，水流畅通，适宜养殖文蛤、泥蚶、江蓠。⑤圩船埠-外沙一带，为南流江入口，淡水量大，盐度低，水质肥沃，适宜养殖牡蛎、文蛤、泥蚶、贻贝、江蓠。⑥沙湾-营盘川江一带，沙滩宽广，水质好，淡水少，盐度稳定，适宜养殖对虾、文蛤、江蓠。⑦石头埠-丹兜海一带，适宜养殖对虾、青蟹、鱼、藻类。⑧沙田-山头一带，沙虫资源丰富，适宜养殖沙虫。⑨乌泥-山口镇林屋一带，红树林繁茂，养殖环境好，水产资源丰富，是养殖对虾、青蟹的良好场所（蓝福生等，1993）。

根据滩涂资源的自然属性和分布状况，广西海岸滩涂可发展为近江牡蛎和文蛤等优势特色贝类规模化增养殖基地，珍珠贝深水养殖基地，海岛渔业开发，名贵海水鱼类深水网箱养殖工程，对虾等特色品种规模化增养殖基地，锯缘青蟹、大弹涂鱼、裸体方格星虫等特色品种滩涂生态养殖工程，贝类净化养殖基地，沿海转产渔民渔业养殖工程，人工渔礁建设等渔业资源修复与保护工程。

二、滩涂种植业

广西滩涂面积约 10 万 hm^2，其中沙或沙泥滩约占 70%，淤泥滩或红树滩约占 25%，沙质滩、岩滩面积较小。目前，总体开发利用程度不高，开发潜力巨大。

（一）我区滩涂土壤特征

（1）成土时间短，土壤在许多方面仍保留有母质的特性。由于海潮作用，每天都有一定数量的沙、泥等被带到潮滩沉积下来，故滩涂土壤处于边沉积边成土状态，沉积物的成分、颗粒大小、颜色及垂直分布等对土壤组成、质地、颜色、层次均有十分重要的影响，甚至有决定性作用。

（2）土体深厚，发生层次不明显。广西滩涂的沉积物较深厚，少则 1m 至数米，厚则几十米，故滩涂土壤较深厚。但由于海水的淘洗和漂洗作用，同一地点的沉积物的颗粒大小和成分一般相同，加上海水经常淹没，土壤处于还原状态。土体呈灰色、灰黑色、灰蓝色等，糊烂状，无结构，很难划分层次，更无明显的发生层。

（3）质地以沙为主，颗粒大小纵横有异。由于成土时间短，质地受母质影响较大，土壤颗粒组成在纵横断面上差异较大，表现为：①从高潮线到低潮线，由粗变细；②在沉积物均匀的地方，土壤上下层次质地变化较小，但在海浪和海潮多变，沉积物颗粒交错成层分布的地方，土壤上下层次的质地亦明显不同；③风浪对潮间带附近的地形地貌有较大影响，从而使沉积物和土壤质地发生局部变化在风浪较小的滩涂，土壤颗粒较细，而在地势开阔、风浪较大的滩涂，土壤颗粒较粗；④红树林、草甸等植被具有固沙聚泥、减缓风浪的作用，故有植被的滩涂土壤中黏粒含量比相同条件下的光滩高（蓝福生等，1993）。

（二）可选种的品种

1. 红树林

保护现有红树林，大力发展红树林和其他滩涂植物，建立一条以红树林为主的绿色滩涂防线，改良生态环境。红树林是一种很有价值的滩涂森林资源，其根系发达，纵横交错，可固沙聚泥；其茎枝繁茂，具有减缓风速、平缓风浪的作用，是保护海堤的一级防线；红树林内水面平稳，为许多海洋生物提供了优良的生存活动场所；每年换叶三次，所掉落的大量枯枝落叶为这些海洋生物提供了丰富的饵料。在合浦县内成立的国家红树林保护区和在防城港建立的自治区红树林保护区对广西滩涂红树林的保护将有十分重要的作用。我们还应在广大群众中进行红树林知识教育，使他们真正懂得红树林的重要性，自发地保护现有红树林和种植红树林。红树林易繁殖、易栽培、生长快、成林迅速、成本低、价值大，易为群众所接受，但发展红树林时应因地制宜，因土种植。

2. 水稻

对于一些条件好的地区可以因地制宜地围垦，增加粮食产量，提高经济效益。对于那些淡水充足，但无资金搞农田基本建设而未垦殖的地区，应优先考虑，集中资金和力量修优质的引水渠道和搞好农田基本建设。

3. 其他

红树林外围或无法种植红树林的其他滩涂上，可种植盐沼草、芦苇等耐盐植物，它们是造纸、编织的好材料，还可作为饲料，对沿海地区副业和牧业的发展均有重要作用。

三、家禽养殖

（一）海鸭蛋

海鸭蛋是中国雷州湾国家红树林保护区、北海钦州、福建、宁波等沿海地区的海边红树林区域涂滩养殖的海鸭所产的蛋。每次潮落，红树林里总会滞留很多的小鱼、小虾、小蟹、小螺等海洋生物。这些高蛋白的天然饵料就变成了海鸭的美餐，使得海鸭体肥蛋多，蛋黄晶红、味美鲜香，常食用可养颜美肤、益脑增智、滋阴清肺、降血脂、防甲亢，是老少皆宜的天然滋补品。

海鸭蛋营养丰富。每 100g 海鸭蛋中含有卵磷脂 4056mg，比 100g 牛奶中所含卵磷脂高 50 倍。卵磷脂能起到延缓衰老、软化和清理血管、增强记忆力的作用，另外 100g 蛋中含蛋白质 12.84g，含人体必需的 18 种氨基酸，其总量高达 11.53g。还含有钙、磷、铁、锌、碘、镁、钾、硒等多种对人体有益的微量元素和 10 多种维生素。目前有关专家对海边滩涂放养海鸭的蛋进行进一步的成分分析，海鸭蛋卵磷脂含量是普通鸡蛋的 6 倍，而胆固醇含量只有普通鸡蛋的 50%。

蛋黄颜色越红，蛋清越浓稠，蛋壳越坚厚，海鸭蛋的质量越好，反则次之。以春、夏、秋三季及良好天气条件下生产的为最好，冬季或台风雨天气所生产的次之。以料泥型，并生长有丰盛海草或大片红树林丛的浅海滩涂放养的海鸭所产的为最好，光秃又沙质的滩涂放养的海鸭产的品质差。以低密度、小群散养的海鸭所产的为好，大群、高度密集放养的海鸭所产的品质次之（百度百科，2015）。

（二）海猪肉

北海营盘海猪肉以其绿色生态、肉质鲜美等特点在广西享有盛名，营盘海猪大多在海滩等自然条件下放养生长，退潮后，它们会自己去寻找些沙蟹、小鱼、小虾和贝类等食物，同时渔民辅以木薯、玉米、海鲜残渣等喂食，所以，这些放养状态下的猪肉就具有了绿色猪肉的特质，受到人们的喜爱。

四、存在问题

近年，人类对滩涂渔业资源的掠夺式开发引起了一系列问题。海鸭、海猪过度放牧，沙虫、泥丁挖掘，非法围网，毒鱼虾，电鱼虾，炸鱼，底网拖鱼等使得滩涂生物多样性严重衰减，生物链遭到毁灭性破坏。海水养殖、陆源排污等严重影响滩涂区域海水及底质环境质量。近年，良田歉收，红树林害虫爆发等时有发生，如海南东寨港红树林团水虱虫灾导致大面积红树林死亡事件。

2011 年起，东寨港近千亩的保护区中出现了上百亩红树林死亡的现象，经过调查，专家组得出了结论：保护区周边人类生产经营活动造成保护区内水质富营养化，使团水虱大量繁殖，团水虱在红树树根蛀洞造成红树死亡。专家组一并指出团水虱爆发的几种原因：一是海鸭的养殖；二是高位池养虾、养猪场等周边养殖户和企业的排污；三是附近生活垃圾、污水的排放；四是过度捕捞导致团水虱的天敌鱼、虾、蟹等减少。

据了解，自 20 世纪 90 年代开始，东寨港红树林自然保护区周边以虾、鸭为代表的养殖业迅速发展，最高峰时养虾规模近万亩、养鸭年出栏量达 40 万只。目前，保护区上游的罗牛山养猪基地年出栏 50 万头，是海南城乡居民生猪供应的重要基地。养殖企业向红树林排放大量未经处理的生产污水，给东寨港的水质造成严重污染，使浮游生物大量繁殖，给团水虱提供了有利的生存环境（百度文库，2013）。

第四节　滩涂港口资源

广西大陆海岸线东起合浦的洗米河口，西至中越边界的北仑河口，全长1628.6km。海岸类型分冲积平原海岸和台地海岸两种，迂回曲折，多溺谷、港湾。广西海岸走向基本呈 E-W 向，海岸曲折，港湾、岛屿众多。近岸较大型的海湾包括珍珠湾、防城湾（东、西湾）、钦州湾、铁山港港湾和廉州湾等。沿海主要城市包括防城湾内的防城港市、钦州湾北侧的钦州市、北海湾东侧的北海市，目前城市发展总体规模较小。大风江西部沿海地形为以低山丘陵为主的山地丘陵海岸；

东部沿海地形为平原台地海岸。海岸有基岩海岸、沙质海岸、淤泥质海岸、红树林海岸等类型，属滨海平原地貌，土地平坦开阔，沿海滩涂面积宽广。基岩海岸主要分布在北海的冠头岭、铁山港中部和北部、钦州湾西侧、白龙半岛、涠洲岛南部等地区，水深条件好，泥沙来源少，淤积甚微；沙质海岸主要分布在北海的沙田、大墩海至石头埠、钦州的三娘湾、企沙半岛南部、防城湾的大平坡及京岛附近。淤泥质海岸主要分布在河口外缘、茅尾海北部、大风江口两侧、北海沙田以南，海岸顺直、滩涂平坦宽阔。红树林海岸在英罗湾、铁山港、茅尾海、防城河、珍珠湾内侧、南流江口等地分布。

广西近岸海域海水动力场较为复杂，从宏观海水动力场来看，其基本规律大概是夏半年海水动力场流向为由西向东，从越南沿海方向注入我国广西，冬半年反之，由东向西，由广西方向流向越南。夏半年海水动力场要复杂一些，分别由雷州半岛、北海半岛南部两股海流注入广西沿海，形成两对涡流。广西近岸海域海水动力场基本属集中于海湾深槽的往复流，是海湾深槽保持常年不变的主要原因，如防城港的牛头岭-暗埠江口-三牙深水槽、钦州湾的东中西深水槽、廉州湾的北海深水槽、铁山港的东西深水槽等；而在深水槽两侧（即靠岸部分海域），基本为海水交换不活跃的海水滞留区，不利于污染物的扩散，如钦州湾的茅尾海四周、东深水槽东侧的大榄坪沿海，廉州湾的西场、高德一带海域，北海市南岸银滩一带等。

遵循港口带动经济发展原则，港口布局和港区功能分工应适应腹地经济发展和产业布局现状与规划，并紧密结合港口建设和产业发展。根据广西北部湾经济区产业布局，结合港口腹地的服务范围、港区功能、集疏运通道和现实发展条件等分析，广西北部湾港划分为防城港域、钦州港域和北海港域。其中具有良港条件的有防城港湾、钦州湾、大风江口、廉州湾、铁山港湾等。

从经济社会、产业布局、科技进步、可持续发展等要求出发，为适应腹地经济社会及综合交通运输发展需求，结合全国沿海港口布局规划西南沿海地区港口群体方案布局，广西北部湾港的性质定位为：我国西南沿海地区港口群和西南出海大通道的重要组成部分，国家综合运输体系的重要枢纽，服务"三南"（西南、华南和中南）的泛北部湾区域国际航运中心；广西北部湾经济区发展成为国际区域经济合作新高地、我国沿海经济发展新一级的核心战略资源；广西及"三南"地区对外开放、参与经济全球化、全面实现小康社会的重要平台；建设中国—东盟自由贸易区的重要支撑。

根据《广西北部湾港总体规划》，广西北部湾港将形成由渔澫港区和企沙西港区组成的矿石运输系统；由大榄坪港区（钦州保税港区）、渔澫港区、石步岭港区组成的集装箱运输系统；由企沙西港区、金谷港区、铁山港西港区构成的煤炭运输系统；由金谷港区、大榄坪港区、铁山港西港区构成的石油及油品运输系统；

以石步岭港区为主，马鞍岭、三娘湾等共同发展的北部湾休闲、旅游、客运系统，见图 3-7。满足腹地经济及临港产业对以矿石、集装箱、石油、煤炭等大宗货物为主的运输需求及休闲旅游需要。广西北部湾港具备装卸及仓储、中转换装、运输组织管理、临港工业、信息服务、生产生活服务、现代物流服务、保税、休闲度假、旅游观光、水上客运和国际邮轮母港及配套服务等功能。

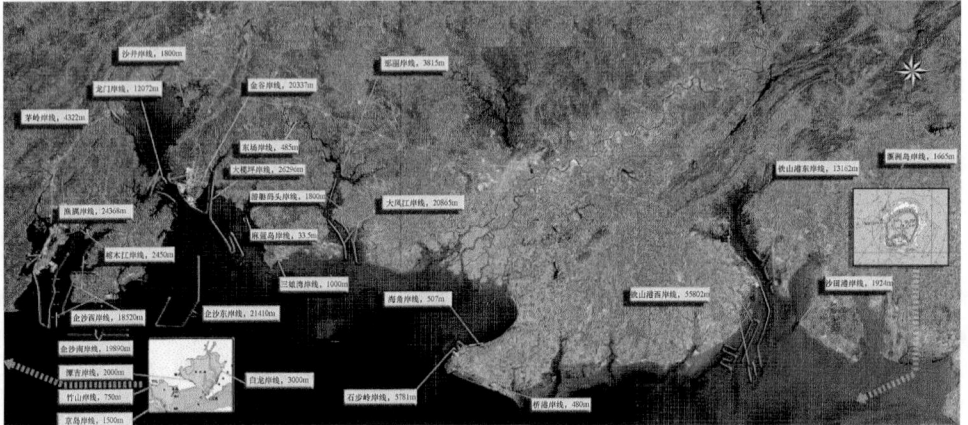

图 3-7　广西北部湾港岸线规划示意图（摘自《广西北部湾港总体规划》）（彩图请扫封底二维码）

20 世纪 90 年代，广西提出沿海三港定位：防城港为西南地区外贸进出口和大宗散货中转运输的主枢纽港，钦州港以发展临海工业港为主，北海港以发展商贸旅游港为主。十多年来，广西遵循这一分工，指导了沿海三港的开发建设。随着西部大开发战略推进和泛珠江三角洲区域合作、中国—东盟自由贸易区建设等国家重大战略举措的逐步实施，广西实施"工业兴桂"战略，广西沿海港口规模进一步扩大，沿海三港在发展公用港区的同时，积极发展临港工业港区，港口功能日趋多样化。

一、防城港区港口资源特征

（一）港区概况

防城港位于广西海岸西部中段，是全国 25 个沿海主要港口之一，深入内陆 15km，全湾海岸线长约 115km，湾域总面积约 115km²。防城港三面丘陵环抱，湾口朝南，口门宽约 10.4km，陆域两翼突出，东为企沙半岛，西为白龙半岛，北被丘陵环绕，中部有呈 NE-SE 走向的渔澫岛，该岛将海湾分割成东、西两湾，水域呈 "Y" 形。白龙半岛与渔澫岛之间形成内湾，水域面积约 40km²，内湾北部有防城江注入，该河流年平均径流量为 17.9 亿 m^3，年平均输沙量 23.7 万 t；渔满岛与企沙半岛之间形成外湾，口门西起白龙半岛白龙尾，东至企沙半岛炮台角，水域宽约 10km，面积约 120km²。企沙半岛南部和白龙半岛东侧为砂质基岩海岸，有新老海蚀崖，岬角多为磨石岩滩，有的向海成为礁石。海滩宽度自湾口向湾内增大，坡度减小，泥质含量增多。防城河现代河口三角洲主要包括针鱼岭北端至将军岭附近地区，汊河较多，浅滩、沙洲发育，现代沉积物主要是粗、中砂。局部水体稳定的地区沉积粉砂和淤泥质粉砂，其上有红树林生长。

防城港港口有三大特点：①以外贸货物为主，占总吞吐量85%以上；②以西南地区货物为主，占总吞吐量80%以上；③以大宗货、散件货为主，占总吞吐量80%以上，主要为铁矿砂、磷矿砂、重晶石、硫磺、氧化铝、煤炭、钢材、大豆、化肥、工业盐等。

（二）动力条件

防城港潮流类型以全日潮流为主，潮流在海流中占主导地位，拦门沙以外开阔海域潮流具回转流性质。湾内受地形影响流速增大，拦门沙以内基本上为往复流，沿航道轴线附近流速较大。湾外由西南向东偏北运动的流线，经拦门沙航道及两翼向航道北端辐聚。落潮流速大于涨潮流速。暗埠江口"Y"形航道交点处，涨潮流向为 NNW 向，平均流速 0.26～0.39m/s，最大流速 0.74m/s。落潮流向为 S-SSE 向，平均流速 0.35～0.54m/s，最大流速 1.04m/s。防城湾基本为落潮流所控制，落潮水动力正是保持深槽形态处于相对平衡的主要动力因素。

进入防城湾的河流主要是防城河，防城河在针鱼岭附近入湾后分成两支，主流沿西湾的牛头岭附近南下，另一支经暗埠江南下。防城河源于十万大山，全长约 100km，流域面积 810km²，属山区性河流，水位暴涨暴落，流量随季节变化很大。城镇河段多年年平均流量为 56.6m³/s，多年年平均径流量 17.86 亿 m^3，多年年平均输沙量为 23.7 万 t，最大年输沙 39 万 t。输沙主要集中在洪水季节，输沙量不大，且大部分以悬沙进入防城湾。泥沙来源主要是防城河的输沙，湾内海岸风化物侵蚀泥沙数量较小，湾外没有明显的泥沙流影响本区。拦门沙航道淤积的泥沙主要来自附近的堆积体，即由防城河早期输入物的再搬运、再堆积造成，防城河输沙对其影响甚小，泥沙补给不丰富。

（三）港区规划开发

防城港是我国沿海主要港口之一和综合运输体系的重要枢纽，是我国西南地区实施西部大开发战略和连接国际市场、发展外向型经济的重要支撑，是西南地区出海大通道的重要口岸，将以大宗散货运输为主，加快发展集装箱运输，逐步成为多功能、现代化的综合性港口。防城港域规划港口岸线长 105.1km（深水岸线 82.0km），可建 429 个泊位（深水泊位 305 个），港域规划全部实施后年综合通过能力约 6.4 亿 t。其中：规划港区岸线 56.0km（深水岸线 39.7km），可建 276 个泊位（深水泊位 152 个），年综合通过能力达到 3.9 亿 t、客运 50 万人次，港区面积 4708hm²；规划的预留港区岸线长 49.1km（深水岸线 42.3km），可建 153 个深水泊位，年综合通过能力 2.5 亿 t。规划期（2030 年）建设岸线 35.6km，其中深水岸线 28.4km；100～200 000t 级泊位 155 个，其中深水泊位 108 个；陆域面积 3441hm²；年货物通过能力 2.2 亿 t、客运 50 万人次。远景预留港口岸线长 69.5km（深水岸线 53.6km），可建 274 个泊位，年综合通过能力约 4.2 亿 t。

防城港区岸线利用规划如下。

竹山段，岸线长 0.75km，规划为港口岸线，主要服务于当地生产生活及旅游客运等。

京岛段，岸线长 1.5km，规划为港口岸线，主要服务于当地生产生活及旅游客运等。

潭吉段，岸线长 2km，规划为预留港口岸线。

白龙段，岸线长 3km，规划为预留港口岸线。

马鞍岭段，岸线长 1.844km，北端规划港口支持系统使用港口岸线 750m，其余规划为预留港口岸线。

渔㴛半岛西段，岸线长 10.447km，规划为港口岸线；其中第一作业区岸线 2639m，主要布置散货、件杂货泊位；第二作业区岸线 2470m，主要布置散货、集装箱泊位；第三作业区岸线 1556m，主要布置大宗散货泊位；第六作业区岸线 3782m，主要布置大宗散货泊位。

渔㴛半岛东段，岸线长 12.077km，规划为港口岸线；其中第四作业区岸线 3747m，主要布置散货、集装箱泊位；第五作业区岸线 5480m，南段主要布置液体散货、件杂货泊位，北端规划港口支持系统使用港口岸线 600m；第六作业区岸线 2850m，主要布置大宗散货泊位。

榕木江段，岸线长 2.45km，规划为港口岸线，主要布置非深水泊位。

企沙半岛西段，岸线长 18.52km，规划为港口岸线；其中潭油作业区岸线 5480m，云约江南作业区岸线 4436m，主要布置散货、件杂货及滚装泊位；赤沙岸线 8604m，主要布置大宗散货、件杂货泊位。

企沙半岛南段，岸线长 19.89km，规划为预留港口岸线。

企沙半岛东段，岸线长 21.41km，规划为预留港口岸线。

茅岭段，岸线长 1.786km，规划为预留港口岸线。

大小冬瓜段，岸线长 8.43km，规划为港口岸线，主要布置散货、件杂货、集装箱泊位。

外海 30 万 t 级码头段，岸线长 1.0km，规划为预留港口岸线。

二、钦州港口资源特征

钦州市海岸从钦州湾西侧至大风江口西岸。

（一）港区概况

1. 钦州湾

钦州湾是冰后期海平面上升形成的，位于广西海岸带中段，深入内陆 39km，海岸线总长 336km，湾域总面积达 380km²，是海水淹没钦江和茅岭江古河谷而形成的典型的巨型溺谷湾，其东北为钦江平原，东南为犀牛脚平原，两平原的岸线及西部与西北部的台地、丘陵岸线围成形似"葫芦"的湾域。

钦州湾中间狭窄，岛屿众多，两端开阔呈哑铃状，东、西、北三面为陆地环绕，北有钦江、茅岭江流入，南面与北部湾相通，是一个半封闭的天然河口湾。钦州湾口门宽 29km，纵深 39km，岸线长 336km，海湾总面积 380km²。该湾海底地貌较为复杂，明、暗礁石较多，且水道狭窄流急。

钦州湾由内湾、湾颈和外湾三部分组成。内湾，又称茅尾海，实际上是钦江-茅岭江复合三角洲（潮控河口三角洲）地貌，北部有茅岭江、钦江等中小河流汇入，其中茅岭江年均径流量和输沙量分别为 15.97 亿 m³ 和 31.86 万 t，钦江年均径流量和输沙量分别为 11.69 亿 m³ 和 26.99 万 t。两河携带的泥沙，在河口区附近沉积，形成大片浅滩。内湾以钦江口为湾顶，向南至湾口亚公山，长 13km，湾域平均宽度 8km，最宽尺度与湾长等同，水域面积约 134km²，水深通常在 5m 以浅，近湾口的东侧较深，达 5m 以深。

湾颈，习称龙门水道，北起亚公山，南至青菜头岛，长约 3km，北口宽 4km，南口宽 3km，水域面积（岛屿除外）约 14km²；颈内密布有百余个小岛和礁石，其间发育有 10～20m 的深槽，平均水深约 15m。

外湾，为浪控潮流三角洲地貌，呈喇叭形，为狭义上的钦州湾，湾口向北部湾开敞，口门西起企沙，东至犀牛脚，宽约 29km，从口门至湾顶青菜头岛长约 13km，水域面积 238km²；其东岸发育有金鼓江和鹿耳环江港汊，时有溪流注入，但水量甚少。

截至 2013 年 4 月，钦州港已建成万吨级以上泊位 20 个，10 万 t 级航道已通航，30 万 t 级航道和码头正在加紧建设，港口吞吐能力达到 8000 万 t。

2. 大风江口西岸

该段岸线位于大风江口西侧，自然岸线长约 20.9km。岸线走向为 NW-SE 向。

（二）动力条件

1. 钦州湾

钦州湾潮汐属于正规日潮类型，平均潮差 2.40m，为强潮型海湾。该湾潮流的运动形式属往复流性质，落潮流速明显大于涨潮流速，涨落潮流方向与深槽走向一致。一年中，全日潮占 60%～70%，涨潮平均流速 0.08～0.28m/s，落潮平均流速 0.09～0.55m/s。整个钦州湾涨潮方向指北。落潮流由茅尾海向外，涨落潮流均与航道走向大体一致，落潮潮流可将携带的泥沙向外海推移。

茅尾海的纳潮量大，潮汐通道潮流强劲，无大的风浪，最大涨潮流速为 100cm/s，最大落潮流速为 170cm/s。基岩上无淤积物覆盖，深槽水深达 10～20m。

钦州湾的余流场大体稳定，潮余流场是基本的流场，但其变化也十分明显。钦州湾海域泥沙来源大致包括陆相径流来沙、波浪侵蚀海岸来沙及海相来沙等三个方面，其中主要为陆相径流来沙，其次为波浪侵蚀海岸来沙，再者为海相来沙。

钦州湾入海河流主要有钦江、茅岭江，其次还有金鼓江、鹿耳环江等小溪注入。钦州湾岸线曲折，岛屿星罗棋布，港汊众多。海域沉积物中的部分泥沙是波浪对海岸线母岩侵蚀或片流切割母岩而带来的产物；海相来沙甚微。海区含沙量较小，海水含沙量主要与水动力条件下底质细颗粒物质的再掀起悬浮和河流输沙的运移有关。来自钦州、茅岭江及其周围沿岸的细粒级泥沙（细粉砂以上粒级）在潮流作用下，一部分在内湾低能区沉积；另一部分在落潮流作用下，经湾颈部向外湾输移。由于湾口波浪作用强烈，海岸侵蚀较严重。

2. 大风江口西岸

临近大风江口深槽，深槽长约 12km、水深 5～8m，最大水深为 8.5m；深槽南端距外海-5m 等深线约 5.5km，由于大风江年径流量仅 6 亿 m³，来沙较少，该深槽长期稳定。影响本地的主要波浪是 SE 向，50 年一遇潮高为 2.4m。

（三）港区规划开发

钦州港域是以临港工业开发和保税物流服务为主的地区性重要港口，近期主要依托临港工业开发和港区保税功能拓展，形成以能源、原材料等大宗物资和集装箱运输为主的规模化、集约化港区，远期将发展成为集装箱干线港，为广西重化工业产业带的重要支撑，为西南地区利用国际国内两个市场、两种资源服务。

钦州港域规划港口岸线共 74.5km（深水岸线 45.3km），可建 301 个泊位（深水泊位 163 个），港域规划全部实施后年综合通过能力约 4.0 亿 t。其中，规划港区岸线 60.1km（深水岸线 35.7km），可建 242 个泊位（深水泊位 117 个），年货物通过能力达到 3.5 亿 t、客运 210 万人次，港区面积 5912hm²；规划的预留港区岸线长 14.4km（深水岸线 9.6km），可建 59 个泊位（深水泊位 46 个），年综合通过能力约 4350 万 t。

规划期（2030 年）建设岸线 33.1km，其中深水岸线 22.2km；500～300 000t 级泊位 116 个，其中深水泊位 76 个；陆域面积 3302hm²；年货物通过能力 2.4 亿 t、客运 130 万人次。远景预留港口岸线长 41.4km（深水岸线 23.1km），可建 185 个泊位，年综合通过能力约 1.6 亿 t。

钦州港区岸线利用规划如下。

钦州湾西北段，岸线长 3.642km；其中观音堂作业区岸线 1842m，规划为港口岸线，主要布置集装箱、件杂货泊位；龙门岸线 1800m，规划为预留港口岸线。

钦州湾北段，岸线长 20.537km；其中樟木环作业区岸线 2290m，规划为预留港口岸线；勒沟作业区岸线 4974m，规划为港口岸线，主要布置散货、件杂货、集装箱泊位，规划港口支持系统使用港口岸线 380m；果子山作业区岸线 2822m，规划为港口岸线，主要布置散货、件杂货泊位；鹰岭作业区岸线 3235m，规划为港口岸线，主要布置液体危险品、煤炭泊位；金鼓江作业区岸线 4915m，规划为港口岸线，主要布置液体危险品、散货、件杂货泊位，规划港口支持系统使用港口岸线 549m；金鼓江北作业区岸线 2301m，规划为预留港口岸线。

钦州湾东段，岸线长 26.296km；其中大榄坪北作业区岸线 2125m，规划为预留港口岸线；大榄坪作业区岸线 5152m，规划为港口岸线，主要布置散货、件杂货泊位，规划港口支持系统使用港口岸线 1909m；大榄坪南作业区岸线 11 404m，规划为港口岸线，主要布置集装箱（兼顾滚装）、液体散货泊位，规划港口支持系统使用港口岸线 770m；大环作业区岸线 4383m，规划为港口岸线，主要布置多用途泊位、兼顾客运发展需要；三墩作业区岸线 2232m，规划为港口岸线，主要布置大宗散货、油品泊位；三墩外港作业区岸线 1000m，规划为港口岸线，主要布置大宗散货、液体散货泊位。

大风江西段，岸线长 12.595km，规划为预留港口岸线。

茅岭段，岸线长 2.536km，规划为港口岸线，主要服务于当地生产生活及旅游客运等。

沙井段，岸线长 1.8km，规划为港口岸线，主要服务于当地生产生活及旅游客运等。

东场段，岸线长 0.485km，规划为港口岸线，主要服务于当地生产生活及旅游客运等。

那丽段，岸线长 3.815km，规划为港口岸线，主要服务于当地生产生活及旅游客运等。

麻蓝岛段，岸线长 33.5m，规划为港口岸线，主要布置旅游客运泊位。

鹿耳环江平山段，岸线长 1.8km，规划为预留港口岸线。

三娘湾段，岸线长 1km，规划为港口岸线，主要功能为旅游休闲游艇岸线。

三、北海港口资源特征

北海市海岸自洗米河口至大风江口东侧，有雷州半岛和海南岛掩护，主要港湾有大风江口东岸、廉州湾和铁山港湾。

（一）港区概况

1. 大风江口东岸

大风江口东岸位于大风江出海口东侧，长约 15km。岸线走向为 NW-SE 向。

2. 廉州湾

廉州湾位于北部湾北缘，西起大风江，东至北海半岛冠头角陆岸所围绕的半圆形水域，海岸线长约 128km，湾口向西南，面积 215km²，是南流江、大风江口的组成部分。北、东、南三面被陆地包围，呈半圆状。南流江和大风江是常年性流入廉州湾的河流，对廉州湾及邻近海域的泥沙来源、航道、污染及水文环境等有重要的影响。南流江携带的泥沙不断沉积，在潮汐和河流的作用下，塑造成河口冲积平原，河汊密布。

廉州湾海域地势北高南低，其水深为 0～10m，等深线的走向基本上与海岸线平行，呈纬向分布，北部为一片浅滩，潮间带十分宽广，散布许多南北走向的槽沟。

廉州湾石步岭港主要业务包括港口码头建设、国际国内集装箱、内外贸件杂散户装卸、货物仓储中转、危险品仓储中转、船货代理、外轮理货、商业贸易等，是目前为以集装箱、件杂货、散货运输和客运码头为主的综合性商贸港口，与世界 98 个国家和地区的 218 个港口有贸易往来。2012 年完成集装箱装卸 8.02 万标箱，2013 年一季度完成货物吞吐量 143.5 万 t。

3. 铁山港湾

铁山港湾位于北海市区东部，包括北海市的营盘至合浦县英罗港附近连线与陆岸包围的水域，该湾为一狭长的台地溺谷型海湾，内湾呈鹿角状，湾口为喇叭形，口门宽 32km，水域南北长约 40km，东西平均宽度为 4km，全湾岸线长 170km。海湾面积 340km²，其中滩涂面积约 173km²。铁山港湾为半封性陆架海湾，其地势北高南低。海底坡度平缓，其水深 0～23m。湾北部和东西两侧有发育良好的大面积浅滩。湾口中央有小沙洲堆积，将主水道分成东西两条分水道。东水道顺直宽阔，为落潮冲刷槽；西水道较弯曲，底部地势较为复杂，上有沙坝、下有拦门沙，属涨潮冲刷槽。两条水道由南向北伸向港内，形成两条天然航道。

2009 年 12 月铁山港开港运营，2012 年货物吞吐量 612.06 万 t，2013 年 1 月 31 日，1 号泊位、2 号泊位正式获得交通运输临时口岸开发批准。目前铁山港已拥有 4 个 15 万 t 级深水泊位。

（二）动力条件

1. 大风江口东岸

岸线外深槽、泥沙、动力条件与钦州市大风江口西岸相同。

2. 廉州湾

廉州湾及其邻近海域的潮流存在着明显的地区性差异。强潮流区主要出现在地角-冠头岭附近的深水槽区；弱潮流区主要有两个：廉州湾的东部和北部的浅水地带及白虎头至南万一带的沿岸地段。上述两区以外的海域，为潮流介于强、弱之间的中等区。强潮致余流区出现在地角-冠头岭附近的深水槽；廉州湾的东部和北部，仍为弱潮致余流区。湾内风海流的量值大于潮致余流，冬季为逆时针环流，夏季为顺时针环流，流向随季风转换而改变。

廉州湾口北侧有南流江汇入，年径流量 52 亿 m^3，年输沙量 111 万 t，下泄沙量主要沉积于低潮线附近，较细部分向海扩散。石步岭港区内外含沙量较小。石步岭港区西南有一水下沙咀，底质较粗，近 40 年来沙咀形态未发生变化。石步岭港区天然深槽是由于各海动力因素作用于海岸带而形成的，深槽的形状和深度变化不大，基本处于冲淤平衡的状态。近几年深槽随着廉州湾湾顶的淤浅和海湾面积的缩小而缓慢地向淤缩方向发展，但变化比较缓慢。该地区波浪作用相对较弱，推移质泥沙不会产生大的搬移，落沙主要以悬沙为主，再加上廉州湾天然深槽内落潮流速大于涨潮流速，且潮流方向与航槽方向基本一致，航槽一直比较稳定。

3. 铁山港湾

铁山港位于北部湾的东北部，潮汐类型属不正规日潮。潮汐作用较强，是华南沿海潮差最大的海区之一。

铁山港区受地形限制，形成往复型潮流，涨潮流向北，落潮流向南，港湾内的天然航槽有东航槽和西航槽。东航槽实测最大落潮流速 0.82m/s，平均落潮流速略大于西航槽，而西航槽平均涨潮流速略大于东航槽，东航槽落潮流稍占优势。平均纳潮量 1.9 亿 m^3，最大纳潮量为 3.76 亿 m^3。湾内实测余流很小，为 1.7～9.4cm/s。涨潮表底层相差甚小，落潮期湾底表底层相差较大。

铁山港湾为台地溺谷海湾，其周围有一些小溪注入，其中较大者流入丹兜港的白沙河，流域面积 644.25km²，河长 83.227km，此外还有公馆河、闸利河、白坭江，其流域面积分别为 10km²、57.7km² 和 74.7km²，为海湾提供少量泥沙。没有大河注入，径流影响甚小，整个海湾陆域集水范围每年能提供的泥沙约 30 万 t。

铁山港湾口自西向东的岸输沙率为 5.72 万～8.59 万 m³/年。

铁山港陆域供沙及波浪沿岸输沙量甚少，潮汐通道的地形历来比较稳定，通道平面形态没有大的变化。铁山港区航道、港池开挖后的年回淤强度在 0.2m/年以下，外航道需开挖部分的年回淤强度小于 0.1m/年。

4. 涠洲岛港

泥沙主要来源于港区内的泥沙再悬浮和波浪对基岩或珊瑚侵蚀，其他方面夹沙量甚微。水体含沙量为 0.029～0.035kg/m³，分布较均匀，横向输沙不大。在较大波浪作用下，泥沙活动在−5～−2m 等深线之内。

（三）港区规划开发

北海港域是以商贸和旅游服务、临港工业为主的地区性重要港口，近期重点发展现代物流，形成以商贸和清洁型物资运输为主的集约化程度较高的综合性港口；远期将发展成为内外贸物资运输结合、商贸和旅游及工业开发并重的多功能综合性港口。

北海港域规划港口岸线共 87.6km（深水岸线 72.8km），可建 361 个泊位（深水泊位 253 个），港域规划全部实施后年综合通过能力约 6.7 亿 t。其中，规划港区岸线 79.3km（深水岸线 64.5km），可建 322 个泊位（深水泊位 214 个），年货物通过能力为 6.3 亿 t、客运 692 万人次、车辆 43 万辆，港区面积 8474hm²；规划的预留港区岸线长 8.3km，均为深水岸线，可建 39 个泊位，年综合通过能力约 3650 万 t。

规划期（2030 年）建设岸线 26.1km，其中深水岸线 22.0km，1000～300 000t 级泊位 109 个，其中深水泊位 77 个，陆域面积 3366hm²，年货物通过能力 1.7 亿 t、客运 692 万人次、车辆 43 万辆。远景预留港口岸线长 61.5km（深水岸线 50.8km），可建 252 个泊位，年综合通过能力约 5 亿 t。

北海港区岸线利用规划如下。

海角段，岸线长 0.507km，规划为港口岸线，主要服务于当地生产生活及旅游客运等。

石步岭段，岸线长 5.781km，规划为港口岸线；其中石步岭东作业区岸线 1701m，主要布置集装箱、件杂货泊位，规划港口支持系统使用港口岸线 211m；石步岭西作业区岸线 2709m，主要布置集装箱泊位；国际邮轮配套服务区岸线 1371m，主要布置邮轮泊位。

侨港段，岸线长 0.48km，规划为港口岸线，主要服务于当地生产生活及旅游客运等。

铁山港西段，岸线长 55.802km；其中啄罗作业区岸线 10 920m，规划为港口岸线，主要布置液体散货泊位，规划港口支持系统使用港口岸线 448m；北暮作业区岸线 13 740m，规划为港口岸线，主要布置大宗散货、件杂货、集装箱泊位；北暮东作业区岸线 18 988m，规划为预留港口岸线；石头埠作业区岸线 9154m，规划为港口岸线，主要布置散货、件杂货泊位；雷田作业区岸线 3000m，规划为港口岸线，主要布置件杂货泊位。

铁山港东段，岸线长 13.162km，规划为港口岸线；其中充美作业区岸线 4498m，主要布置散货、件杂货、多用途泊位；榄根作业区岸线 6148m，主要布置散货、件杂货、多用途泊位，规划港口支持系统使用港口岸线 388m；沙尾作业区岸线 2516m，主要布置散货、件杂货泊位。

沙田段，岸线长 1.924km，规划为港口岸线，主要布置散货、件杂货泊位。

涠洲岛段，岸线长 1.665km，其中西北侧和南端 1141m 岸线规划为港口岸线，主要布置客运、客货滚装泊位；北端 524m 岸线规划为预留港口岸线。

第四章 海岸滩涂开发利用动态监测及驱动力分析

第一节 海岸滩涂资源监测

一、海岸滩涂资源利用类型界定

结合研究区滩涂开发利用情况，参照《海域使用分类体系》（2008）中关于海域使用类型的分类及《湿地公约》中对近海与海岸湿地类型的划分，将广西沿海滩涂开发利用分为 2 个一级类、4 个二级类和 10 个标准类（表 4-1）。

表 4-1　广西沿海滩涂开发利用分类体系

一级类	二级类	标准类	定义	备注
已开发利用滩涂	渔业用海	养殖用海	占用海域进行养殖生产的区域，主要指围塘养殖	不再具备滩涂自然属性
	填海造地用海	工业用海	占用海域开展工业生产的区域	
		港口用海	指提供船舶停靠、进行装卸作业、避风和调动等所使用的海域	
		路桥用海	指连接陆、连岛等路桥工程所使用的海域	
		城镇建设用海	通过筑堤围割海域，填成土地后用于城镇建设的海域	
		其他填海造地	已经填海，遥感影像上未能解译出利用类型的区域	
	旅游娱乐用海	旅游娱乐用海	占用海域进行旅游娱乐活动的区域	具备滩涂自然属性
未开发利用滩涂	潮间带滩涂	裸滩	指沿海大潮高潮位与低潮位之间的潮浸地带。包括海岛的沿海滩涂。不包括已利用的滩涂。从遥感影像上看，滩涂表面无明显附着物	
		红树林沼泽	指树木郁闭度≥0.1 的红树林滩涂	
		其他沼泽	包括海草、珊瑚礁、盐沼等	

两个一级类为已开发利用滩涂、未开发利用滩涂。已开发利用滩涂，即原为滩涂，但现在已开展围海养殖、填海造地、旅游娱乐等活动的区域，其中旅游娱乐用海仍保持滩涂的自然属性；未开发利用滩涂，即至 2014 年，未曾进行经济活动开发，仍然保持滩涂自然属性的海域，包括红树林等沼泽及裸滩等。

4 个二级类为渔业用海、填海造地用海、旅游娱乐用海、潮间带滩涂。

10 个标准类包括养殖用海、工业用海、港口用海、路桥用海、城镇建设用海、其他填海造地、旅游娱乐用海、红树林沼泽、其他沼泽、裸滩。其中旅游娱乐用海区域虽已开发利用但仍具备滩涂属性，裸滩此处定义为在遥感影像中尚未见清晰开发活动痕迹的滩涂。

二、遥感监测方法

（一）遥感影像选取

2008 年，国家批复《广西北部湾经济区发展规划》，广西北部湾经济区正式成立，同时，广西海岸滩涂的开发利用也进入了快速发展期，为研究经济区成立以来的滩涂开发利用情况，遥感影像时相上选取两个时间段，即 2008 年广西北部湾经济区开放开发初期和 2014 年影像，影像的选取满足以下几个条件。

（1）空间分辨率高，要求 5m 以内，能满足滩涂开发利用状况的识别。

（2）遥感影像拍摄时间应该是研究区低潮位或是接近低潮位的时间。

（3）研究区成像时刻海面无云，能见度高。

综上，选择影像见表 4-2。2008 年影像：选取日本 ALOS 卫星影像（2.5m 分辨率）。2014 年影像：选取国产高分一号影像（2m 分辨率），同时以国产 ZY1-02C（2.36m 分辨率）作为补充。两个时段全色影像和多光谱影像共计 40 幅。

表 4-2　遥感影像列表

卫星种类	分辨率	时相	区域
日本 ALOS	2.5m	2008	
高分一号	2m	2014	广西海岸带区域
ZY1-02C	2.36m	2014（补充）	

（二）遥感数据处理

遥感数字影像预处理包括几何校正、图像配准、图像融合等。本研究拟采用的数据地理基础为：WGS84 坐标系，采用高斯-克里格投影，111°中央经线，1985 国家高程基准。

1. 几何校正

几何校正就是将图像数据投影到平面上，使其符合地图投影系统的过程。

本研究收集到的 2.5m 分辨率的 2008 年 ALOS 影像为已经精校正影像，以此为基准，来校正 2014 年影像，高分一号和 ZY1-02C 共有 30 幅影像。

1）控制点（GCP）选取

控制点选取是几何校正中最重要的一步。选取的控制点有以下特征。

（1）在图像上有明显的、清晰的点位标志，如道路交叉点、河流交叉点等。

（2）地面控制点上的地物不随时间而变化。

（3）均匀分布在整幅影像内，每景影像控制点数量保证在 30 个以上。

2）几何校正计算模型

几何校正计算模型包括图像仿射变换、非线性非均匀变换、多项式变换等，其中，多项式变换在卫星图像校正过程中应用较多，在调用多项式模型时，需要确定多项式的次方数，通常整景图像选择三次方。次方数与所需要的最少控制点数相关，最少控制点计算公式为 $(t+1)(t+2)/2$，式中 t 为次方数。

设原始图像空间中像元的行列号为（X，Y），Y 为横坐标（卫星扫描方向），X 为纵坐标（卫星前进方向），校正后图像的坐标为（u，v），u 为纵坐标，v 为横坐标。多项式变换的数学模型可表示为

$$x = F_x(u, v) = \sum_{i=0}^{n} \sum_{j=0}^{n-i} a_{ij} u^i v^j \tag{4-1}$$

$$y = F_y(u, v) = \sum_{i=0}^{n} \sum_{j=0}^{n-i} b_{ij} u^i v^j \tag{4-2}$$

式中，a_{ij}、b_{ij} 为待定参数；n 为多项式阶数。n 的选取取决于图像的变形程度和地形位移的大小。

根据研究需要，选用三次多项式，根据上式可以得到它的数学表达式为

$$X = F_x(u, v) = a_0 + a_1 x + a_2 y + a_3 x^2 + a_4 xy + a_5 y^2 + a_6 x^3 + a_7 x^2 y + a_8 xy^2 + a_9 y^3 \tag{4-3}$$

$$Y = F_y(u, v) = b_0 + b_1 x + b_2 y + b_3 x^2 + b_4 xy + b_5 y^2 + b_6 x^3 + b_7 x^2 y + b_8 xy^2 + b_9 y^3 \tag{4-4}$$

各系数利用 GCP 点坐标按最小二乘原理求解。

3）计算误差

按最小二乘法回归求出多项式系数。然后用以下公式计算每个地面控制点的均方根误差 $\text{RMSE}_{\text{error}}$：

$$\text{RMSE}_{\text{error}} = \sqrt{(u' - u)^2 + (v' - v)^2} \tag{4-5}$$

计算出每个控制点几何校正的精度，计算出累积的总体均方差误差，也称残余误差，一般控制在一个像元之内，为了使监测精度达到较高的水准，本研究的影像校正误差都控制在 0.5 个像元以内。

4）重采样

当将原始裸数据转换到某一坐标系统格网时，数据发生偏移，重采样方法决定如何来为新的像素分配数据值。

最邻近插值方法（nearest neighbor）：最简单，离新的像素中心最近的原始影像的值被赋给新的像素。本方法不改变原始影像的亮度值，结果连续性差；原影像与新的格网的对应关系不同，从而造成一些数据值会丢失，另外一些会重复。本方法适用于对原始影像的亮度值要求保留不变的用户。

重采样方法的选择取决于最终应用和产品要求，对于非全色增强影像，最邻近方法适用于用户要求保留原始影像像素值的情况下，例如，用户用来评估植被健康状况，可能要求采用最邻近重采样方法。

2. 图像配准

图像配准（image registration）就是将不同时间、不同传感器（成像设备）或

不同条件下（天候、照度、摄像位置和角度等）获取的两幅或多幅图像进行匹配、叠加的过程，它已经被广泛地应用于遥感数据分析、计算机视觉、图像处理等领域。

图像配准的过程亦是图像几何校正的过程，本研究中，图像配准的基准影像为影像的全色影像，待配准影像为多光谱影像。

3. 图像融合

图像融合（image fusion）是指将多源信道所采集到的关于同一目标的图像数据经过图像处理和计算机技术等，最大限度地提取各自信道中的有利信息，最后综合成高质量的图像，以提高图像信息的利用率，改善计算机解译精度和可靠性，提升原始图像的空间分辨率和光谱分辨率，利于监测。

图像融合完成后，空间分辨率和光谱分辨率都有所提高。

（三）影像解译

遥感图像解译是从遥感图像上获取目标地物信息的过程。解译方法可分为两种：目视解译和遥感计算机图像解译。目视解译为一种最基本的解译方法，是遥感图像计算机解译发展的基础和起始点。由于计算机解译土地类型的自动识别和分类精度未能达到所需要的水平，且需地物光谱库的辅助，因此，本研究采用人机交互式解译方法对研究区滩涂类型进行识别。该方法充分发挥计算机与人的优势，能更有效、更准确地对遥感图像进行分析。

1. 解译范围

国家海洋局 2008 年发布的广西海岸带底图中包含海岸线、滩涂线等数据。本研究解译范围的上限为该海岸线，下限为该滩涂线开发利用的外边缘线，面积采用 GIS 软件进行计算。

2. 解译标志的建立

遥感图像解译的准确性不仅与图像处理的水平有关，而且与解译标志建立的准确性有一定的相关性。建立一套准确的解译标志主要是要抓住影像的特征，构成遥感影像特征的因素主要由以下几个方面来体现。

　　色　即目标地物的颜色、色调和阴影。

　　形　即目标地物在遥感影像上的形状，具体指的是形状、纹理、大小和图形。

　　位　即目标地物在影像上的空间位置，指的是目标地物分布的空间位置和相关布局。

在充分收集资料和熟悉工作区环境的基础上，通过初步遥感解译、野外实地踏勘等过程，在基础图像上建立养殖用海、旅游娱乐用海、工业用海、港口用海、路桥用海、城镇建设用海、其他填海造地、红树林沼泽、其他沼泽、裸滩遥感解译标志，详见表 4-3。

表 4-3　研究区滩涂开发利用类型解译标志

一级类	二级类	标准类	解译标志	
			文字说明	图示
已开发利用滩涂	渔业用海	养殖用海	形状规则,多数由矩形或多边形养殖池组合而成;养殖池间水道纵横;水面的色调为蓝色或深蓝色	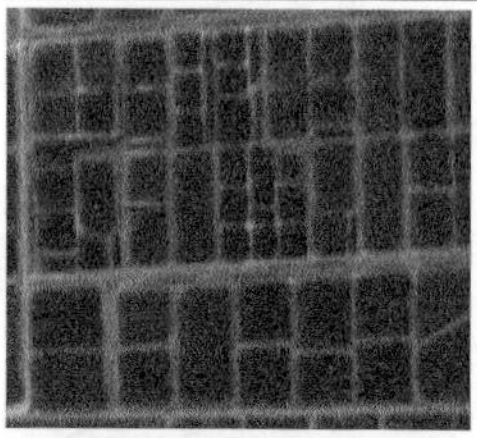
	填海造地用海	工业用海	形状规则;厂房较宽大,且屋顶可能为蓝色;厂区内交通便利	
		港口用海	色调较亮,靠近水面,且有长条线形码头向海一侧伸出数千米	
		路桥用海	色调较亮,直线分布,或跨过水面	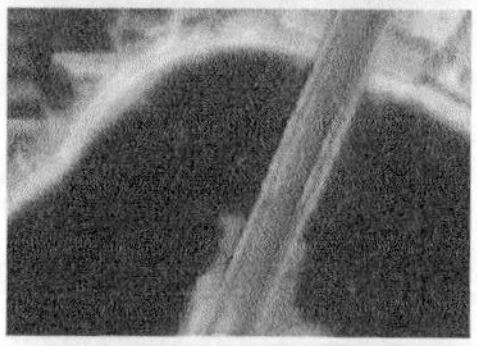
		城镇建设用海	色调较亮,有规则条块状建筑物	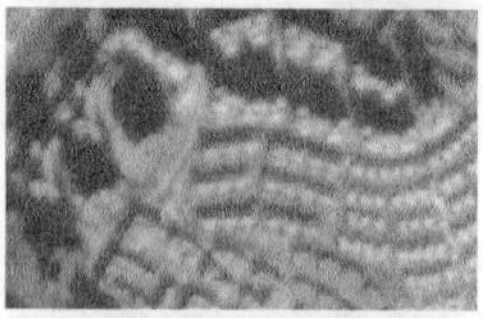
		其他填海造地	亮白色或淡绿色(杂草覆盖),一边连接陆地,一边为水面	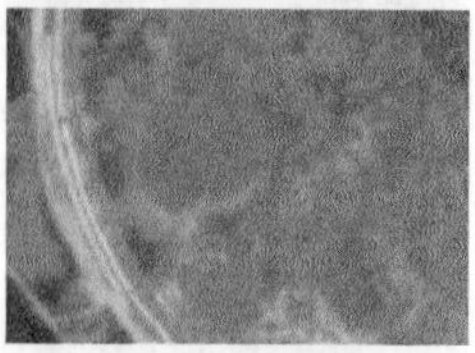
	旅游娱乐用海	旅游娱乐用海	亮白色,滩面较平缓,风景较好	

续表

一级类	二级类	标准类	解译标志	
			文字说明	图示
未开发利用滩涂	潮间带滩涂	裸滩	色调较亮，纹理均一，位于水陆交界处	
		红树林沼泽	片状或者零星分布；常绿植被，色调为绿色；潮沟发育，多呈树枝状或蛇曲状；具有立体感	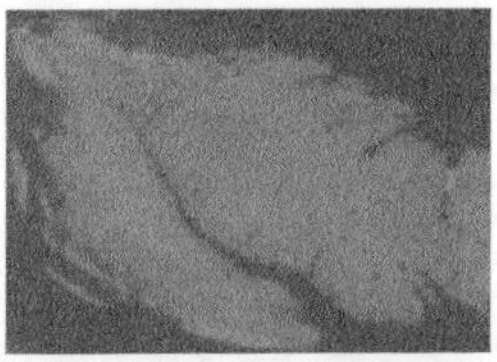
		其他沼泽	块状、条带状分布；淡绿色	

3. 野外验证

野外验证的目的是进一步完善解译标志，对不能确定属性的遥感地质要素进行野外调查，对解译过程中遇到的地质问题进行实地观察，对初步解译图进行系统检查和修改。野外验证应涵盖所有的地物类型，验证数量应根据地质环境要素分布的复杂程度、遥感影像的可解译度、前人研究程度、交通和自然地理条件综合考虑确定。一般按解译内容的 10%～60%抽样进行验证；可解译程度高的地区，验证比例不小于解译图斑总数的 10%；可解译程度中等的地区，验证比例不小于图斑总数的 30%；可解译程度低的地区，加大抽样数量到 60%。野外验证以 GPS 定位、数码照相及文字记录相结合的方式在点上、点间取全、取准实地的第一手调查资料，并填写验证记录卡片。本次解译野外核查斑块达 200 个，总体解译精度在 95%左右，符合研究要求。

野外核查与调查过程中，注重公众参与，当地群众或乡镇滩涂办对于该地区的海域滩涂开发利用情况非常熟悉，清楚已经开发、正在开发和将要开发的滩涂区域范围及开发程度。结合采用公众参与的方式将可以大大提高外业的工作效率。详细见野外调研报告。两期影像解译图见图 4-1、图 4-2。

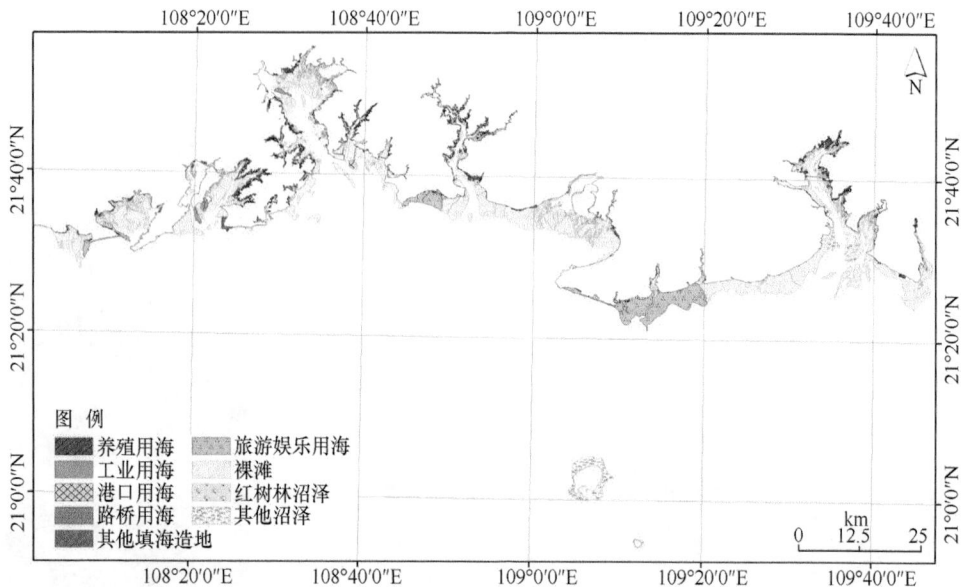

图 4-1　广西海岸带滩涂开发利用现状图（2008）（彩图请扫封底二维码）

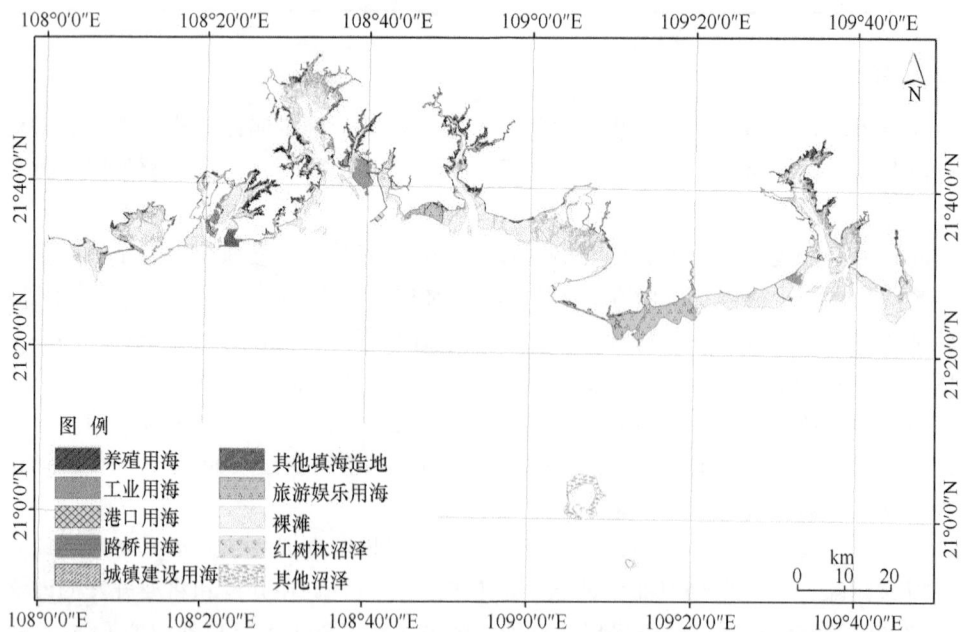

图 4-2　广西海岸带滩涂开发利用现状图（2014）（彩图请扫封底二维码）

第二节 海岸滩涂利用现状

一、海岸滩涂利用数量及结构分析

（一）滩涂开发利用总体情况

2014 年初，影像解译总面积为 97 594hm²，其中潮间带滩涂和旅游娱乐用海具备滩涂自然属性，现状属于滩涂范围，面积 83 709hm²，占比 85.77%。渔业用海、填海造地用海，不再具滩涂属性，现状不再属于滩涂范围，面积 13 886hm²，占比 14.23%。按照开发利用程度由低到高依次为，潮间带滩涂、旅游娱乐用海、渔业用海、填海造地用海。详细见表 4-4 和图 4-3。

表 4-4 2014 年广西沿海滩涂开发利用面积统计表

一级类	二级类	标准类	面积/hm²	比例/%	备注
已开发利用滩涂	渔业用海	养殖用海	7 319	7.50	不再具备滩涂自然属性
	填海造地用海	工业用海	3 772	3.86	
		港口用海	974	1.00	
		路桥用海	231	0.24	
		城镇建设用海	132	0.14	
		其他填海造地	1 458	1.49	
	旅游娱乐用海	旅游娱乐用海	10 906	11.17	
未开发利用滩涂	潮间带滩涂	裸滩	61 693	63.21	具备滩涂自然属性
		红树林沼泽	7 276	7.46	
		其他沼泽	3 833	3.93	
总计			97 594	100	

1. 潮间带滩涂

潮间带滩涂包括沼泽湿地、裸滩。

沼泽湿地亦可称为生物类滩涂，包括红树林、海草、珊瑚礁、盐沼等，面积为 11 109hm²，占总面积的 11.39%，此类滩涂是广西特色典型重点生态系统的分布区，极具保护价值，但在北部湾经济开发大潮中，正在不断地被侵蚀。

裸滩面积 61 693hm²，占比 63.21%。滩涂的开发利用主要是近岸滩涂的开发利用，虽然未开发裸滩面积占比仍然很大，但基本都是远离海岸线区域，可开发价值不高。

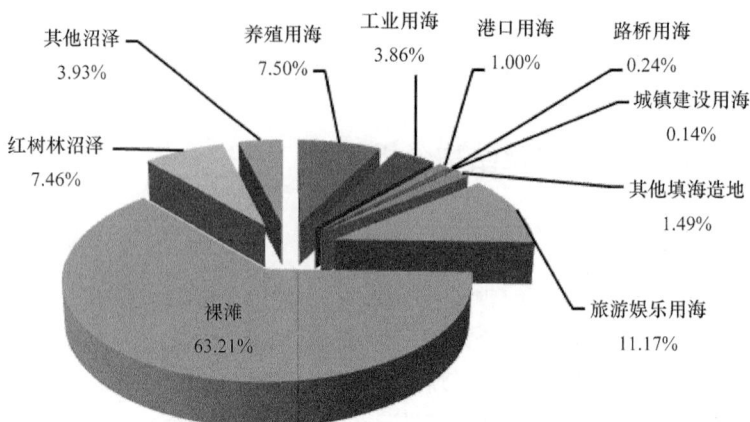

图 4-3　2014 年广西沿海滩涂用海结构示意图（彩图请扫封底二维码）

2. 旅游娱乐用海

旅游娱乐用海主要指北海银滩、北海侨港沙滩、防城港金滩、钦州三娘湾，这类滩涂资源保护较好，或保持原始自然状态，或是被用作开发利用程度不高的滩涂旅游等。广西主要的旅游娱乐用海面积 10 906hm²，占比 11.17%。

3. 渔业用海

养殖历来是广西最重要的滩涂开发利用方式之一，至 2014 年，仅滩涂围海养殖面积达 7319hm²（11 万亩）之多，占研究区总面积的 7.50%，甚至超过工业、港口码头用地。在带给渔民巨大经济效益的同时，亦严重影响了海岸生态环境，带来大量污染问题。

4. 填海造地类用海

填海造地类，主要包括工业用海、港口用海、路桥用海、城镇建设用海及其他填海造地类等，面积共 6567hm²，占总面积的 6.73%。近年来，广西沿海填海造地迅猛发展，近年每年平均以 700～800hm² 的速度增长，主要分布在企沙港、钦州港、铁山港区域三大沿海重化工区域。

（二）沿海三市滩涂开发利用情况

从开发利用面积分析，2014 年初影像解译总面积为 97 594hm²，其中北海市、钦州市、防城港市面积分别为 54 820hm²、20 288hm²、22 485hm²，分别占研究区域总面积的 56.17%、20.79%、23.04%；现状滩涂（潮间带滩涂和旅游娱乐用海）面积北海市、钦州市、防城港市面积分别为 50 879hm²、15 072hm²、17 758hm²，分别占各市研究区总面积的 92.81%、74.29%、78.98%，分别占三市现状滩涂总面积的 60.78%、18.01%、21.21%；已深度开发利用滩涂（渔业用海和填海造地用海）面积北海市、钦州市、防城港市面积分别为 3941hm²、5217hm²、4728hm²，分别占各市研究区总面积的 7.19%、25.71%、21.02%，占三市总深度开发滩涂面积的 28.38%、37.57%、34.05%。

从开发利用类型分析，北海市的滩涂开发利用以旅游娱乐为主，占到该市总开发利用面积的 67.46%；钦州市滩涂开发利用以填海造地为主，占到该市总开发利用面积的 46.46%，也就是说钦州市所开发利用的滩涂有近一半被填埋；防城港市主要开发利用类型为养殖用海和填海造地用海，分别占到该市总开发利用面积的 47.06%和 38.10%，即防城港已开发利用滩涂有近一半被围垦为养殖池塘，超过 1/3 被填埋。

从开发利用程度分析，北海市沿海滩涂面积最大，开发利用程度却最小，且主要以旅游娱乐开发方式为主；钦州海岸滩涂面积最小，开发利用程度却最大，且以填海为主；防城港市较之钦州开发利用程度略低，但也远高于北海。这可能与《北部湾经济区发展规划》对三市的功能定位有关，即北海市按照特大城市规模规划建设，发挥宜居优势，促进城市发展。钦州市按照大城市规模规划建设，依托港口开发和临港工业发展，促进城市发展。防城港市按照大城市规模规划建设，依托深水港和企沙重工业基地开发，促进城市发展。具体分布情况见表 4-5 及图 4-4。

表 4-5　广西沿海三市滩涂开发利用状况统计（单位：hm²）

用海类型	已开发利用		未开发利用		总计	三市占总比/%
	渔业用海	填海造地用海	现状滩涂			
			旅游娱乐用海	潮间带滩涂		
北海市	2 767	1 174	8 202	42 677	54 820	56.17
	5.05%	2.14%	14.96%	77.85%		
钦州市	2 024	3 193	1 846	13 226	20 288	20.79
	9.98%	15.74%	9.10%	65.19%		
防城港市	2 528	2 200	858	16 900	22 485	23.04
	11.24%	9.78%	3.82%	75.16%		
总计					97 594	100.00

二、主要海岸滩涂类型空间分布分析

（一）红树林空间分布

广西北部湾海岸潮间带地处北热带季风气候区，是我国红树林分布的重要区

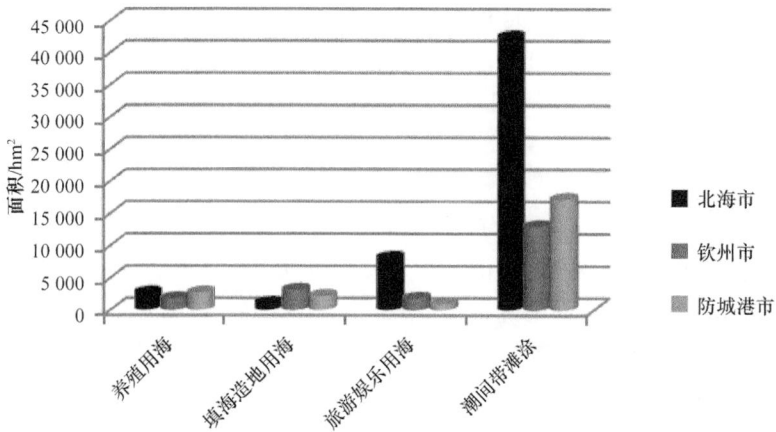

图 4-4 2014 年沿海三市各滩涂利用类型面积对比图

域,现存红树林面积为 7276hm²。高度在 3m 以下的灌木群落面积占到了广西红树林群落面积的 97%,仅 3% 为乔木群落,主要乔木种群有秋茄、红海榄、木榄、银叶树和外来种无瓣海桑等。

主要原生红树林群落有白骨壤群系、桐花树群系、秋茄群系、红海榄群系、木榄群系、银叶树群系和海漆群系,半红树林群落有海芒果群系和黄槿群系等。红树林演替的前期阶段(低潮滩红树林)主要有白骨壤、桐花树、老鼠簕等先锋种群构成的群落,演替中期阶段(中潮滩红树林)主要有秋茄、红海榄等种群构成的群落,演替后期阶段(高潮滩红树林)主要有木榄、海漆、银叶树等种群构成的群落,陆岸(潮上带)有半红树植物海芒果、黄槿等构成的群落。

广西红树林在防城港、钦州、北海面积分别为 1936hm²、2121hm²、3219hm²,北海市分布的面积最大。红树林主要集中分布在防城港珍珠湾和北仑北河口、防城港东西湾、钦州湾、大风江口、北海廉州湾、北海铁山港。在这几个重要河口海湾的红树林分布特点如下(具体分布见图 4-5)。

1. 珍珠湾北仑河口红树林群落

北仑河口海洋自然保护区的红树林分布于珍珠港和北仑河口,有 12 个群丛,面积 1084hm²,其中白骨壤+桐花树群丛和白骨壤群丛面积最大,分别占红树林群落面积的 26% 和 25.8%。珍珠湾北仑河口红树林群落从低潮滩到高潮滩的演替规律为:老鼠簕+卤蕨+桐花树群丛→白骨壤、白骨壤+桐花树、桐花树、桐花树+白骨壤群丛→秋茄-桐花树、秋茄群丛→木榄+秋茄-桐花树、秋茄群丛→海漆、黄槿、银叶树群丛。

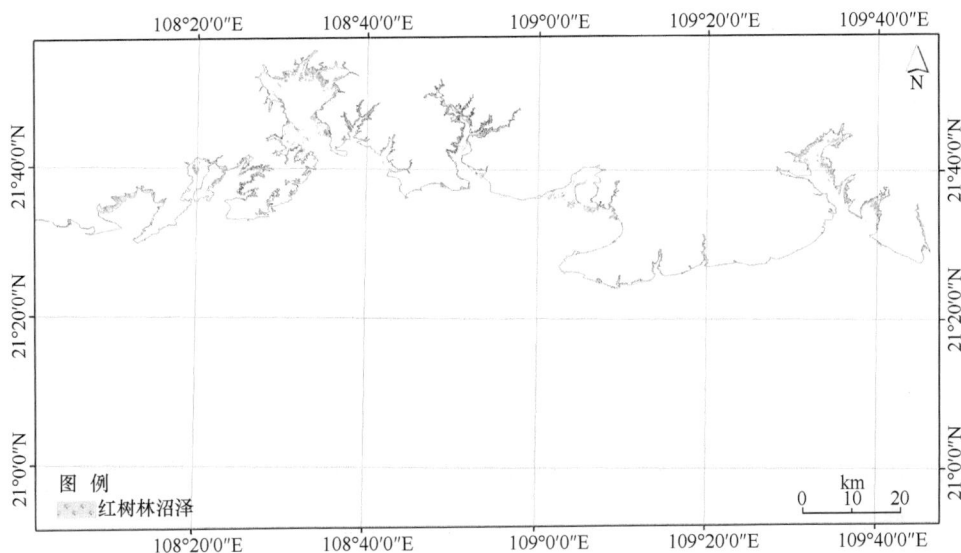

图 4-5 广西海岸带滩涂红树林空间分布图（2014）（彩图请扫封底二维码）

2. 防城港东西湾红树林群落

防城港东西湾有红树林群落 9 个群丛，面积 641hm²。白骨壤群丛是面积最大的群丛，占东西湾红树林面积的 61.6%，桐花树群丛面积占的比例为 23.9%，其余群丛所占比例均在 10%以下，低矮灌丛类型是该区域红树林群落的主要特征。防城港东西湾这几大群丛的演替关系为：桐花树、白骨壤群丛→桐花树、桐花树+白骨壤群丛→秋茄-白骨壤、秋茄-白骨壤+桐花树群丛→海漆、卤蕨群丛→银叶树群丛。

3. 钦州湾红树林群落

钦州湾分布着 12 种群丛的红树林，群落面积 1537hm²，其中桐花树群丛及秋茄-桐花树群丛面积占比例最大，分别是 39.2%和 22.8%。外来种造林在钦州湾也占有相当大的面积，无瓣海桑及无瓣海桑+红海榄人工林面积占到了钦州湾红树林面积的 18.0%。钦州湾红树林群落从低潮滩到高潮滩的演替规律为：老鼠簕+卤蕨+桐花树群丛→白骨壤、白骨壤+桐花树、桐花树、桐花树+白骨壤群丛→桐花树+秋茄+老鼠簕群丛→秋茄-桐花树、秋茄-白骨壤、秋茄-桐花树+白骨壤群丛→秋茄群丛。

4. 大风江口（金鼓江至大风江一带）红树林群落

金鼓江至大风江口一带沿岸有 7 个主要的红树林群丛，面积 1003hm²。在 7

个群丛中桐花树群丛占的比例最大，达到了 64.2%，群落的河口特征明显，此外白骨壤+桐花树群丛也占了 16.9%。潮滩上红树林群落演替的一般规律是：桐花树、白骨壤、白骨壤+桐花树群丛→秋茄+桐花树群丛→秋茄+桐花树、秋茄-桐花树+白骨壤群丛→秋茄群丛。

5. 廉州湾（含北海市）红树林群落

廉州湾及北海市大冠沙至营盘沿岸分布有 12 个红树林群丛，面积 1149hm²，其中桐花树群丛占的比例高达 35.9%，白骨壤+桐花树群丛、秋茄-桐花树群丛及秋茄群丛占红树林面积比例均超过 10%，这些群丛基本上是以偏向淡水生境的桐花树和秋茄种群为建群种，充分显示了廉州湾的河口生境特征。从低潮滩到高潮滩自然群落演替规律是：老鼠簕+卤蕨+桐花树、白骨壤、白骨壤+桐花树、桐花树群丛→秋茄-桐花树、秋茄-桐花树+白骨壤、秋茄-白骨壤群丛→秋茄群丛→海漆、海芒果群丛。

6. 铁山港红树林群落

铁山港红树林有 8 个群丛，面积 1862hm²，白骨壤群丛面积最大，占铁山港红树林面积的 62.8%，红海榄群丛和木榄+秋茄-桐花树群丛所占比例均超过 10%。群落演替规律是：桐花树、白骨壤+桐花树、白骨壤群丛→秋茄-白骨壤、秋茄群丛→秋茄+红海榄、红海榄群丛→木榄+秋茄-桐花树、（木榄）群丛→（海漆群丛）。

在铁山港范围内的山口红树林保护区位于沙田半岛东西两侧，红树林分布的半岛东面是与广东毗连的英罗港，西面是铁山港海汊丹兜海。山口红树林保护区红树林群落面积 819hm²，也是分为 8 个群丛，其中红海榄群丛占保护区红树林面积比例最大，达到 32.9%，木榄+秋茄-桐花树也占了 26.8%，白骨壤群丛占 20.3%。山口保护区的红树林种类多样性丰富、群落结构复杂，代表了整个铁山港的群落类型与特点。这里有广西唯一的、大陆连片面积最大的天然红海榄群落。

（二）养殖用海空间分布

新中国成立后，特别是近十几年，养殖池塘的开发非常快，主要养殖对虾、蟹、鱼等。海岸滩涂转化为虾塘主要有三种方式，第一是盐田、低值田等开发为虾塘；第二是在裸滩区域进行围塘养殖，包括小海湾、沟汊及连岛围岛养殖（如七十二泾海域）；第三是毁林（红树林）养殖，由红树林转化而来的虾塘面积较小，且多为 20 世纪 90 年代时开发，近十几年，红树林保护力度不断加大，破坏红树林的现象已经很少。

据调查统计，至 2014 年初，广西滩涂养殖池塘面积共 7319hm²，约 11 万亩，主要分布于铁山港湾、大风江、金鼓江、茅尾海西岸、防城港东湾等。具体分布见图 4-6。

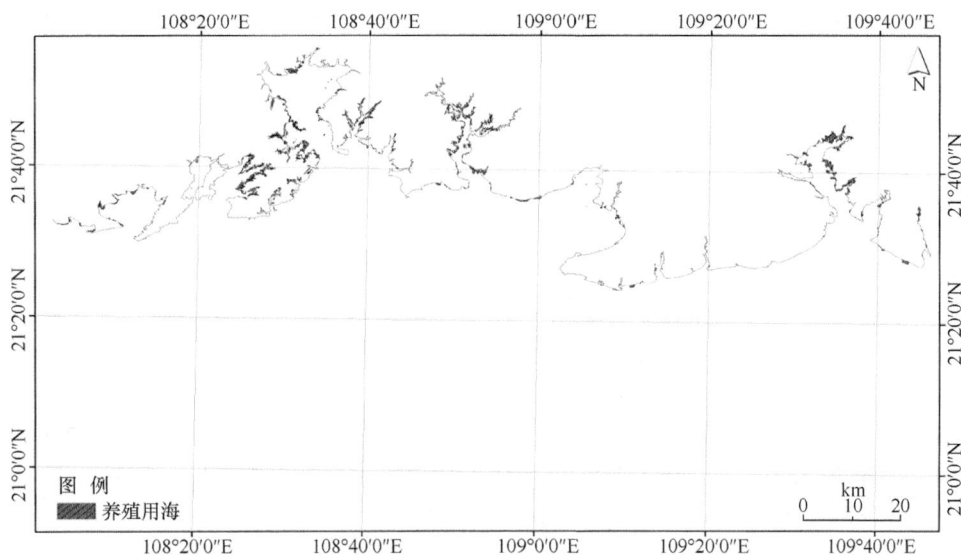

图 4-6　广西海岸滩涂围塘养殖空间分布图（2014）（彩图请扫封底二维码）

（三）填海造地空间分布

广西海岸滩涂填海造地主要用作港口码头、工业仓储、交通运输建设、城镇建设用海等，至 2014 年初，面积共 6567hm²，主要集中分布在北海铁山港、钦州港、防城港企沙港三大沿海重化工基地，近年每年平均以 700～800hm² 的速度增长。具体分布见图 4-7。

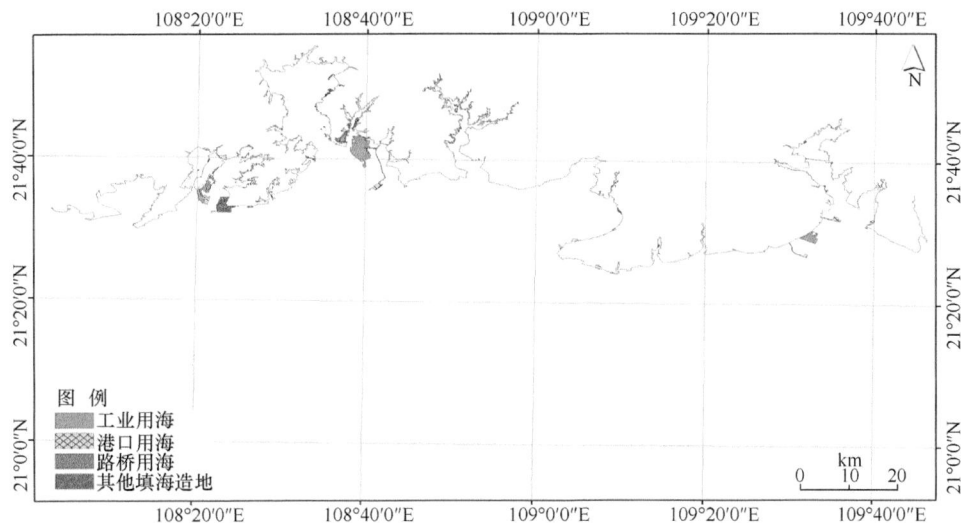

图 4-7　广西海岸滩涂填海造地空间分布图（2014）（彩图请扫封底二维码）

填海造地的集中大规模发展开始于 2008 年国务院批准《广西北部湾经济区发展规划》的实施，其中第二章总体思路、第二节城市地区、（二）临海重化工业集中区提到，临海重化工业集中区指依托沿海城市、深水良港，布局建设以现代工业为主的产业区，近期规划建设面积 86km²，集中建设钦州港工业区、企沙工业区和铁山港工业区。

三、岸线变化

广西海岸线东起与广东交界处的白沙半岛高桥镇，西至中越边境的北仑河口。根据国家海洋局 2008 年公布的 908 调查海岸线修测结果，广西海岸线总长 1628.59km（表 4-6）。防城港、钦州和北海市管辖区的岸线长度分别为：537.79km、562.64km 和 528.16km。自然岸线长度共 348.38km，仅占岸线总长度的 21.4%，人工岸线长度为 1280.21km，占岸线总长度达 78.6%。

表 4-6 2008 年和 2014 年广西海岸线变化（单位：km）

项目	防城港		钦州		北海		合计
	人工岸线	自然岸线	人工岸线	自然岸线	人工岸线	自然岸线	
908 海岸线修测	395.35	142.44	445.47	117.16	439.39	88.78	1628.59
2014 年修测	435.16	117.94	467.05	96.83	460.29	91.56	1672.01
变化量	39.81	−24.5	21.58	−20.33	20.9	2.78	43.42

广西岸线包括沙质海岸、粉砂淤泥质海岸、生物海岸、基岩海岸和河口岸线。沙质岸线主要分布于防城港企沙半岛地区和江山半岛东部、钦州犀牛脚地区、北海市铁山港地区及沙田半岛地区；粉砂淤泥质海岸和基岩海岸主要分布于防城港市管辖岸段；基岩岸线集中分布于防城港江山半岛地区和北海冠头岭地区；生物岸线以红树林岸线为主，主要分布在大风江口地区和山口红树林保护区。

由于受到自然和人为因素的影响，特别是近十年来广西海岸带开发活动的影响，海岸线变化较大。为统计广西海岸线变化情况，在相关部门未正式启动海岸线测绘工作之前，笔者在 908 调查海岸线修测结果的基础上，以 2014 年初遥感影像解译为基准，按照相关规程，结合相关研究成果及野外调查，对岸线变迁部分进行修正，并将海岸线分成人工、自然两大类。

（一）岸线界定方法

图像解译过程中采取的相关岸线界定方法包括以下几种。

1. 人工岸线界定

人工岸线界定为 2013 年 12 月以前建成的由永久性构筑物组成的岸线，包括防潮堤、防波堤、护坡、挡浪墙、码头、防潮闸及道路等挡水（潮）构筑物。

第一，如果人工构筑物向陆一侧不存在平均大潮高潮时海水能达到水域的，以永久性人工构筑物向海一侧的平均大潮时水陆分界的痕迹线作为人工岸线；如果人工构筑物向陆一侧存在平均大潮高潮时海水能达到水域的，则以人工构筑物向陆一侧的平均大潮时水陆分界的痕迹线达到的位置作为海岸线。

第二，对于与海岸线垂直或斜交的狭长的海岸工程（包括引堤、突堤式码头、栈桥式码头），海岸线以其与陆域连接的根部作为该区域的海岸线。

第三，在盐田和围垦养殖区海岸，对于已取得土地证的盐田，以盐田区域向海一侧的海挡外边缘线为海岸线；对于已按照《海域使用管理法》实施管理的盐田区域和围垦养殖区域，以该区域向陆一侧的外边缘线为海岸线。

第四，广西人工岸线以人工海堤或围塘为主，对于围垦养殖情况复杂、海岸线具体位置较难判断的情况，具体判识如下。

盐田改造虾塘的人工岸线　广西的盐田原大多属于国有企业，大都办理了土地使用证。因此此类盐田改造后的虾塘，以向海一侧的海挡外边缘线为海岸线。

挖田造塘的人工岸线　根据历史资料判断所在区域原为滩涂或是农田。若为滩涂变成虾塘，则以虾塘向陆一侧为海岸线；若为农田变成虾塘，则属于集体土地利用发生改变，则以虾塘向海一侧的海挡外边缘线为海岸线。

挖田造塘和围海建塘混合成片的人工岸线　以区分这两种类型虾塘的一条或者多条永久性的海堤外边缘线定为海岸线。实际解译中可根据虾塘周边的地物（如塘堤、建筑物、树木、电杆等）来判别虾塘属于挖田造塘还是围海建塘。

2. 红树林岸线

广西大多数红树林地区均修建了人工堤坝，此类岸线界定为人工岸线。少量未修建人工堤坝的红树林岸线则视为自然岸线。

3. 自然岸线界定

除上述人工岸线之外的岸线界定为自然岸线。主要指未修建永久性人工构筑物，保持自然属性的岸线。

（二）统计与分析

根据上述岸线界定方法，2014 年初海岸线统计数据如表 4-6、图 4-8 所示，同

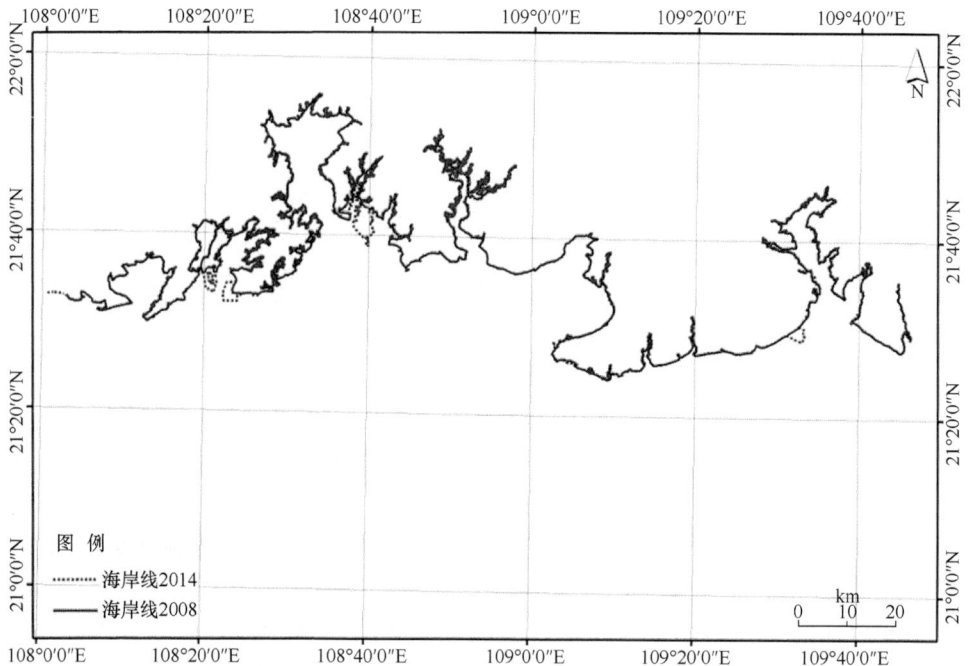

图 4-8　广西海岸线变化 2008 年和 2014 年对比（彩图请扫封底二维码）

时引用 908 调查海岸线修测结果进行对比。

　　2008 年至 2014 年初，广西自然岸线持续减少，人工岸线长度持续增加。2014 年初，广西海岸线长度为 1672km，比 2008 年岸线增加约 43km。自然岸线方面，防城港减少最多，达到 24.5km，其次为钦州，北海自然岸线基本保持稳定，还有少量增加。人工岸线方面，防城港也是增加最多，达到近 40km，钦州市和北海市的人工岸线增加相当，约 20km。

第三节　海岸滩涂利用格局演变

一、利用方式变化

（一）海岸滩涂利用数量变化分析

　　根据表 4-7，2008～2014 年，养殖用海面积稍有减少，填海造地用海面积迅猛增长，红树林及其他沼泽湿地有一定程度减少，现状滩涂面积大幅减少。至 2014 年，已开发利用滩涂约占总面积的 25.4%，主要为旅游娱乐用海、养殖用海和填海造地用海等，虽总体开发利用程度不高，但是近年来发展迅猛，对海岸带生态环境造成一定影响。

表 4-7　广西沿海滩涂利用类型面积变化统计表

一级类	二级类	标准类	2008 年		2014 年		变化面积 /hm²
			面积/hm²	比例/%	面积/hm²	比例/%	
已开发利用滩涂	渔业用海	养殖用海	7 612	7.97	7 319	7.51	−293
	填海造地用海	工业用海	589	0.62	3 772	3.86	3 183
		港口用海	278	0.29	974	1	696
		路桥用海	82	0.09	231	0.24	149
		城镇建设用海	0	0.00	132	0.14	132
		其他填海造地	346	0.36	1 458	1.48	1 112
	旅游娱乐用海	旅游娱乐用海	10 969	11.49	10 906	11.17	−63
未开发利用滩涂	潮间带滩涂	裸滩	63 965	67.01	61 693	63.21	−2 272
		红树林沼泽	7 399	7.75	7 276	7.46	−123
		其他沼泽	4 213	4.41	3 833	3.93	−380
总计			95 453	100	97 594	100	2 141

注：两个年份解译总面积的变化主要有两个原因：①部分被填埋的临近滩涂的浅海面积计入滩涂的开发利用；②采砂及清淤等使得部分沙洲或者滩涂消失

2008～2014 年，养殖用海面积减少 293hm²，虽然 6 年间依然有新的围垦养殖面积，但是部分虾塘被填海转化为建设空闲地，导致养殖用海总面积减少。

2008～2014 年，填海造地用海面积增加 5272hm²，平均每年达 878.7hm²。其中新增工业用海面积 3183hm²，集中分布于企沙港、钦州港、铁山港。另外与各大工业区相匹配的港口码头建设也如火如荼地展开，6 年间新增港口码头用海面积 696hm²，其他填海造地（在本章中是指已经填海、暂时未能利用的土地）面积共增加 1112hm²，这些地可能被规划为工业、港口码头、交通运输、城镇建设用地等，经济发展和人口的激增，使得人们不断地向大海索取生存空间。大片海域填海后被闲置，甚至部分土地 6 年间一直处于闲置状态，造成海域资源与土地资源的严重浪费，反映海域开发利用的无序性。

2008～2014 年，旅游用海面积减少 63hm²，本研究中仅将北海银滩、钦州三娘湾、防城港金滩景区等重点景区列为旅游娱乐用海，此部分面积的减少主要是由于北海银滩旅游区中部分滩涂被填海造地用于房地产建设。

2008～2014 年，裸滩面积减少 2272hm²，这部分滩涂绝大多数以填海造地的方式开发为工业、港口码头、城镇建设、交通运输用地，极少数被用于红树林造林等生态修复项目。

2008～2014 年，红树林面积减少 123hm²，经济建设的快速发展使得对红树林海域的利用需求愈发强烈，大片的原生红树林被砍伐、埋没，虽然相关部门通过异地人工造林来解决生态补偿要求的问题，然而异地人工林由于缺乏管护，成活率很低，这使得红树林的面积和质量都在下降。近几年，随着红树林保护管理力度的加大及大众生态环境保护意识的提高，红树林生态系统恶化趋势已经得到遏制。

2008～2014 年，其他沼泽地面积减少 380hm²，这部分沼泽地的减少主要是北海市铁山港区填海建设铁山港工业区和码头时，侵占了该区域的大片海草。另外，南流江非法采砂使得部分江心沙洲消失，其上覆被的盐沼草也随之消失。

（二）海岸滩涂利用空间变化分析

根据两期遥感影像解译结果，得出广西沿海 2008 年和 2014 年滩涂利用现状图（图 4-9），可看出，2008～2014 年广西海岸滩涂整体空间分布变化不大，但是在部分区域表现出较大的变化。通过对两期解译数据进行空间叠加分析，获得两期影像发生变化的区域分布图，如图 4-9 所示。

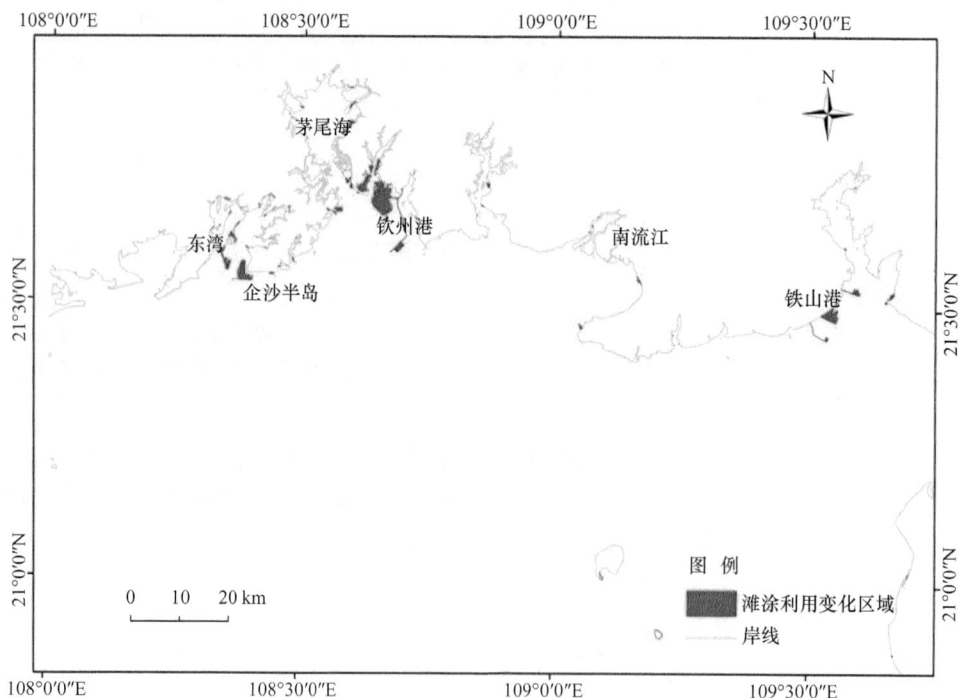

图 4-9　广西沿海 2008～2014 年滩涂利用变化图（彩图请扫封底二维码）

由图 4-9 可见，2008～2014 年的 6 年间，滩涂利用变化区域主要集中分布在北海市铁山港、钦州市钦州港和茅尾海、防城港企沙半岛和东湾。主要转化类型为裸滩转换为工业用海，裸滩转换为港口用海，其他沼泽转换为港口用海，养殖用海转换为其他填海造地等。

北部湾经济区作为我国第一个国际经济区域合作区，国家大力支持其开放发展，明确给予五大方面的政策支持：一是综合配套改革方面的政策支持；二是重大项目布局方面的政策支持；三是在保税物流体系方面的政策支持；四是在金融改革方面的政策支持；五是在开放合作方面的政策支持。在产业支持、财税支持、土地使用支持、金融支持、外经贸发展、人力资源开发、科技开发、优化投资等 8 个部分，对北部湾经济区制定了 70 多项优惠政策。这些政策的落实吸引了很多投资商和创业者到广西沿海投资，随着人口的增加和经济的发展，对城镇用地的需求不断扩大，临海工业、港口码头的建设也要通过填海来满足用地的需求，这就导致很多沿海城市周边沿海滩涂被转换为工业用地和港口码头用地。

（三）海岸滩涂利用转移矩阵分析

应用 ArcGIS 软件，将 2008 年和 2014 年的遥感影像分类结果图进行叠加分析，再通过 EXCEL 计算可以生成 2008~2014 年的广西沿海滩涂土地利用转移矩阵（表 4-8）。

表 4-8　广西沿海滩涂利用类型面积转移矩阵（单位：hm^2）

	城镇建设用海	港口用海	工业用海	红树林沼泽	路桥用海	裸滩	旅游娱乐用海	其他填海造地	其他沼泽	养殖用海	2008 年总计
港口用海		12	266								278
工业用海			589								589
红树林沼泽	6	30	19	7 264	14	16		50			7 399
路桥用海			2		80						82
裸滩	14	242	1 897	10	72	61 410		261	21	39	63 965
旅游娱乐用海	68						10 901				10 969
其他填海造地			6					340			346
其他沼泽		142				259			3 812		4 213
浅海		545	954		44			599			2 142
养殖用海	44	3	39	2	22	8	5	208		7 280	7 612
2014 年总计	132	974	3 772	7 276	231	61 693	10 906	1 458	3 833	7 319	97 594

注：表中浅海是指紧邻滩涂，至 2014 年初被填海开发利用的海域范围

由表 4-8 可以看出各种滩涂利用类型的转移趋向，表中行为 2008 年的滩涂利

用类型，列为2014年的滩涂利用类型。2008～2014年广西沿海滩涂利用类型面积变化主要与裸滩、港口用海、其他沼泽、养殖用海、红树林沼泽等滩涂利用类型密切相关，滩涂利用类型转移较多地集中在裸滩、养殖用海和其他沼泽，主要表现为港口用海-工业用海、其他沼泽-裸滩、养殖用海-其他填海造地、裸滩-工业用海、裸滩-港口用海、裸滩-其他填海造地、浅海-港口用海、浅海-工业用海、浅海-其他填海造地等这些利用类型之间的转化。

由表4-8可知，2008～2014年各滩涂利用类型的转出面积中，裸滩转出的面积最大，为2555hm^2，占转出总面积的67.86%，其中转为工业用海的面积为1897hm^2，转为其他填海造地的面积为261hm^2，转为港口用海的面积为242hm^2，转为路桥用海的面积为72hm^2，见图4-10；转出面积从大到小排第二的是其他沼泽，面积为401hm^2，占转出总面积的10.66%，其中转为裸滩的面积为259hm^2，转为港口用海的面积为142hm^2，见图4-11；转出面积从大到小排第三的是养殖用海，面积为332hm^2，占转出总面积的8.82%，其中转为其他填海造地的面积为208hm^2，转为城镇建设用海的面积为44hm^2，转为工业用海的面积为39hm^2，转为路桥用海的面积为22hm^2，见图4-12；转出面积从大到小排第四的是港口用海，主要转为工业用海，面积为266hm^2，占转出总面积的7.08%。

表4-8中统计的浅海是指不在滩涂范围内，被填海开发利用为港口码头、工业用海、路桥用海、其他填海造地等的海域范围。统计被填海的浅海面积为2142hm^2，其中浅海转为工业用海的面积最大，为954hm^2，转为其他填海造地的面积为599hm^2，转为港口用海的面积为545hm^2，转为路桥用海的面积为44hm^2。

2008～2014年各滩涂利用类型的转入面积中，工业用海转入的面积最大，为3183hm^2，占转入总面积的53.88%，其中来自裸滩的面积为1897hm^2，来自浅海的面积为954hm^2，来自港口用海的面积为266hm^2（港口用海转化为工业用海即随着填海造地的推进，港口码头不断外移，原港口码头则变为工业用海），来自养殖用海的面积为39hm^2，来自红树林沼泽的面积为19hm^2，见图4-13。转入面积从大到小排第二的是其他填海造地，为1118hm^2，占转入总面积的18.93%，其中来自浅海的面积为599hm^2，来自裸滩的面积为261hm^2，来自养殖用海的面积为208hm^2，来自红树林沼泽的面积为50hm^2，见图4-14；转入面积从大到小排第三的是港口用海，为962hm^2，占转入总面积的16.29%，其中来自浅海的面积为545hm^2，来自裸滩的面积为242hm^2，来自其他沼泽的面积为142hm^2，来自红树林沼泽的面积为30hm^2，来自养殖用海的面积为3hm^2，见图4-15。

从各种滩涂利用类型相互之间的转化关系和数量统计可以总结出，广西沿海滩涂2008～2014年滩涂利用类型变化的主要模式为：裸滩转化为工业用海、裸滩转化为其他填海造地、裸滩转化为港口用海、养殖用海转化为其他填海造地、红

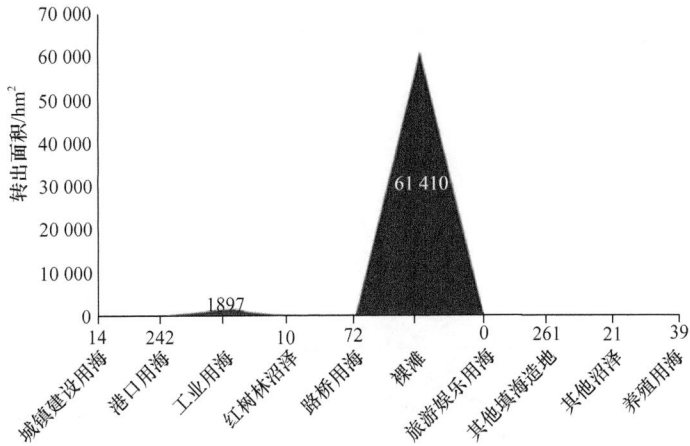

图 4-10　2008 年裸滩转出类型面积对比图

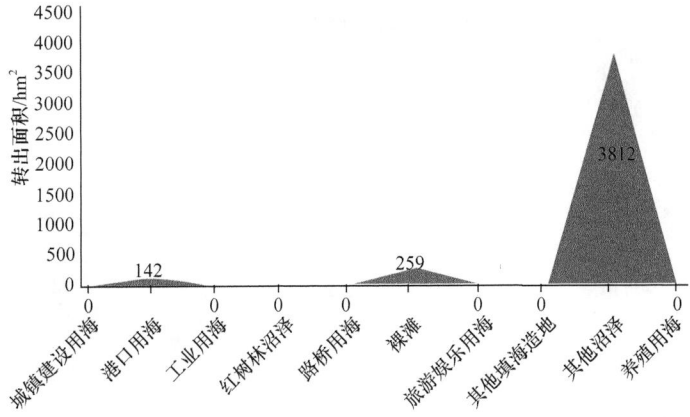

图 4-11　2008 年其他沼泽转出类型面积对比图

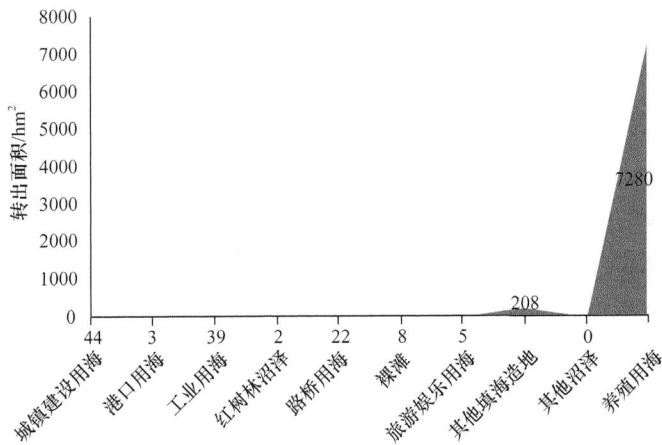

图 4-12　2008 年养殖用海转出类型面积对比图

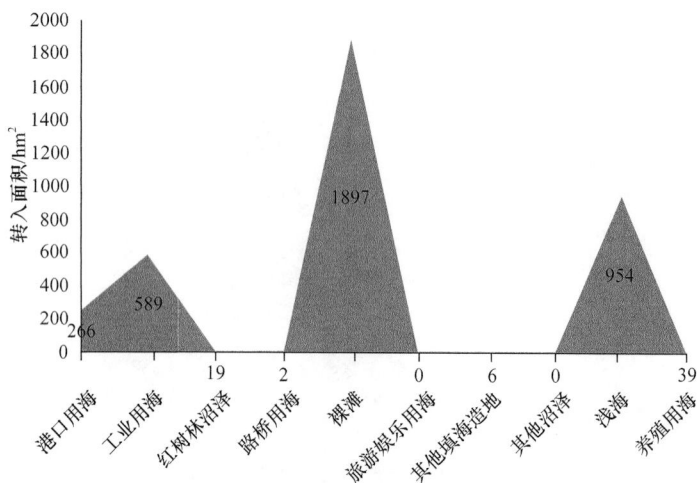

图 4-13　2014 年工业用海转入类型面积对比图

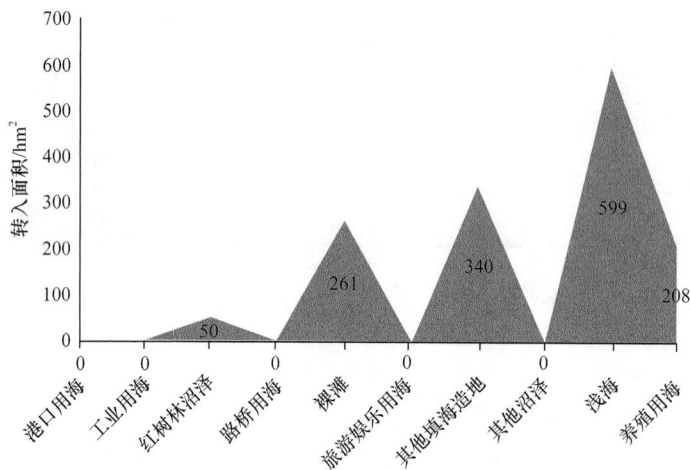

图 4-14　2014 年其他填海造地转入类型面积对比图

树林沼泽转化为其他填海造地、其他沼泽转化为裸滩、其他沼泽转化为港口用海。近年来由于广西北部湾经济区开放开发，港口建设、围海造地加剧了城市扩张，加上裸滩所在区域地势低平，利于开发，造成了裸滩向建设用地的转化，这使得大部分建设用地的增长来源于裸滩。

二、驱动力

导致滩涂利用类型变化的因素很多，主要可分为两方面：自然因素和人为因素。本文主要研究 2008～2014 年的 6 年间广西沿海滩涂利用类型的变化，故将驱

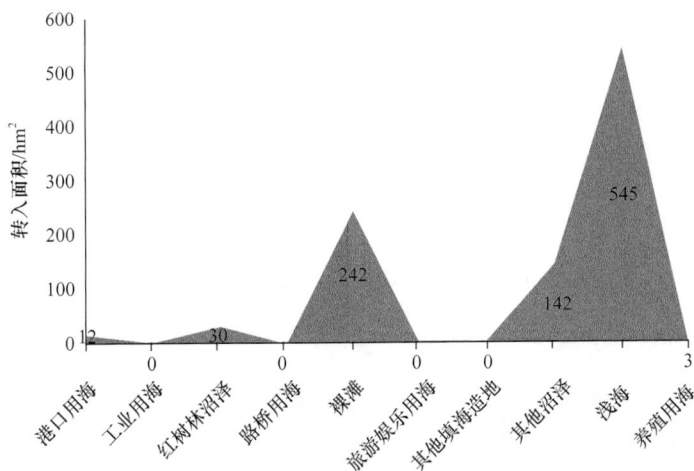

图 4-15　2014 年港口用海转入类型面积对比图

动力分析重点放在随时间变化较快的人口因素、经济发展因素、政策因素和城市化因素。

（一）人口因素

近 6 年来广西沿海滩涂利用类型的变化，从根本上来说主要是人类活动的结果，人类为满足自身需求，不断改造地表环境，导致各滩涂利用类型成此消彼长的变化。其中人口增长是一个根本的动力因子，一方面人口增长导致物质需求增加，沿海渔民为了提高养殖产量，在技术水平和生产率无法得到快速提升的情况下，只能被迫围垦养殖，这就导致沿海滩涂和有林地等利用类型的减少；另一方面城市人口的增长必然导致建设用地面积的增加，相应会占用其他滩涂利用类型的面积。从 2008～2013 年的人口统计数据来分析（表 4-9、图 4-16），广西沿海城市人口从 595.63 万增加到 636.89 万，净增 41.26 万，增长了 6.93%。这是区域建设用地增长，其他利用类型减少，区域景观格局不断变化的根本动力。

表 4-9　广西沿海滩涂城市人口统计数据（单位：万人）

年份	2008	2009	2010	2011	2012	2013
北海	156.32	157.72	160.18	161.75	163.04	164.41
钦州	355.99	364.51	371.19	379.11	382.62	385.22
防城港	83.32	84.76	86.92	86.01	86.54	87.26
合计	595.63	606.99	618.29	626.87	632.2	636.89

图 4-16　广西沿海城市 2008～2013 年人口统计图

（二）社会经济发展因素

由国民经济发展统计数据可知，广西沿海城市经济近 6 年来保持了持续高速增长的状态（图 4-17），第一、二、三产业均持续高速增长。这也是广西沿海滩涂利用类型变化的一个主要因素。2008 年国务院批准实施《广西北部湾经济区发展规划》以来，广西临海工业建设随着北部湾经济圈的大开发而突飞猛进地发展。大量沿海滩涂被填海，主要用于港口码头建设和工业用地，沿海滩涂利用类型发生迅速变化。第二、三产业特别是工业的发展，一方面推进了城市进程，加速了城市人口增长，另一方面使城市向滩涂延伸，城镇建设用地面积增加，景观格局趋向复杂，并且侵占沿海滩涂。随着经济的迅速发展，临港工业建设、港口码头建设、城镇建设、交通建设等都会对广西沿海滩涂景观格局产生深刻影响。可见社会经济的发展对广西沿海滩涂景观格局变化的影响是诸多方面的，也是深刻的。

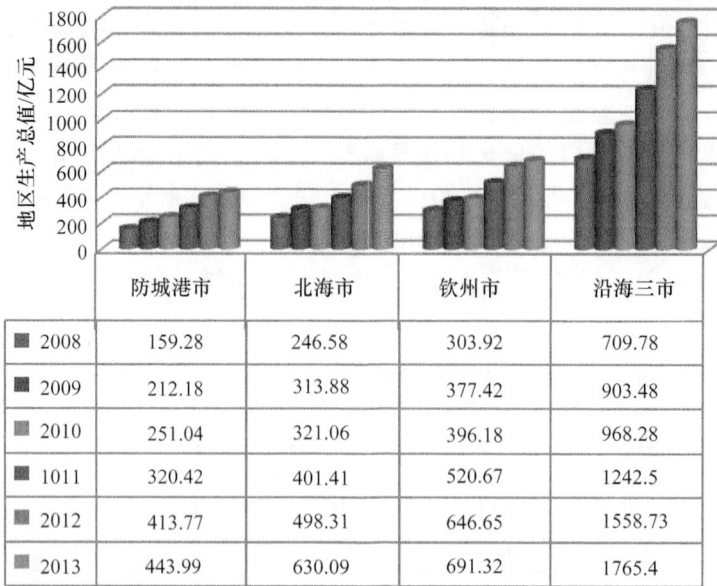

	防城港市	北海市	钦州市	沿海三市
2008	159.28	246.58	303.92	709.78
2009	212.18	313.88	377.42	903.48
2010	251.04	321.06	396.18	968.28
1011	320.42	401.41	520.67	1242.5
2012	413.77	498.31	646.65	1558.73
2013	443.99	630.09	691.32	1765.4

图 4-17　广西沿海城市 2008～2013 年国内生产总值统计（彩图请扫封底二维码）

（三）政策因素

沿海滩涂利用类型的变化都是在特定的经济系统和政策水平下形成的，所以政策因素也是土地利用变化的导向因子，且对滩涂利用类型变化的影响最为直接。国家及广西的政策对广西沿海经济各方面有着深广的影响，对沿海滩涂利用类型也不例外。

近年来，党中央和国务院高度重视广西沿海、沿边地区的社会经济发展，先后批准成立"广西北部湾经济区"和"沿边金融综合改革试验区"，并大力支持广西参与泛北部湾、湄公河次区域经济合作。2015年国家又赋予广西"发挥与东盟国家陆海相邻的独特优势，加快北部湾经济区和珠江-西江经济带开放开发，构建面向东盟的国际大通道，打造西南中南地区开放发展新的战略支点，形成21世纪海上丝绸之路与丝绸之路经济带有机衔接的重要门户"的明确定位，"十三五"时期，广西海洋经济建设迎来重大发展机遇，但同时滩涂保护工作也面临严峻挑战，海洋经济发展与海洋资源环境保护之间的矛盾将进一步凸显，近岸海洋环境污染和生态破坏等海洋环境压力将持续加大。

（四）城镇化和交通发展因素

随着经济区的发展，人民生活水平的提高，城镇建设规模也逐渐扩大，交通建设用地增加，加上沿海城市积极招商引资，出现"开发区热"和"房地产热"等现象，使得工业用地、城镇居民用地、交通用地等建设用地面积不断增加，同时随着经济的发展，土地的需求量加大，并且是经济越发达、经济实力越强的地区，对土地的需求就越大，因此沿海城市外延的扩大，推动了城市建设向沿海滩涂的扩展，侵占了大量的沿海滩涂。

第四节　广西滩涂开发利用存在问题

自2008年《广西北部湾经济区发展规划》颁布实施以来，广西海岸滩涂开发利用的数量和规模逐年增加，围填海速度激增，这不仅对湿地生态系统造成了不可逆转的损失，也对沿海城市及近海海域造成了一定的环境污染。

（一）人工岸线不断增加，自然岸线逐年衰减，海岸冲淤状况骤变

受围塘养殖、港口围填、临海工业发展及人工海堤修建等的影响，广西自然岸线的长度呈逐年递减的趋势，自然岸线逐渐转变为人工岸线，且岸线平直化趋势严重，海岸生态系统遭到严重破坏，自然海岸线保有率逼近红线。北仑河口人工岸线增长速率为年均2.14%，防城港区段为4.93%，钦州港区段为2.16%，北海

银海区段为 1.3%，铁山港区段为 1.97%，英罗港区段为 1.10%。而且，随着北部湾经济区发展规划的实施，广西海岸开发力度将会逐渐加大，自然岸线的减少将不可避免。

　　另外，不合理的围垦活动在短时间内使岸线突然外伸，潮滩面积突然减小，改变了海岸自然演变的渐进过程，导致海岸冲淤状况骤变。尤其是在侵蚀性海岸围堰养殖，由于岸线不断侵蚀后退，所筑围堤已不能抵御大风浪的冲击，围堰养殖的海岸易被冲毁。所以，海上围堰养殖应掌握各地的海岸演变规律，尤其注意侵蚀性海岸的冲毁问题，减少不必要的浪费。

　　如钦州湾，岸线变化造成了钦州湾局部流速的改变，在钦州湾口附近填海造成水道变窄，增加了该区域最大流速，增大冲刷量，码头附近的填海造成局部的流速减弱，工程附近局部泥沙淤积。

（二）工业化、城镇化快速发展，生物多样性、湿地生态系统破坏日趋严重

　　由于工业化和城镇化的需求，临海工业建设、城市扩展对土地的需求不断增加，广西海岸滩涂正在不断地被吞噬。滩涂面积减少的直接效应是湿地生态系统遭到严重破坏，特别是广西独具特色的生态系统，红树林、海草、珊瑚礁、盐沼等，退化尤为严重。2008 年以来，广西沿海发展迅速，大片滩涂被填海开发为建设用地，部分红树林、海草被填海开发为港口区和工业区，珊瑚礁健康状况严重受损。临海工业的过快发展、不合理的围垦利用导致了滩涂资源的枯竭和生物多样性的破坏，天然的湿地生态系统难以恢复。

　　广西海岸曾有 23 904hm^2 的红树林，而现存红树林面积仅 7000 多 hm^2，面积减少了近 2/3；广西现有的珊瑚礁仅存于涠洲岛-斜阳岛一带海域，且涠洲岛部分礁坪上的珊瑚的死亡率和白化率占覆盖率的 50%～90%，其生态系统面临的威胁仍不断加大。

　　根据《广西北部湾经济区发展规划》（2008 年 1 月），广西北部湾经济区城镇化率将由 2009 年的 39.23%发展到 2010 年的 45%，2020 年要达到 60%。2020 年北海城市建成区人口将发展到 100 万～120 万人，钦州 90 万～100 万人，防城港 50 万～60 万人。城市人口的持续增加及土地快速增值使填海造地成为经济的选择，以满足城市建设及基础设施建设的需要，防城港市港口区马正开的新城区建设及钦州市坚心围至辣椒槌的新城区建设正是这种扩张建设的典型例子，填海造地会造成红树林生境的永远丧失。

　　广西环北部湾港口将成为大西南货物进入东南亚市场的主要出海通道，根据《广西沿海港口布局规划》，广西北部湾经济区港口货物吞吐量 2010 年将达到 1 亿

t，2020 年要达到 3 亿 t。为实现这一目标，广西沿海三市加大招商投资力度，开始大规模地修建新码头，建设现代化沿海港口群。2009 年底，北部湾港万吨级以上泊位达到 46 个，港口综合通过能力达到 1.15 亿 t。港口码头建设地点通常在河口海湾内，会永久地占据部分红树林地，如钦州箕沟港的码头建设和沙田新港的建设等均要毁掉部分红树林。

（三）咸水养殖过度开发，海岸带生态系统面临多种威胁

第一，土壤、人饮水和农业用水咸化。土壤咸化的表现，其一是虾塘底部及其周围的土壤的盐分因虾塘渗水和排水不断累积，盐度越来越高，土壤被不可逆转地咸化，特别是在较高海拔处的养殖造成坡地迅速咸化；其二是虾塘通过沟渠输灌海水的过程，使海水流过的土壤咸化。通常，虾塘经过 4～5 年的养殖后，会出现虾的产量和质量都降低的老化而被废弃或改作他用，新的虾塘又被建造，于是土地的盐碱化不断扩大，丢荒的盐碱地不断增加，滨海景观不断虾塘化。海水的输入和渗透，还会污染饮用水和农业用水。广西沿海在地理上属于干旱地区，必须注重合理开发，优化产业结构，避免水资源破坏影响可持续发展。

第二，咸水养殖的废水成为浅海的主要污染源。养殖池排出的废水含有大量的消毒剂、抗生素、环境激素及残留的饵料和排泄物等，使近岸水体具有一定的毒性或富营养化。2004 年广西局部海域赤潮和白骨壤遭受严重的病虫害，2005 年文蛤大面积发生病害等，已经提醒我们，不能对养殖引发的污染掉以轻心。反过来，环境的恶化，又会加剧养殖风险，形成恶性循环。

第三，海岸抵抗自然灾害的能力下降。建造养殖池会破坏大面积的滨海植被或小部分的红树林和海岸防护林等，失去了这些天然屏障的海岸，抵抗自然灾害的能力大大下降。泥土堤坝因有利于养殖被作为虾塘的围基，很容易被风暴潮冲垮而造成海水直接进入农用地、村庄、养殖池等，严重威胁生命财产安全并造成直接的经济损失。如 1990～2004 年，台风暴潮给北海、钦州造成的经济损失累计为 83.56 亿元，超过同期对虾养殖的总产值 78.44 亿元。广西红树林研究中心曾初步评估，红树林海岸的珍珠养殖效益比无红树林海岸的高 13 倍左右。虾塘还会阻滞地表水流向海洋，特别是建在河岸和河口区的虾塘，对排洪造成了很大的影响。

第四，经济畸形发展。虾塘的过度开发，使滨海水田和盐田明显减少，粮食和食盐的生产量大大下降。养殖还是高风险的生产活动，如 2008 年 6 月的特大潮加特大暴雨，导致北海市近岸就有 1000 多亩的虾塘被海水淹没，损失惨重，造成虾农生活的不稳定。

虾塘的大规模无序开发，造成大量的水田、坡地、饮用水和农业用水等咸化。这种状况与上海 30 多年前的情况非常相似，上海不得已耗费巨资，向地下灌压淡水，减缓海水逆渗和地面沉降。广西北部湾的开发应避免重蹈覆辙。

（四）非法采矿，严重影响沿岸生态

受经济利益驱动，近几年来，广西近海非法采矿活动日益猖獗，茅尾海采砂及南流江采砂情况尤为严重。

茅尾海 2000 年起开始出现采矿船抽砂取钛铁矿，以后逐年增多，高峰期每天高达 400 艘船作业，对茅尾海的环境和生态带来了严重危害。采矿船排出的污水给茅尾海的海水养殖业带来了灾难性后果，采矿作业形成的小沙丘，妨碍了船只航行的安全，扰乱了茅尾海泥沙输运规律，导致纳潮量减少，危及钦州港建设的安全。

最近几年，南流江流域也出现很多非法采砂活动，采砂机器连夜工作，运砂车不分白天黑夜地运输，噪声影响了周围居民的生活，同时大型运砂车压坏部分乡镇公路。为了方便运输，沿岸很多采砂场建在防洪堤边上，且距离几座大桥都很近，这对防洪堤和大桥有很大的安全隐患，有些地方防洪堤开始出现裂纹，附近不少居民的房子出现了墙体下沉开裂的现象。

很多江心洲是红树林和盐沼等滨海植被的栖息地，但多个江心洲被采砂挖空，导致两岸的生态平衡被破坏，很多滨海生态系统消失，同时也给两岸的居民带来了各种生活的不便。

（五）科技力量薄弱，滩涂开发利用科技含量低

海岸滩涂开发是一个复杂的区域发展概念，需要多学科专家学者、专业技术人员和管理人员的协同参与、综合决策。但目前的滩涂开发一般都处于创业初期，各方面物质条件相对较艰苦，难以吸引人才，加之广西对滩涂开发科研投入偏少，导致全区滩涂科技力量薄弱。而科学技术在资源开发中起着重要作用，直接制约资源开发的深度和产出效益。

（六）忽视滩涂资源的综合利用，空间资源利用率低

海岸滩涂富集了土地、港口、盐业、矿产与海洋能等多项自然资源，其土地利用具有多宜性，但我区当前的海岸滩涂开发利用，往往忽视滩涂资源的综合利用，竞相开发某一种或某几种滩涂资源，闲置、浪费区域优势资源。很多已填海的滩涂没有被充分利用，港口码头实际吞吐量达不到设计时可以容纳的吞吐量，这也造成了资源的浪费。

（七）缺乏统一规划与综合协调管理，体制机制不完善

广西沿海岸线长，资源类型多，涉及水利、水产、海运、油田、盐业、农业等部门，各行业按本行业要求编制行业规划，缺乏综合协调。由于缺乏对滩涂资

源使用权、开发权与收益权归属的明确划分，我国海岸滩涂开发尚未形成一个统一协调的管理体制，治理、开发利用和生态环境保护的矛盾日渐突出，严重影响海岸滩涂的合理开发利用。因此，为加强广西海岸滩涂管理工作，应尽早制定广西海岸滩涂开发管理条例，使全区滩涂开发利用和管理工作走上健康繁荣的法制轨道。

（八）法律法规仍需完善，监察执法力度不够

目前我国涉及滩涂的法律法规种类很多，包括国土、海洋、水利、交通、农业、环保等方面，这些法律对滩涂的开发利用和保护有着重要的意义和作用。但是，相关法律法规的管理主体的职责主体范围及对客体范围的界定仍需进一步完善和协调。相关部门在管理过程中，没有滩涂开发利用管理的专门法律法规，造成管理混乱，开发利用无序和冗余，开发利用效率不高，监察执法力度不够。

第五章 广西潜在可开发利用滩涂区域选划

根据滩涂资源开发利用现状及开发利用需求和保护需求，将滩涂资源利用状况分为已开发利用滩涂、规划开发利用滩涂、滩涂保护区域、潜在可开发滩涂 4 类，见图 5-1。根据上述遥感解译 2014 年滩涂保护和开发利用现状，各类滩涂资源的分类情况见表 5-1。通过识别已开发利用滩涂、规划开发利用滩涂、滩涂保护区域，挖掘潜在可开发利用滩涂。

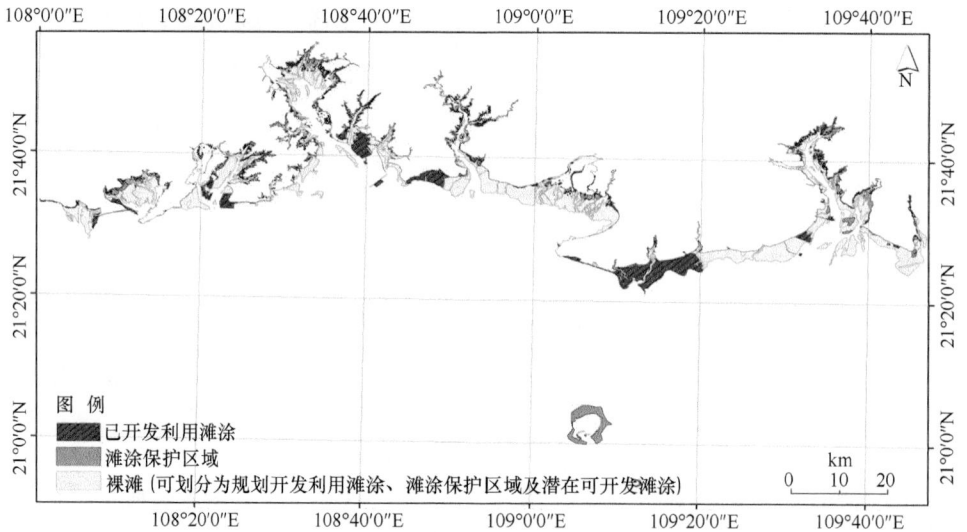

图 5-1 广西海岸滩涂开发利用状况分类（2014）（彩图请扫封底二维码）

表 5-1 滩涂资源利用状况分类（2014）

一级类	二级类	标准类	面积/hm²	比例/%	开发利用状况
已开发利用滩涂	渔业用海	养殖用海	7 319	7.50	已开发利用滩涂
	填海造地用海	工业用海	3 772	3.86	
		港口用海	974	1.00	
		路桥用海	231	0.24	
		城镇建设用海	132	0.14	
		其他填海造地	1 458	1.49	
	旅游娱乐用海	旅游娱乐用海	10 906	11.17	

续表

一级类	二级类	标准类	面积/hm²	比例/%	开发利用状况
未开发利用滩涂	潮间带滩涂	裸滩	61 693	63.21	规划开发利用滩涂 滩涂保护区域 潜在可开发滩涂
		红树林沼泽	7 276	7.46	滩涂保护区域
		其他沼泽	3 833	3.93	
总计			97 594	100	

第一节 已开发利用滩涂

目前，广西海岸滩涂的开发利用方式主要为渔业用海、工业用海、港口用海、路桥用海、城镇建设用海、其他填海造地用海、旅游娱乐用海等，面积共约 24 792hm²，约占滩涂总面积的 25.4%。其中工业用海、港口用海、路桥用海、城镇建设用海、其他填海造地用海统称为填海造地类用海。各类方式的面积统计见表 5-1。

渔业用海。广西海岸滩涂部分高潮位泥滩、砂泥混合滩和红树林滩及少量的沙滩滩涂已开发为养殖区（虾塘、鱼塘等）。面积 7319hm²（约 11 万亩，2014 年初本次遥感解译结果，仅算岸线外）；部分中潮位砂泥混合滩和低潮位沙滩被开发为牡蛎养殖区和贝类围网养殖区。

填海造地类用海。包括工业用海、港口用海、路桥用海、城镇建设用海、其他填海造地用海。面积 6567hm²。随着北部湾经济区的开放与发展，部分滩涂被用作建设用地，建设港口码头、跨海桥梁、公路、工业用地、居民地等。还有部分填海造地暂时闲置，未能及时利用，面积 1458hm²。

旅游娱乐用海。面积 10 906hm²。部分沙滩被开发为海水浴场、旅游度假区、海滨公园等，本文中主要指北海市银滩、北海市侨港、钦州三娘湾、防城港金滩等。

根据研究，2008～2014 年，被填海造地的潮间带滩涂（含裸滩及红树林等沼泽滩涂）及近滩涂的浅海面积达近 5000hm²，详细见表 5-2。

表 5-2 2008～2014 年主要滩涂利用类型转化情况

2008 年	2014 年	面积/hm²
潮间带滩涂	路桥用海	86
潮间带滩涂	城镇建设用海	20
潮间带滩涂	工业用海	1906
潮间带滩涂	港口码头用海	414
潮间带滩涂	其他填海造地用海	311
浅海	路桥用海	44
浅海	城镇建设用海	44
浅海	工业用海	954
浅海	港口码头用海	545
浅海	其他填海造地用海	599

第二节　规划开发利用滩涂

　　规划开发利用滩涂是已经规划利用但是暂时还未开发的滩涂范围,指政府发布的各类工业、港口、城市、土地利用等规划布局所计划占用的滩涂,不包含规划范围内的已开发利用滩涂。

　　工业、港口、城市等布局规划主要包括《广西北部湾经济区发展规划》,《广西北部湾港总体规划》,《广西海洋功能区划》,北海市、钦州市、防城港市城市总体规划等。收集相关规划图与滩涂保护和利用现状图叠加分析,确定滩涂利用需求。

一、临海工业规划布局

　　2008 年 1 月,国务院批准《广西北部湾经济区发展规划》,其中第二章总体思路、第二节城市地区、(二)临海重化工业集中区提到,临海重化工业集中区指依托沿海城市、深水良港,布局建设以现代工业为主的产业区。近期规划建设面积86km²,集中建设钦州港工业区、企沙工业区和铁山港工业区。

　　钦州港工业区　　近期规划建设面积 36km²,主要发展石化、能源、磷化工、林浆纸及其他配套或关联产业。

　　企沙工业区　　近期规划建设面积 30km²,主要发展钢铁、重型机械、能源、粮油加工、修造船及其他配套或关联产业。

　　铁山港工业区　　近期规划建设面积 20km²,主要发展能源、化工、林浆纸、集装箱制造、港口机械、海洋产业及其他配套或关联产业。

　　铁山港、企沙、钦州港三大工业区分布见图 5-2～图 5-4。

　　北部湾经济区开放开发 6 年来,一大批事关国民经济发展的重大项目落户广西沿海,各工业园区建设取得丰硕成果。

　　钦州港工业园包括金谷工业园和金光工业园。大型临海工业快速崛起。以石化、能源、造纸、冶金、粮油加工为主的大型临海工业框架已经形成。建成投产的工业项目有钦州燃煤电厂、东油沥青、新天德能源、大洋粮油等 19 个项目,其中 11 家工业企业产值超亿元。在建工业项目 7 个,其中中石油广西石化千万吨炼油项目、金桂林浆纸一体化工程为国家级重大项目,临海大工业产业集聚效应正在形成。

　　防城港企沙工业园坚持以钢铁、核电、镍铜三大项目为引领,重点发展千亿元钢铁和有色金属,500 亿元粮油食品,百亿元能源、装备制造、化工等支柱产业,并以这些主要产业为依托,衔接相关产业,形成产业链,培育产业集群,同时加快发展新材料、新能源、节能环保等战略性新兴产业,使工业区向节能、低碳、

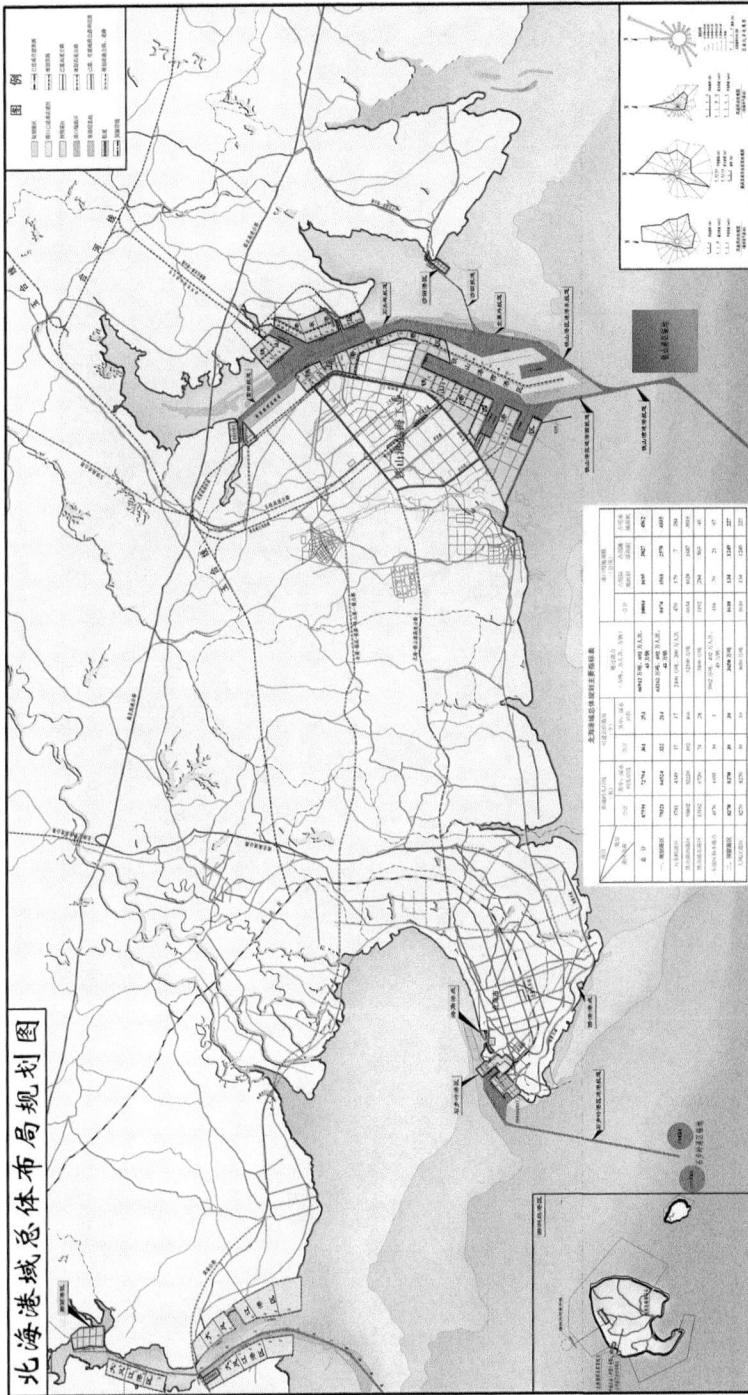

图 5-2 北海市临海工业与港口布局规划（彩图请扫封底二维码）

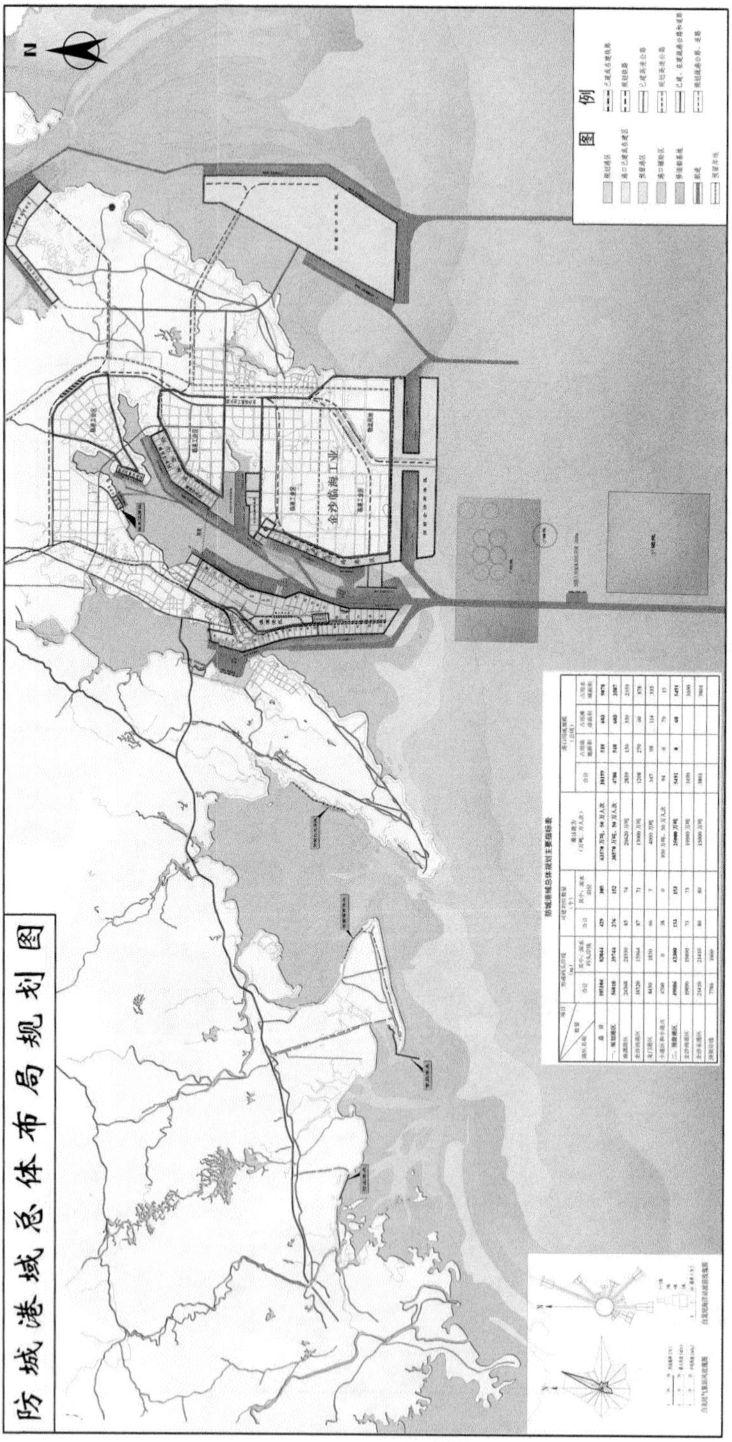

图 5-3　防城港市临海工业与港口布局规划（彩图请扫封底二维码）

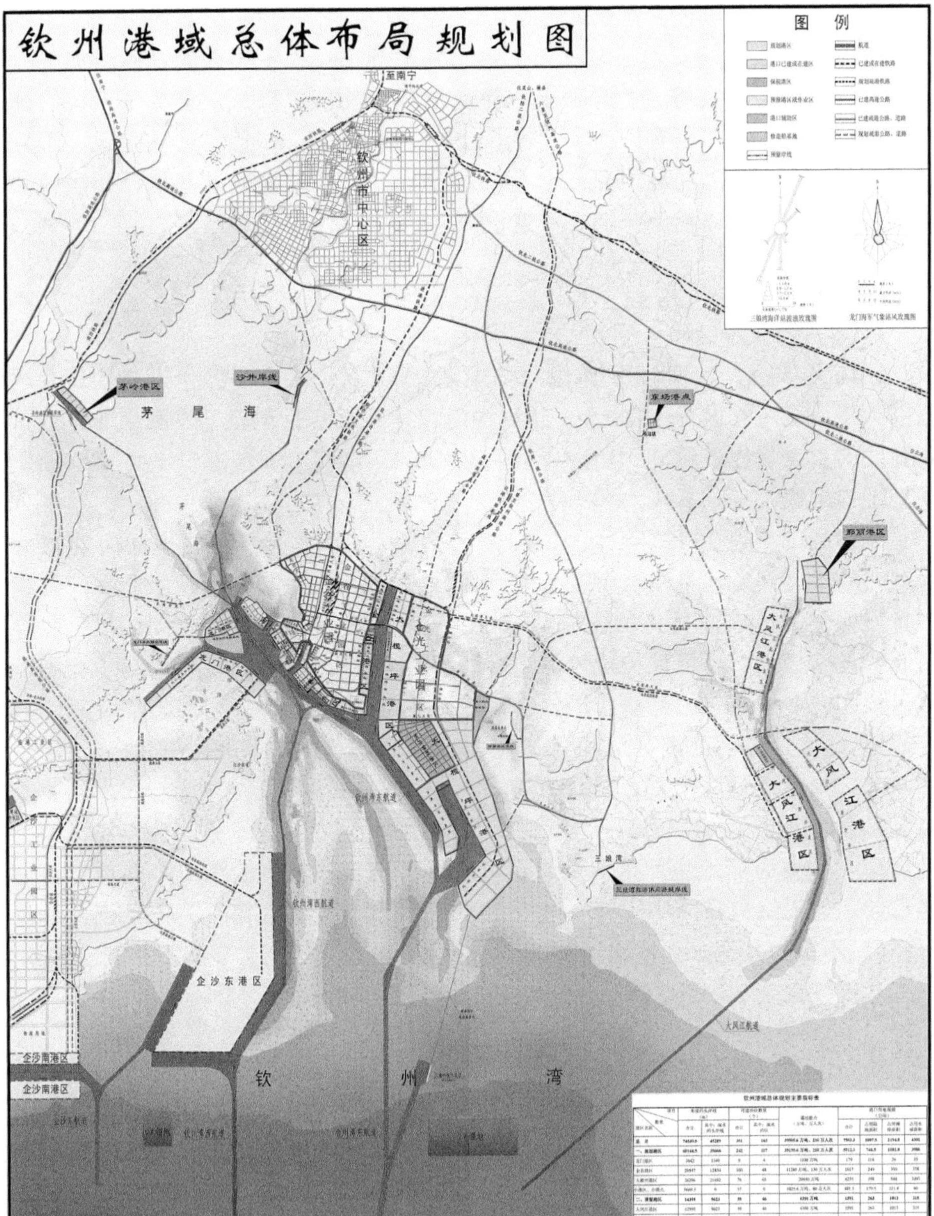

图 5-4 钦州市临海工业与港口布局规划（彩图请扫封底二维码）

循环经济型的千亿元国际临港工业区发展，树立沿海新一极的产业支柱。一大批重大项目如企沙钢铁项目、金川有色金属加工、大型冶金设备制造项目、红沙核电项目、中华电力等正在建设或已投产。

铁山港工业园以安置临海三类工业及其配套工业为主，并辅以矿产加工、港口商贸、物流中心及综合管理服务、生活居住等功能，以形成依托于港口的综合性工业园区。重大项目有广西（北海）LNG 项目、石化成品油码头建设、千万吨级炼化一体化项目、推进林纸一体化、神华国华广投北海能源基地、和润粮油加工、国投北海电厂二期等一批项目建设。

二、港口码头规划布局

2010 年 5 月，《广西北部湾港总体规划》（以下简称《规划》）获批实施，规划范围为广西沿海辖区内 1628km，规划的港口岸线（包括现已开发利用的岸线、规划开发的重点岸线及远期预留的岸线）共 267km，其中深水港口岸线 200km，占规划港口岸线的 74.9%。

规划基础年为 2008 年；规划水平年：近期为 2015 年，中期为 2020 年，远期为 2030 年，并为远景发展留有余地。《规划》涵盖了港口发展现状、吞吐量和船型发展预测、港口性质与功能、岸线利用规划、港口总体布置规划、集疏运等港口配套设施规划、环境保护规划等内容。《规划》确立了广西北部湾港"一港、三域、八区、多港点"的港口布局体系，明确各港区水、陆域规划布置和港界划定，"一港"即广西北部湾港；"三域"指防城港域、钦州港域和北海港域；"八区"指广西北部湾港规划期内重点发展的 8 个枢纽港区（渔㴠港区、企沙西港区、龙门港区、金谷港区、大榄坪港区、石步岭港区、铁山港西港区、铁山港东港区）；"多港点"指主要为当地生产生活及旅游客运服务的规模较小的港点。并规定自批复之日起，建设港口设施必须符合《规划》，任何单位不得在港区界限范围内建设与《规划》不符的其他永久性建筑物。

岸线规划表如表 5-3 所示，港口布局图见图 5-2～图 5-4。

三、城市总体规划

参照现行的北海市、钦州市、防城港市城市总体规划，对滩涂的规划利用主要是防城港西湾和钦州辣椒槌两块（城市规划中工业、港口方面的布局规划已在前文中论述），《防城港市城市总体规划（2008～2025 年）》第五部分中心城用地布局规划中提到，防城港市中心城发展的主要方向为"双连东拓西延"，形成"中部兴起，两翼腾飞"的城市发展态势。其中西延是以西湾西岸和防城江及防城区老

表 5-3　广西北部湾港港口岸线规划表

港域名称	岸线名称	岸线起止点	规划利用岸线长度/m	其中：深水岸线/m	规划用途
	全区合计		**267 234.5**	**200 127**	
防 城 港 域	小计		**105 104**	**82 044**	
	马鞍岭岸线	西湾跨海桥—牛头岭	1 844	1 000	旅游客运、公务码头
	渔澫半岛西岸线	老港区北端—暗埠江口南端	10 447	9 453	综合性港区
	渔澫半岛东岸线	渔澫半岛南端—葫芦岭	12 077	11 477	综合性港区
	企沙半岛西岸线	风流岭江东—老鸦墩—云约江口北侧	5 480	5 480	公用码头
		云约江口南侧	4 436	1 880	公用码头
		赤沙—石龟头	8 604	8 604	公用码头
	企沙半岛南岸线	石龟头—蝴蝶岭	19 890	19 890	预留港口岸线
	30万t级码头岸线	防城湾外—16m等深线处	1 000	1 000	预留港口岸线
	大小冬瓜岸线	龙门港南侧	8 430	1 850	公用码头
	企沙半岛东岸线	企沙半岛东侧	21 410	21 410	预留港口岸线
	小港点岸线	★	11 486	0	为地方生产生活及旅游客运服务
钦 州 港 域	小计		**74 539.5**	**45 289**	
	樟木环岸线	七十二泾南侧	2 290	2 290	预留港口岸线
	勒沟岸线	勒沟西侧	4 974	2 486	公用码头
	果子山岸线	果子山港区	2 822	1 273	大宗散货、件杂货
	鹰岭岸线	金鼓江口西侧	3 235	3 019	危险品、散货
	金鼓江岸线	金鼓江	4 915	3 766	主要服务临港工业
	金鼓江北岸线	金鼓江西岸	2 301	0	预留港口岸线
	大榄坪岸线	中港区南侧人工填海	5 152	3 243	主要服务临港工业
	大榄坪北岸线	金鼓江东岸	2 125	0	预留港口岸线
	大榄坪南岸线	大榄坪以南	11 404	10 634	集装箱、液体散货
	大环岸线	东港区南侧，人工填海	4 383	4 383	多用途码头
	三墩岸线	东港区南侧，人工填海	2 232	2 232	大宗散货及油品
	龙门岸线	龙门港附近	1 800	0	预留港口岸线
	观音堂岸线	龙门岛四周	1 842	1 340	公用码头
	大风江西岸线	大风江口	12 595	9 623	预留港口岸线
	三墩外港岸线		1 000	1 000	大型干散货和液体散货
	小港点岸线		11 469.5	0	为地方生产生活及旅游客运服务
北 海 港 域	小计		**87 591**	**72 794**	
	石步岭岸线	海角—冠头岭	5 781	4 549	集装箱及国际邮轮码头
	海角岸线	海角	507	0	件杂货，兼顾客货滚装运输
	侨港岸线	侨港湾内	480	0	客运码头
	涠洲岛岸线	涠洲岛	1 665	1 035	旅游观光客运
	铁山港西岸线	铁山港湾西岸	55 802	52 220	公用码头
	沙田岸线	沙田港	1 924	0	公用码头
	铁山港东岸线	铁山港东侧中部	13 162	6 720	公用码头
	大风江东岸线	大风江口	8 270	8 270	预留港口岸线

注：★表示小港点岸线包括京岛、竹山、潭吉、白龙、茅岭、沙井、东场、那丽、三娘湾等

城为依托，建设成为西湾重要的生活居住区，作为城市西延的重要组成部分。西湾区域滩涂被规划填海成为城镇建设区，见图 5-5。

图 5-5　防城港市城市总体规划（彩图请扫封底二维码）

《钦州市城市总体规划（2012～2030）》第八章中心城区空间景观规划中提到，规划茅尾海滨海新城形成"一心一带三片"的空间景观结构，其中三片包括滨海新城西片的科教综合景观片区、东片的综合居住景观片区和南片的辣椒槌高尚居住景观片区，按照规划辣椒槌区域滩涂将来要被填海成为城镇建设用地，见图 5-6。

四、规划范围统计

广西临海工业布局、港口码头规划及城市总体规划与滩涂关系见图 5-7，规划面积共 42 758hm²，占用滩涂共 9412hm²，其中占用红树林滩涂约 700hm²，占用海草床、盐沼草等草滩约 300hm²。

图5-6　钦州市城市总体规划（彩图请扫封底二维码）

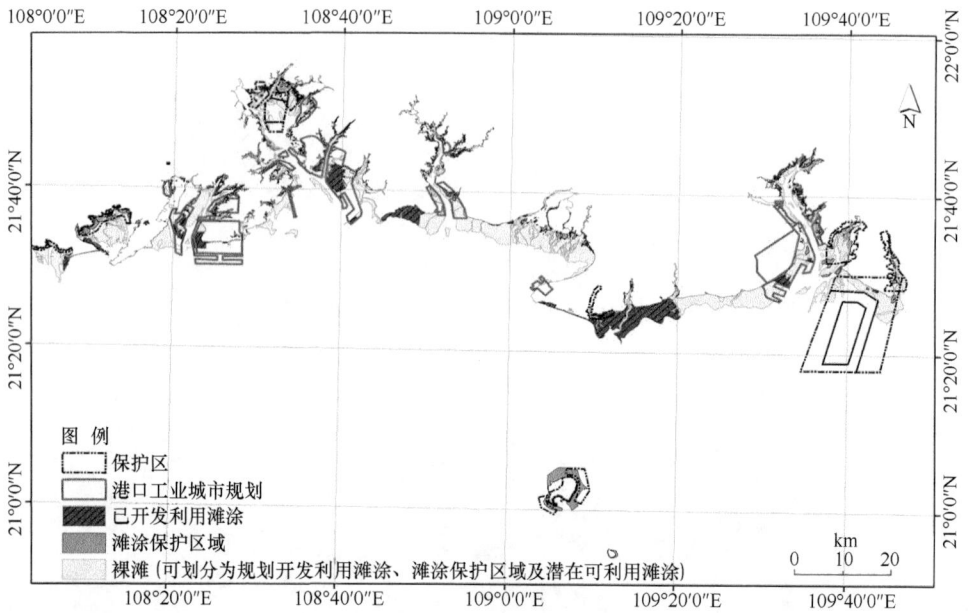

图 5-7　广西海岸滩涂与重大规划及保护区关系图（彩图请扫封底二维码）

红树林、草滩、珊瑚礁对于海岸稳定、海洋生态环境等有重要作用，建议工业和港口围填建设能够尽量避开对这些自然湿地的破坏，以免造成永久的不可逆的损失。

第三节　滩涂保护区域

在实现广西北部湾经济区跨越式发展的同时，生态环境的保护是海岸滩涂合理开发利用的核心所在。研究选划潜在可开发利用滩涂范围首先需研究典型海洋生态系统分布及海洋自然保护区需求，划出滩涂保护区域。

一、典型海洋生态系统

广西海岸带具有红树林、海草、盐沼、珊瑚礁等典型海洋生态系统，在生态系统区域内，严格禁止或限制人为滩涂开发利用活动。广西海岸带典型海洋生态系统分布如图 5-8 所示。

红树林滩涂　根据本次遥感解译结果，2014 年年初，广西红树林滩涂面积约 7276hm²。红树林具有固结泥沙、促进潮滩淤涨的作用，而且红树林带生物资源丰富，生物多样性强，因此，为了保护海岸生态环境和生物多样性，红树林滩涂不宜被开发。

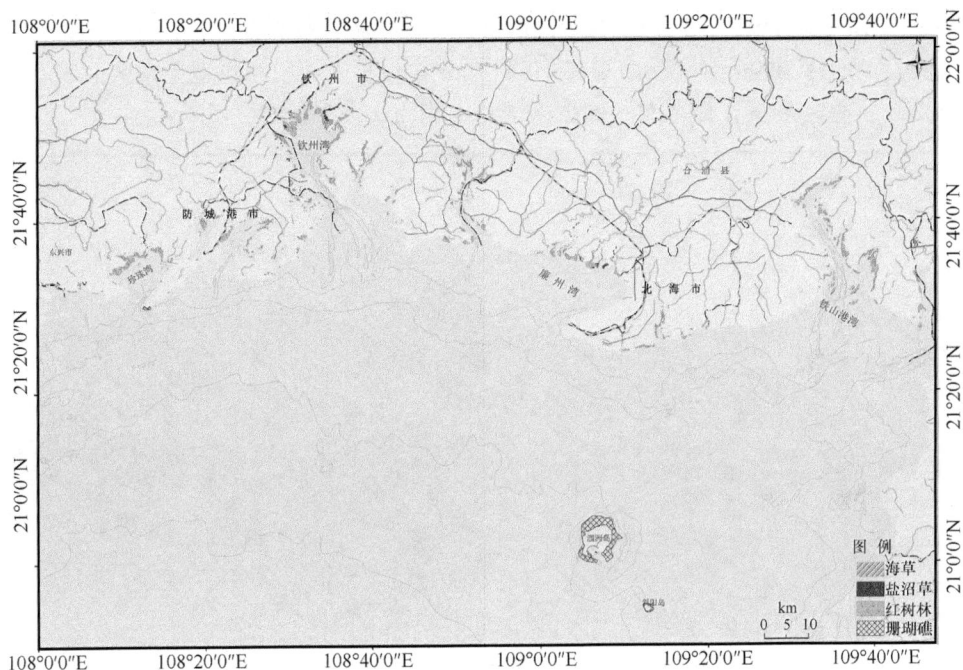

图 5-8　广西海岸带典型海洋生态系统空间分布图（彩图请扫封底二维码）

草滩　广西潮间带草滩（包括海草与盐沼草）面积约 770hm² （2013 年调查）。草滩上生物资源丰富，特别是蟹类生物密度非常高。为了保护潮间带生态环境和生物多样性，应加强对草滩的保护。

珊瑚礁　涠洲岛、斜阳岛低潮带和潮下带及白龙半岛近岸水域都有珊瑚礁分布，其对海岸稳定性、海洋生态环境和生物多样性保护具有非常重要的作用，应加大保护。

二、海洋自然保护区

为了更好地保护广西海岸带典型海洋生态系统，国家和地方各级政府划定了多个海洋与滨海湿地保护区，详见表 5-4，分布见图 5-9。保护区一般分为核心区、缓冲区、实验区，核心区为绝对保护区域，不得设置和从事任何影响或干扰生态环境的设施与活动；缓冲区只可进行教学、科研实验、生态修复、视觉观光等活动；实验区可进行科教、生态旅游、生态示范区建设等。

三、面积范围统计

滩涂保护区域包括典型生态区（红树林、海草、盐沼、珊瑚礁等）及各类保护区范围。典型生态区滩涂面积约 11 425hm²，保护区规划的滩涂面积 15 534hm²（海域面积 51 304hm²），其中裸滩 10 817hm²，保护区面积和典型生态区面积有相当部分重叠，最终计算得滩涂保护区域总面积为 23 538hm²。

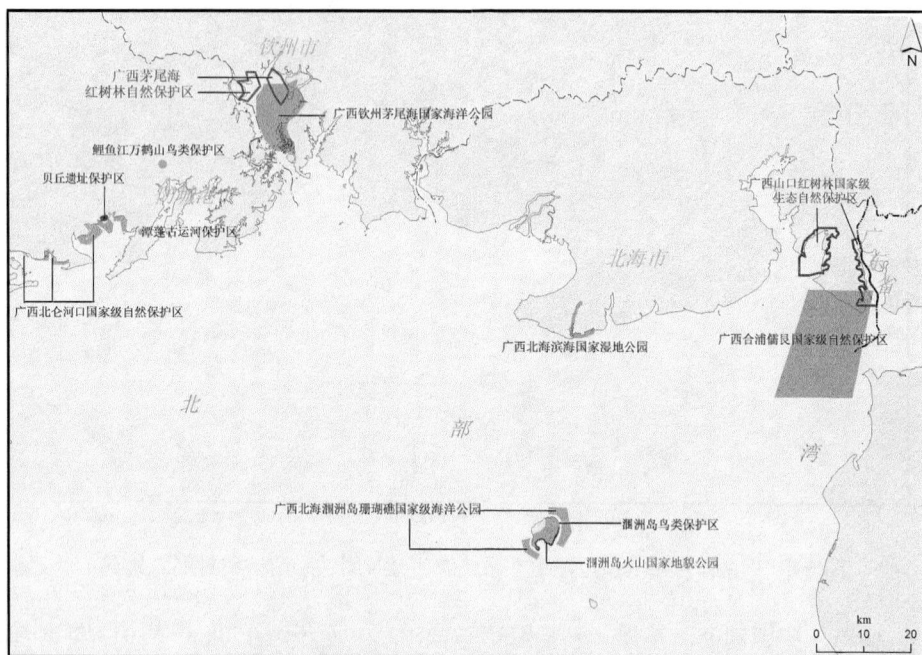

图 5-9　广西海洋保护区分布（彩图请扫封底二维码）

表 5-4　广西已有海洋与滨海湿地自然保护区分布示意图

序号	名称	位置	总面积/hm²	海域面积/hm²	主要保护对象	级别	管理部门	批准时间
1	贝丘遗址保护区	防城港市	8	0	自然遗迹和非生物资源	自治区级	文化	1981
2	涠洲岛鸟类保护区	北海市	2 600	0	各种候鸟	自治区级	林业	1982
3	潭蓬古运河保护区	防城港市	90	0	自然遗迹和非生物资源	自治区级	文化	1982
4	广西山口红树林生态国家级自然保护区	北海市	8 000	4 000	红树林生态系统	国家级	海洋	1990
5	广西合浦儒艮国家级自然保护区	北海市	35 000	35 000	儒艮、海草湿地生态系统	国家级	环保	1992
6	鲤鱼江万鹤山鸟类保护区	防城港市	100	0	鹭鸟及水源林	县级	林业	1993
7	广西北仑河口国家级自然保护区	防城港市	3 000	3 000	红树林、湿地生态系统	国家级	海洋	2000
8	涠洲岛火山国家地质公园	北海市	3 010	324	自然遗迹和非生物资源	国家级	国土	2004

序号	名称	位置	总面积/hm²	海域面积/hm²	主要保护对象	级别	管理部门	批准时间
9	广西茅尾海红树林自然保护区	钦州市	2 784	2 784	红树林生态系统	自治区级	林业	2005
10	广西钦州茅尾海国家海洋公园	钦州市	3 482	3 482	近江牡蛎天然种苗场	国家级	海洋	2011
11	广西北海滨海国家湿地公园	北海市	2 022	200	红树林、海陆过渡带系统	国家级	林业	2011
12	广西北海涠洲岛珊瑚礁国家级海洋公园	北海市	2 512	2 512	珊瑚礁生态系统	国家级	海洋	2012
	合计		62 610	51 304				

第四节　潜在可开发利用滩涂资源

经过以上分析，潜在可开发利用滩涂范围即裸滩范围内的非规划利用滩涂及非需要保护的滩涂，如图 5-10 所示。

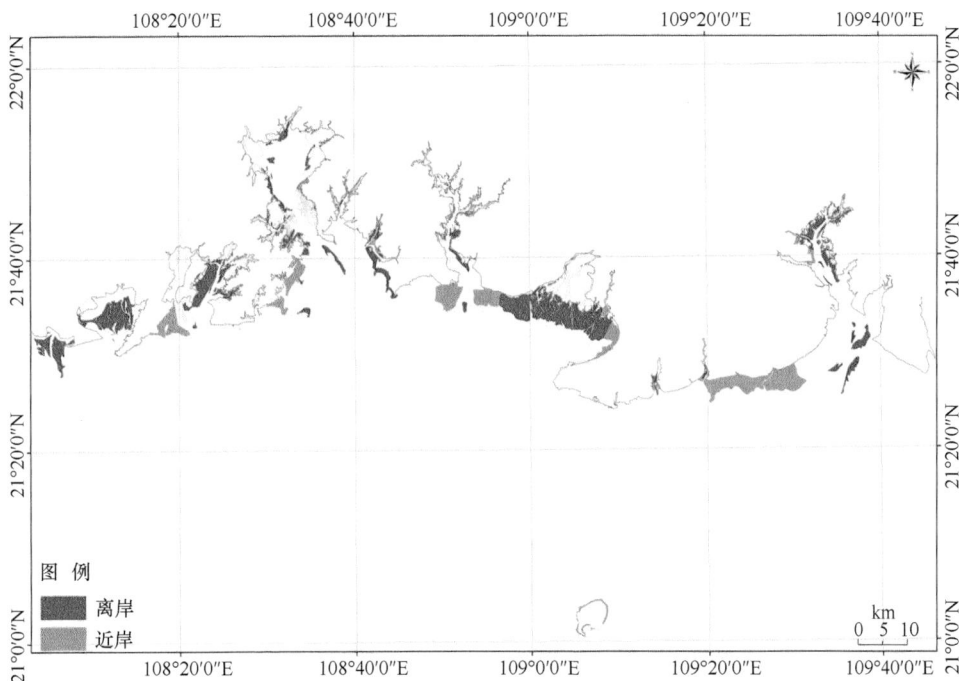

图 5-10　潜在可开发利用滩涂分布（彩图请扫封底二维码）

潜在可开发利用范围面积约 39 852hm²，其中 2/3 为离岸滩涂，面积为 25 981hm²。

近岸滩涂只有13 871hm², 仅占1/3, 主要分布在防城港江山半岛东岸、企沙半岛东岸、钦州三娘湾、北海西场、廉州湾、营盘等地。

第五节 小 结

综上, 广西海岸已开发利用和未开发利用滩涂总面积为 97 594hm², 其中已开发利用滩涂面积为 24 792hm², 占滩涂总面积的 25%; 规划开发利用滩涂 (港口、工业、城市规划等) 面积 9412m², 占 10%; 滩涂保护区域 (重点生态区及海洋保护区) 面积 23 538hm², 仅占 24%, 且随着沿海经济发展, 滩涂保护区域还在不断地被侵蚀; 潜在可开发利用滩涂共 39 852hm², 占 41%, 而可开发滩涂中, 离岸滩涂又占了 2/3, 使得滩涂的开发利用总体价值降低 (表 5-5)。

表 5-5 广西海岸滩涂利用状态统计

滩涂利用类型		面积/hm²	比例/%
已开发利用滩涂		24 792	25
规划开发利用滩涂		9 412	10
滩涂保护区域		23 538	24
潜在可开发利用滩涂	近岸滩涂	13 871	14
	离岸滩涂	25 981	27
总计		97 594	100

第六章 潜在可开发滩涂资源开发利用
模式适宜性综合研究

滩涂是海洋和陆地的交错地带，人类经济活动十分频繁，正是在它的基础上开发形成了沿海经济区。沿海地区对沿海滩涂的开发与管理是沿海经济发展中极为重要的环节，且随着社会经济的发展和土地需求量的快速增长，滩涂作为最具开发价值的潜在的土地资源，将成为我国经济发展新的增长点。因此有必要研究滩涂资源开发的模式和技术，并探讨滩涂开发管理的措施和政策，以促进我国沿海滩涂的进一步合理开发与利用。

为了因地制宜、科学合理地利用资源，在进行开发活动前，应充分进行自然条件和社会条件的调查，并综合考虑影响区域环境保护与开发利用前景的因素，构建评价体系进行适宜性分析，为区域开发利用和规划提供参考。国内外学者对此开展了相关研究：20世纪60年代以来，美国、英国、荷兰、澳大利亚等国家就开始了土地适宜性评价方面的研究。进入20世纪后，主要研究土地利用方式的适宜性（Smith and Mcdonal，1998）。近年来，GIS和Internet技术的国家级土地信息系统建设成为了适宜性评价的重要工具，在土地利用规划与地区经济发展方面发挥了重要的决策支持作用（Ahamed et al.，2000；Kalogirou，2002；Malczewski，2006；Sharma et al.，2006）；国内适宜性评价起步于20世纪80年代，经过近30年的发展，研究的地理范畴、研究内容和技术方法都在不断拓展和创新。目前，陆域范畴的适宜性评价包括土地资源（张晓萍等，2004）、耕地开发（牟磊等，2006）、城镇建设（邹俊毅，2007；孙华芬等，2008；黄宇等，2008）等多方面研究；海域范畴包括海岸带及海岛，主要涉及滩涂资源开发（王繁等，2008）、港区建设（吕霞和陆明生，2008）、海岛开发（李金克和王广成，2004；周琳和吴克宁，2006；吴珊珊等，2006；王介勇等，2007）等方面的适宜性研究。初期的适宜性评价侧重于开发利用，而目前的评价更重视保护资源，走可持续利用之路（史同广等，2007）。

第一节 滩涂资源开发模式

滩涂资源的开发模式涉及三大产业的农、林、渔、化工、旅游、能源、交通等行业部门，比较常见的方式包括农作物种植、淡水养殖、海水养殖、近海捕捞、港口运输和工业区建设、盐业和海洋化工开发、滨海旅游、海洋能利用和林网/芦苇/草地建设等。为了分析广西北部湾经济区沿岸未利用滩涂资源不同开发利用模式的潜力，为广西沿海经济可持续发展提供科学依据，本章秉着集约节约用海、合理配置滩涂资源、优化产业结构等原则，结合广西沿岸滩涂资源开发利用的现状和前景，从三大产业入手，选择滩涂农业、滩涂渔业、滩涂港口-开发区三类开发模式分别展开研究，各开发模式研究涵义概述如下。

一、滩涂农业开发模式

本文涉及的滩涂农业开发模式指的是狭义的农业，即传统的种植业，包括各种农作物、林木、果树、药用和观赏等植物的栽培。目前，广西沿海滩涂在农业方面的利用主要是以生态修复为目标的红树林、海草等重要滨海植被的人工种植，而以经济发展为目标的农作物种植较少。本章从滩涂自然禀赋的优劣分析滩涂农业发展的适宜性，目的是合理配置滩涂资源的利用，发掘宜耕的滩涂资源，其具体意义如下。

（1）《中华人民共和国土地管理法》规定，"国家实行占用耕地补偿制度。非农业建设经批准占用耕地的，按照'占多少，垦多少'的原则，由占用耕地的单位负责开垦与所占用耕地的数量和质量相当的耕地；没有条件开垦或者开垦的耕地不符合要求的，应当按照省、自治区、直辖市的规定缴纳耕地开垦费，专款用于开垦新的耕地。"根据此规定，一些后备耕地资源比较缺乏、没有条件或无法完成开垦耕地任务的县市，可以按有关规定缴纳耕地开垦费或到沿海对滩涂进行异地开发耕地，以保证耕地总量动态平衡。此项规定促进了各省市开发滩涂耕地的积极性。可见，滩涂是重要的土地后备资源，是实现耕地总量动态平衡的主要途径，只要采取一定的措施，如组织、鼓励、协调、资金保证等，开发滩涂后备土地资源、增加耕地是完全可以实现的。

（2）广西沿海滩涂用作耕地的情况较少，这主要是受广西当地社会经济发展的水平所限制，但并不意味着广西沿海滩涂不具备发展种植业的条件。鉴于滩涂盐分高，不适合大部分农作物种植，且土壤改造成本高、收益少等原因，广西进行滩涂农业种植的尝试历来较少，但是大量实践证明，根据滩涂特性，因地制宜种植一些耐盐的作物（张文开，2001；陈君等，2011），草坪、花卉等景观植被，或者防护林等经济植被，能够带来很高的收益，促进当地经济发展。因此，广西有必要开展滩涂农业种植的研究，以便日后响应滩涂农业发展的趋势进行前期研究，并提供科学依据。

（3）另外，合理有效地利用滩涂资源，不仅可增加耕地面积，确保粮食安全，而且可提高耕地占补平衡指标，缓和人多地少的矛盾，对促进林、牧、渔、盐业等经济发展有着重要的作用（郝树荣等，2009）。

二、滩涂渔业开发模式

利用沿海滩涂进行海水养殖一直是滩涂使用的主要方式之一。滩涂海水养殖是指利用潮间带和低潮线以内的水域，直接或经整治、改造后从事海水养殖、增殖和护养、管养。目前，在滩涂海水养殖中，养殖品种主要包括藻类、贝类、虾蟹类和鱼类等。广西滩涂养殖以贝类养殖为主，主要有文蛤和泥蚶底播养殖、牡蛎插养，此外还有滩涂贝类增殖和滩涂沙虫增、养殖等模式（王大鹏等，2014）。本章开展滩涂渔业开发模式适宜性分析的具体意义如下。

（1）广西钦江、茅岭江、防城江和北仑河等海岸带河流携带来大量的营养物质，为滩涂养殖生物提供了丰富的饵料。近年来，由于养殖产业投资小、经济效益大的特点，滩涂渔业开发模式成为广西沿海滩涂资源的主要利用方式，沿海随处可见任意分布、杂乱无章的养殖区，滩涂资源空间利用格局缺少规划，空间配置不合理，因此有必要针对滩涂性质和当地渔业发展情况，合理规划滩涂渔业模式布局，有序、集约发展渔业，促进经济发展。

（2）随着养殖规模的不断扩大，在获取经济效益的同时，对生态环境的压力也不断扩大，并引起一系列的生态环境问题。这些问题包括养殖环境中的水体和沉积物环境质量恶化、富营养化程度加剧、自然生物群落结构被破坏、海洋生物多样性降低等。生态环境的退化又反作用于海水养殖业，造成养殖产品的产量和质量降低、病害情况加剧等（蒲新明等，2012），严重威胁海水养殖业的健康可持续发展。环境保护与经济发展的矛盾逐渐突出，研究如何识别适宜渔业发展的滩涂资源，准确应用合理的渔业开发模式，对保护近岸海洋环境及重要生态系统可持续发展有着重要意义。

三、滩涂港口-开发区模式

自 2008 年北部湾经济区成立以来，广西沿海港口成为经济发展的重点，已初步形成了以防城港为主、钦州港和北海港共同发展的格局。据广西壮族自治区港航管理局的公开信息可知，截至 2013 年底，广西北部湾港共有生产性泊位 241 个，其中万吨级以上泊位 66 个，最大靠泊能力 20 万 t，完成港口货物吞吐量 18 641 万 t，集装箱 100 万 TEU*；2014 年 1~10 月，广西全区港口累计完成货物吞吐量 2.6 亿 t，为去年同期的 108.24%。其中，沿海港口完成货物吞吐量 1.7 亿 t，内河港口完成货物吞吐量 0.9 亿 t，分别为去年同期的 111.71%、102.26%。目前滩涂港口-开发区建设成为广西沿海滩涂资源新兴且发展迅速的开发利用方式，包括渔港、杂货

---

* TEU（twenty-foot equivalent unit，标箱），是以长度为 20 英尺的集装箱作为计量单位，是用于表示船舶装载能力或港口吞吐量的重要单位。

港口、集装箱港口、深水港等独立的港口区模式，以及依托港口建立的工业开发区模式，如仓储、物流、出口加工、保税区，以及经济技术开发区、临港工业区等多种形式。本章研究滩涂港口-开发区模式适宜性分析的具体意义如下。

（1）进入 21 世纪，广西面临着深入实施西部大开发战略、推进泛珠三角区域合作、建立中国－东盟自由贸易区、中越共同构建"两廊一圈"等重大历史机遇，特别是国家批准广西北部湾经济区发展规划，使得广西沿海港口在我国政治经济战略部署中地位更加重要。近年来广西沿海港口发展迅速，已初步形成了以防城港为主、钦州港和北海港共同发展的格局，为今后的发展奠定了良好基础。但在港口布局、规划建设、安全运营等方面尚不能满足经济社会发展及区域合作的需要，岸线、环境、土地等资源亦呈现日益紧张的局面。如何有效配置滩涂资源，合理规划港口工业开发区布局，解决沿海土地资源紧张问题，带动港口经济发展，是新世纪广西北部湾经济区发展的重要任务。

（2）随着世界经济尤其是海洋经济的发展，滩涂作为人类开发海洋、发展海洋经济优先涉足的区域，人类对其强烈需求与滩涂可持续发展之间的矛盾愈来愈紧张。特别是沿海港口群建设、运行、发展对滩涂生态环境影响问题日益突出，生物多样性受到严重威胁，生态环境的恶化给滩涂资源的持续利用和滩涂经济的持续发展带来直接影响（刘波和成长春，2011）。如何在港口开发与滩涂保护及利用之间取得平衡，优化港口开发模式，是滩涂港口开发研究面对的课题和挑战。

第二节　评价单元划分

本节在第五章分析的基础上，根据广西海岸带自然地貌特征、沿岸水系等自然属性，并结合行政区划，将评价区域内分布的潜在可开发利用滩涂从东向西划分为铁山港、北海营盘、北海市区、廉州湾、南流江、大风江、三娘湾、钦州港、茅尾海河口、茅尾海、企沙半岛、防城港东湾、防城港西湾、江山半岛、珍珠湾、金滩、北仑河口、涠洲岛-斜阳岛 18 个岸段。根据农业、渔业、港口-开发区三类开发利用模式的硬性需求条件，设置综合性否决指标、农业开发否决指标、港口-开发区建设否决指标三种类型，具体包括风景名胜区、保护区、无淡水供应、离岸滩涂、砂砾基岩质土壤、河口区共 6 个一票否决指标，从而筛选各开发利用模式的评价单元，见表 6-1，评价单元分布见图 6-1。各开发模式评价单元的初步否决性分析具体如下。

一、综合性否决指标

（一）风景名胜区

风景名胜区主要用于滨海旅游度假、观光、休闲娱乐、公众亲海等公益性服

表 6-1 各评价单元一票否决条件判断

岸段	风景名胜区	保护区	农业			河口区
			无淡水供应	离岸滩涂	砂砾基岩质土壤	
铁山港						
北海营盘						
北海市区	√部分					
廉州湾						
南流江						
大风江						
三娘湾			√		√	
钦州港					√	
茅尾海河口					√	√
茅尾海					√	
企沙半岛				√	√	
防城港东湾			√			
防城港西湾					√	
江山半岛			√		√	
珍珠湾		√部分	√			
防城港金滩	√部分					
北仑河口		√		√		√
涠洲岛-斜阳岛	√	√				

注:"√"代表研究单元涉及相应的否决指标,"部分"代表评价单元内部分滩涂涉及相应指标

务。区内必须加强自然景观和旅游景点的保护,严格控制占用海岸线、沙滩的建设项目。旅游区的污水和生活垃圾处理,必须实现达标排放和科学处置,禁止直接排海。保障开发需要,应加强滨海旅游区自然景观、滨海城市景观和人文历史遗迹的保护和旅游服务基础设施建设。因此,该区域内的滩涂不适用于农业、渔业和港口-开发区三类模式的开发。

根据《广西壮族自治区海洋环境资源基本现状》、《广西壮族自治区海洋功能区划》中界定的重要自然风光滨海旅游区,可知涉及该否决性指标的滩涂分布于北海市区、防城港金滩和涠洲岛-斜阳岛 3 个岸段。

(二)保护区

海洋保护区是指专供海洋资源、环境和生态保护的海域,包括海洋自然保护区、海洋特别保护区。《中华人民共和国自然保护区条例》分别对海洋自然保护区和特别保护区的利用及管理要求做了明确规定:其中自然保护区的核心区禁止任何人进入,因科学研究的需要必须进入从事科学研究观测、调查活动的,应当事

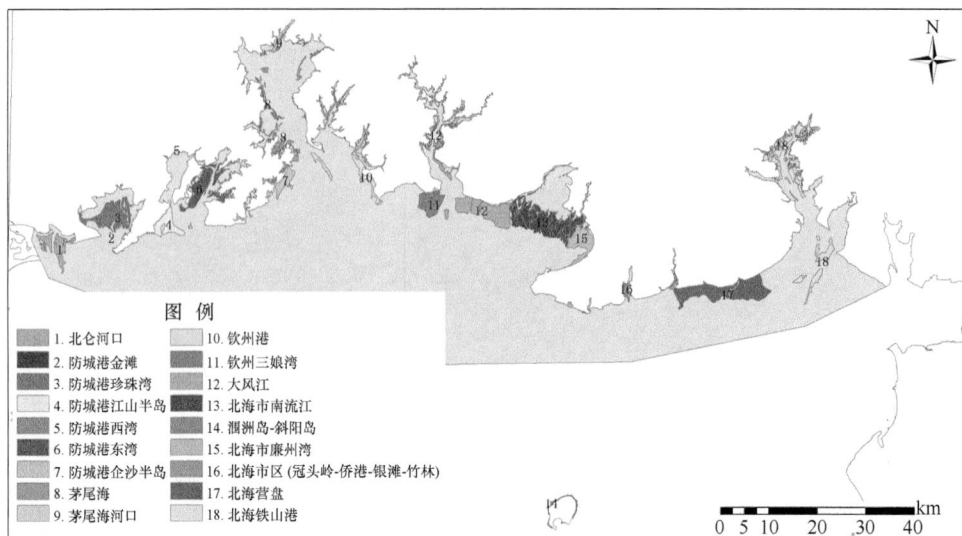

图 6-1 研究区评价单元划分（彩图请扫封底二维码）

先向自然保护区管理机构提交申请和活动计划，并经省级以上人民政府有关自然
保护区行政主管部门批准，缓冲区禁止开展旅游和生产经营活动，因教学科研的
目的需要进入从事非破坏性的科学研究、教学实习和标本采集活动的，应当事先
向自然保护区管理机构提交申请和活动计划，经自然保护区管理机构批准，实验
区内可以从事科学试验、教学实习、参观考察、旅游及驯化和繁殖珍稀、濒危野
生动植物等活动；海洋特别保护区的重点保护区内实行严格的保护制度，禁止实
施各种与保护无关的工程建设活动，在确保海洋生态系统安全的前提下，适度利
用区内允许适度利用海洋资源。鼓励实施与保护区保护目标相一致的生态型资源
利用活动，发展生态旅游、生态养殖等海洋生态产业；根据科学研究结果，生态
与资源恢复区内可以采取适当的人工生态整治与修复措施，恢复海洋生态、资源
与关键生境；预留区内严格控制人为干扰，禁止实施改变区内自然生态条件的生
产活动和任何形式的工程建设活动。因此，该区域内的滩涂也不适用于农业、渔
业和港口-开发区三类模式的开发。

　　基于广西海洋功能区划结果及保护区建设现状，目前广西现有的及规划的海
洋与滨海湿地重要保护区共有 14 个，包括广西北仑河口国家级自然保护区、广西
山口红树林生态国家级自然保护区、广西合浦儒艮国家级自然保护区、广西茅尾
海红树林自然保护区、钦州茅尾海国家级海洋公园、涠洲岛珊瑚礁国家级海洋生
态公园、广西北海滨海国家湿地公园和涠洲岛火山国家地质公园 8 个已建保护区、
防城港东湾、三娘湾、大风江红树林、斜阳岛、北海珍珠贝和广西近海南部 6 个
规划建设的海洋保护区。其中，涉及该否决性指标的滩涂分布于珍珠湾、北仑河

口和涸洲岛-斜阳岛 3 个岸段。

二、农业开发否决指标

从农业开发模式的需求出发，可知符合农业种植的滩涂区域必须具备靠近内陆的区位优势，保证有充足的淡水来源，另外土壤质地适合耕种条件。因此无淡水供给、远离海岸或者土壤质地为砂砾基岩质的滩涂均不适宜开展农业开发模式。

据统计，注入广西近岸海域的中小型河流有 120 余条，其中 95%为季节性小河流，常年性河流中流域面积较大的主要有南流江、大风江、钦江、茅岭江、防城江、北仑河等。根据广西沿岸水系分布判断滩涂区域的淡水来源，可知无淡水输入或远离淡水资源的有三娘湾、防城港东湾、江山半岛、珍珠湾 4 个岸段；根据第四章广西海岸滩涂的空间解译结果及第五章潜在可利用滩涂分析可知，研究区潜在可开发利用滩涂共 39 852hm²，其中离岸滩涂面积为 26 087hm²，近岸滩涂为 13 871hm²，主要分布在防城港江山半岛东岸、企沙半岛东岸、钦州三娘湾、北海西场、廉州湾、营盘等地。由此可知属于离岸滩涂的有企沙半岛和北仑河口 2 个岸段；根据历史数据并结合实地勘探，可知土壤质地为砂砾基岩质的有三娘湾、钦州港、茅尾海河口、茅尾海、企沙半岛、防城港西湾、江山半岛 7 个岸段。

三、港口-开发区建设否决指标

为了保障防洪安全，河口区严格限制围填海活动。因此根据滩涂分布，可知茅尾海河口和北仑河口 2 个岸段不适宜开展港口-开发区等建设开发模式。

第三节　滩涂农业开发模式适宜性分析

一、评价单元

本节主要针对广西沿海潜在可利用滩涂进行农业适宜性评价。考虑到沿海滩涂发育的特殊性及农作物生长需求条件，根据表 6-1 一票否决硬性指标，初步筛选铁山港、北海营盘、廉州湾、南流江、大风江、三娘湾、茅尾海河口和茅尾海共 8 个区域中分布的滩涂作为研究区滩涂农业开发模式适宜性分析的评价单元。其中，铁山港区除了筛选出的潜在可利用滩涂，额外选择东南侧山口半岛沿岸的滩涂进行分析，这主要是考虑该滩涂位于儒艮保护区的实验区，与核心区保持一定距离，自然环境良好，具备淡水供给条件，且传统种植业对于保护区影响不大，适合进行农业开发模式的分析。进行农业开发模式适宜性评价的滩涂面积为 41 602.42hm²，研究区分布范围见图 6-2。

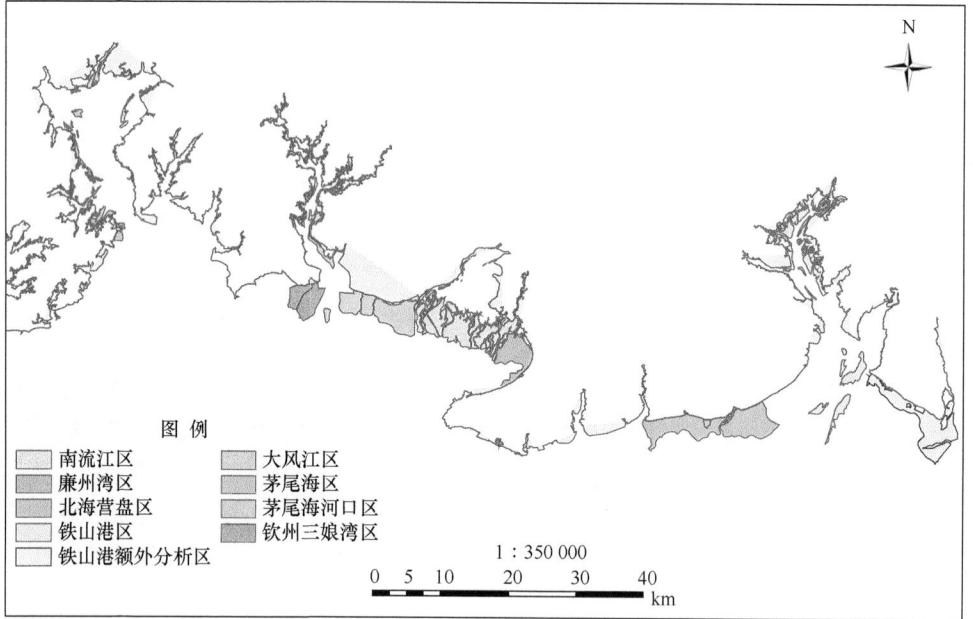

图 6-2　农业开发模式适宜性评价范围（彩图请扫封底二维码）

二、评价方法

本次评价采用了野外调查及室内数据分析相结合的方式开展，具体评价步骤如下。

（一）评价指标体系构建和赋值

本次评价中考虑以下 6 个主要指标：区位条件、土壤 pH、土壤含盐度、土壤有机质含量、土壤质地、土壤厚度。各主要指标根据其对农作物生长发育影响程度分别赋值 10、5、0。按照评价因子的适宜开发程度降序划分。零值用来剔除不参与评价或者不受影响的评价单元（表 6-2）。

（二）评价单元野外实地调查及土样采集

实地调查 8 个评价单元的地势地貌、淡水来源、生境分布等区位环境，并在适当潮位和地点采集有代表性的土壤样品。由于土壤本身存在着空间分布的不均一性，为更好地代表取样区域的土壤性状，采用梅花布点法，以岸段为单位，多点取样，再混合成一个混合样品。

表 6-2　滩涂农业适宜性评价指标及赋值情况表

序号	评价指标	评价内容	赋值
1	区位条件	地势开阔、平坦，淡水供给充足	10
		地势较开阔、淡水供给一般	5
		地势起伏大，淡水供给困难	0
2	土壤 pH	6.0～7.9	10
		4.5～6.0，7.9～9.0	5
		<4.5，≥9.0	0
3	土壤含盐度/（mg/g）	≤2	10
		2～6	5
		≥6	0
4	土壤有机质含量	≥2%	10
		0.5%～2%	5
		≤0.5%	0
5	土壤质地	壤土	10
		砂壤土	5
		砂砾、基岩	0
6	土壤厚度/cm	≥20	10
		10～20	5
		≤10	0

（三）土样分析

通过现场分析和实验分析的方法确认各评价单元滩涂土壤的各项指标数值。其中，滩涂地势、淡水来源、土壤质地和厚度通过现场勘察和分析获取，土壤 pH、含盐度、有机质含量通过实验室分析获取。

（四）数据综合分析

通过对上述 6 个指标进行综合打分求和，得出分值。根据这个评分结果将分数分成三个等级，即≥50、0～50 分、0 分，依次对应适宜开发、适度开发、不适宜开发三个区域，分别对应高、中、低三个等级。

三、评价结果

根据对滩涂宜农性进行评价，得出了广西未利用滩涂宜农地区及其面积（图 6-3）。广西未利用滩涂宜农地区主要分布在北海市的铁山港区、营盘区、南流江区，以及钦州市的大风江区、茅尾海区，宜农开发总面积 6053.53hm²，其中适宜开发面积 2725.35hm²，适度开发面积 3328.18hm²（表 6-3）。通过现场勘察发现，廉州湾、三娘湾涉及城市发展规划，茅尾海河口地势起伏大，不适合开展农业开发，因此不予考虑。下面就适宜开发和适度开发地区进行详细描述。

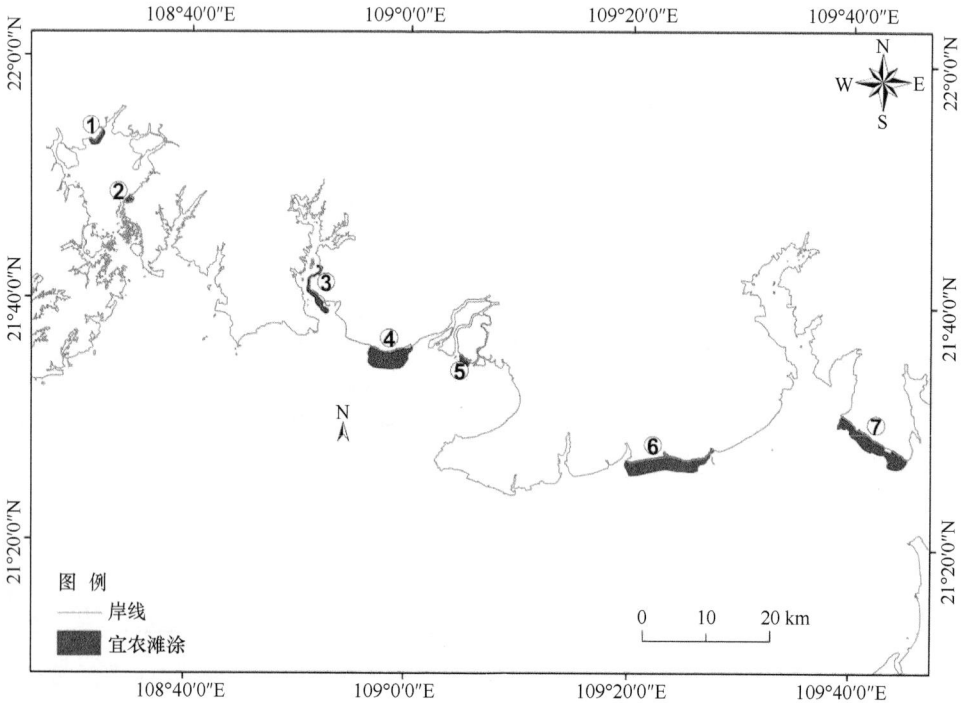

图 6-3 广西滩涂宜农评价结果（彩图请扫封底二维码）

表 6-3 滩涂农业适宜性评价结果

序号	评价单元	限制指标	滩涂农业适宜性评价结果				
			得分	适宜开发（高等级）	适度开发（中等级）	限制开发（低等级）	面积/hm²
1	铁山港	—	47		√		1750.46
2	北海营盘	—	50	√			2182.84
3	廉州湾	城市发展规划区	0			√	
4	南流江	—	42		√		1577.72
5	大风江	—	52	√			317.78
6	钦州三娘湾	城市发展规划区	0			√	
7	茅尾海河口	地势起伏大	0			√	
8	茅尾海	—	55	√			224.73
合计面积/hm²				2725.35	3328.18		6053.53

（一）滩涂农业适宜开发地区

广西未利用滩涂农业适宜开发地区主要分布在北海市营盘区（编号 6）、大风江（编号 3）和茅尾海区（编号 1、2），总面积约 2725.35hm²，其中营盘区 1 块，大风江区 1 块，茅尾海区 2 块（图 6-3）。

1. 营盘区（编号 6）

该区位于营盘码头一带，地势平坦、开阔（图 6-4），淡水资源丰富，底质为淤泥质，厚约 30cm，宜农面积达 2182.84hm²（图 6-5）。

图 6-4　营盘区滩涂环境现状调查图（彩图请扫封底二维码）

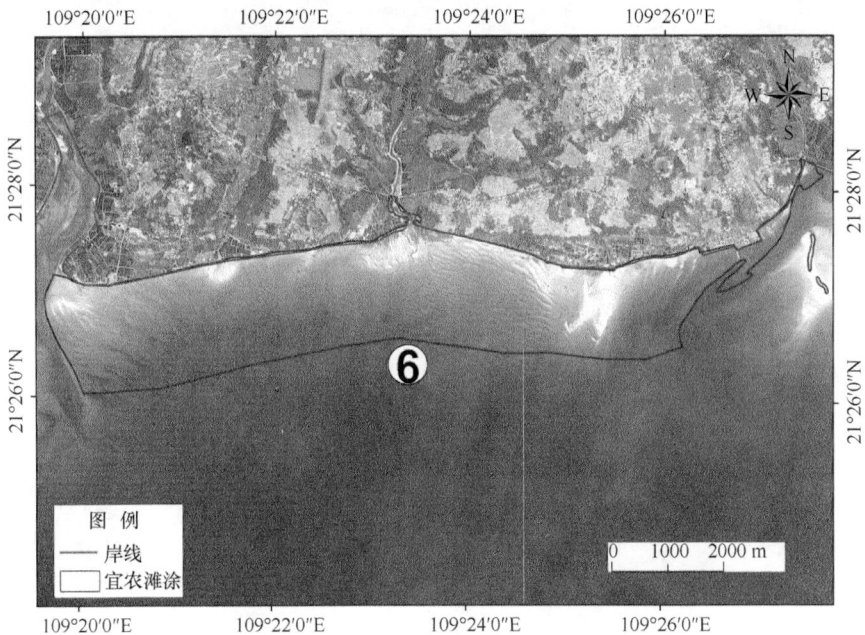

图 6-5　营盘区农业适宜开发范围图（彩图请扫封底二维码）

2. 大风江区（编号3）

该区位于官井码头一带，在大风江东侧可见大片滩涂发育，其上生长有大量红树林（图 6-6）。该区整体地势开阔、平整，位于大风江流域，淡水资源丰富，底质为淤泥质，厚约 25cm，在该点取混合样一个，样品编号 BH-GJMT-01，为灰黑色淤泥质。据测试结果其盐度、pH 适宜，有机质含量较高。宜农面积 317.78hm² （图 6-7）。

图 6-6　大风江区滩涂环境现状调查图（彩图请扫封底二维码）

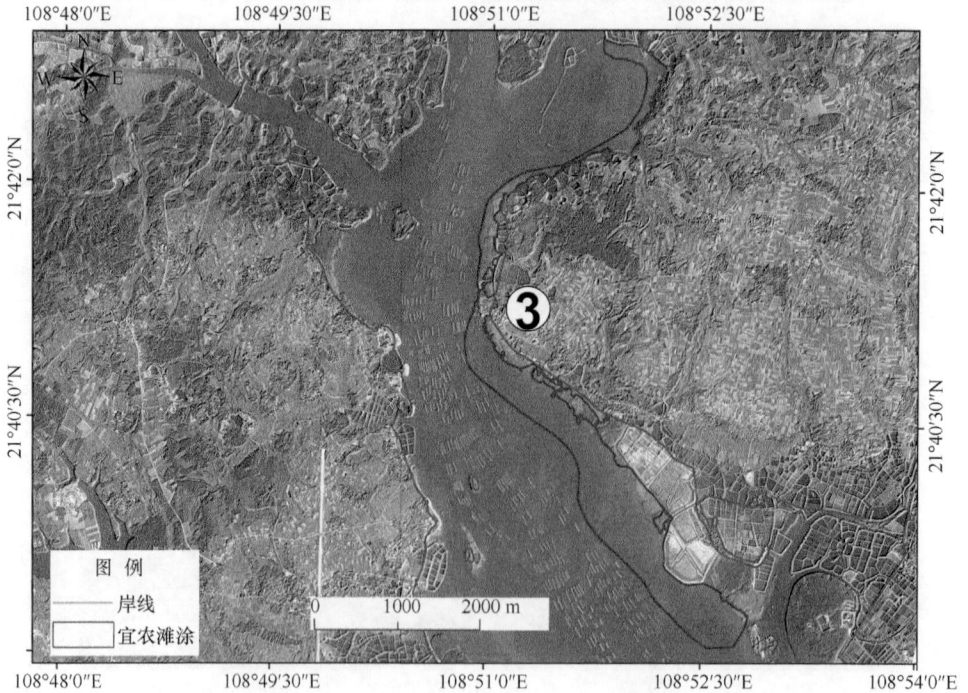

图 6-7　大风江区农业适宜开发范围图（彩图请扫封底二维码）

3. 茅尾海区（编号2）

　　该区位于辣椒槌村一带，发育有大片滩涂，地势总体开阔、平坦，周边淡水资源丰富，其内生长有红树林（图6-8），底质为淤泥质，厚约25cm，在该点取混合样一个，取样编号QZ-LJZ-01，为灰黑色淤泥质。据测试结果其盐度、pH适宜，有机质含量较高。宜农面积48.78hm^2（图6-9）。

图6-8　茅尾海2号区滩涂环境现状调查图（彩图请扫封底二维码）

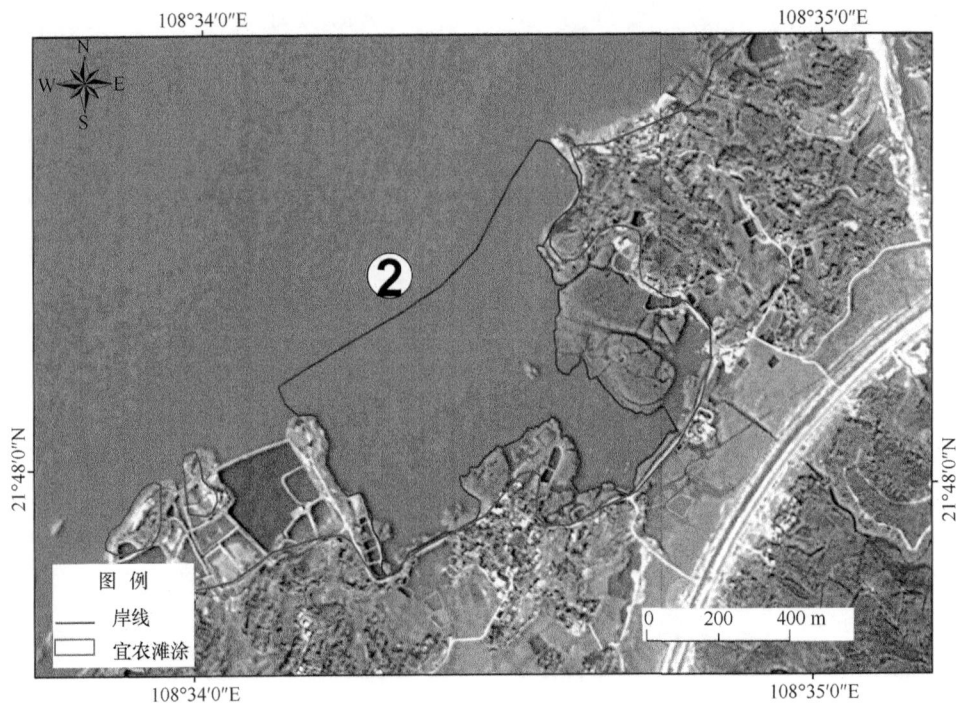

图6-9　茅尾海2号区农业适宜开发范围图（彩图请扫封底二维码）

4. 茅尾海区（编号1）

该区位于白鸡村一带，发育有大片裸露滩涂，地势平坦开阔，在该点北面可见人工围垦形成的虾塘，南面露出滩涂，其上生长有红树林及其他植被（图6-10），底质为淤泥质，厚约30cm，在该点取混合样一个，取样编号QZ-BJ-01，为灰黑色砂黏土。据测试结果其盐度、pH适宜，有机质含量较高。宜农面积175.94hm²（图6-11）。

图6-10　茅尾海1号区滩涂环境现状调查图（彩图请扫封底二维码）

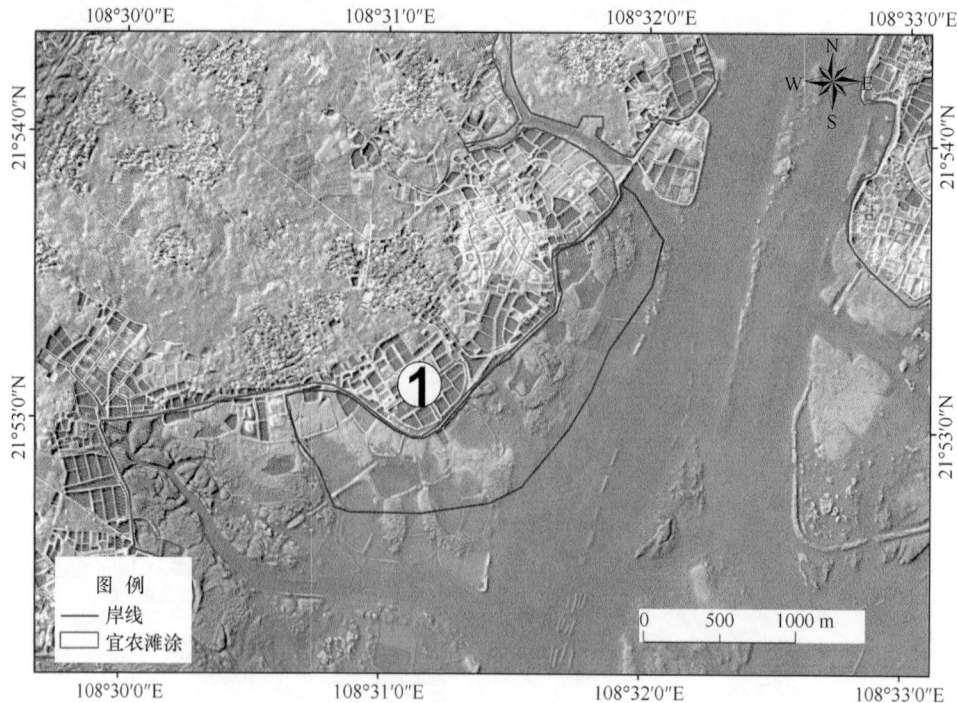

图6-11　茅尾海1号区农业适宜开发范围图（彩图请扫封底二维码）

（二）滩涂农业适度开发地区

广西未利用滩涂农业适度开发地区主要分布在铁山港区（编号 7）、南流江区（编号 4、5），总面积约 3328.18hm^2，其中铁山港区 1 块，南流江区 2 块（图 6-3）。

1. 铁山港区（编号 7）

该区位于下肖村一带，为滩涂裸露位置，整体地势开阔、平坦，底质为淤泥及砂质（图 6-12），靠近淡水，比较适合开发成农用地，在该地取混合样一个，样品编号为 BH-ST-02，为灰黑色淤泥质、砂质土，经测试其内含盐度较高，但有机质含量较多，pH 适度，故评价为适度开发区，该区面积为 1750.46hm^2（图 6-13）。

图 6-12　铁山港区滩涂环境现状调查图（彩图请扫封底二维码）

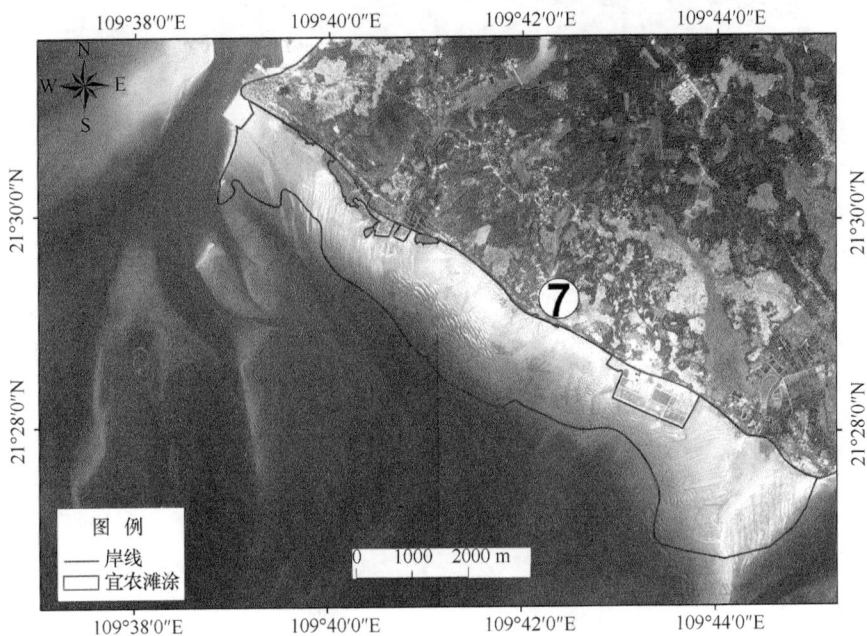

图 6-13　铁山港区农业适度开发范围图（彩图请扫封底二维码）

2. 南流江区（编号5）

该区位于南流江入海口一带，滩涂面积巨大，滩涂中主要长有红树林，据当地居民反映，近几年红树林逐年扩大，长势越来越好，生态环境改善明显（图6-14）。比较适宜开发成农用地，但需考虑对红树林的适当保护。在该处取混合样 1 个，样品编号为 BH-NLJ-01，样品颜色为灰黑色黏土，经测试其内 pH 为 3，偏酸性。故评价为适度开发区，该区面积为 115.87hm^2（图6-15）。

图6-14 南流江5号区滩涂环境现状调查图（彩图请扫封底二维码）

图6-15 南流江5号区农业适度开发范围图（彩图请扫封底二维码）

3. 南流江区（编号 4）

该区位于高沙村一带，出露有大片滩涂，地势平坦、开阔。已有附近居民私自开发养殖跳鱼。局部长有红树林（图 6-16）。在该地取混合样一个，样品编号 BH-GS-01，为灰黑色淤泥，经测试其内 pH 为 4.5，偏酸性。故评价为适度开发区，该区面积为 1461.85hm² （图 6-17）。

图 6-16　南流江 4 号区滩涂环境现状调查图（彩图请扫封底二维码）

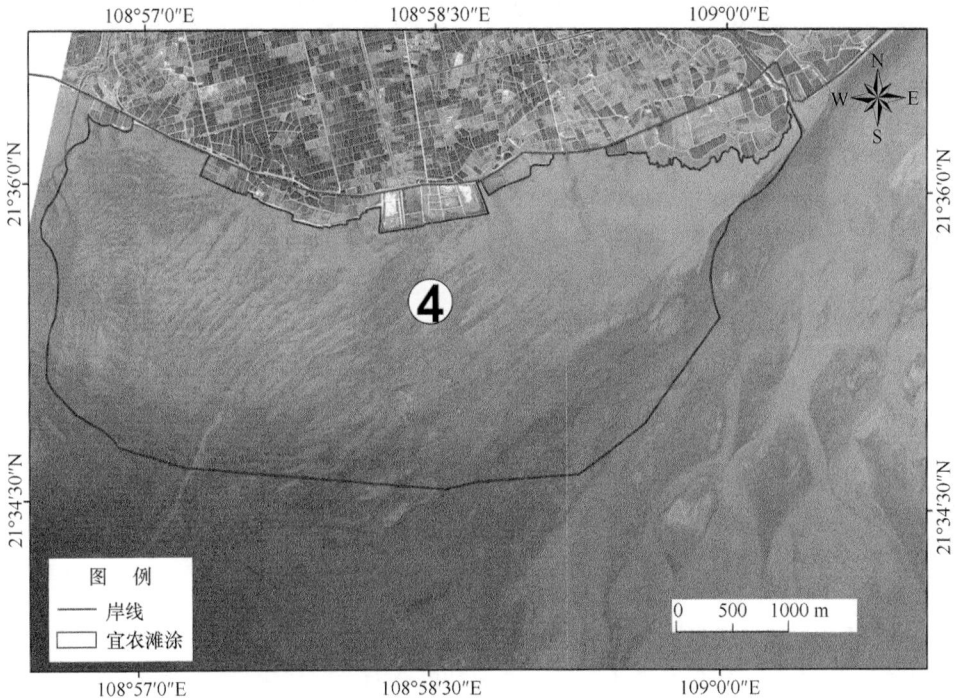

图 6-17　南流江 4 号区农业适度开发范围图（彩图请扫封底二维码）

四、小结

本节采用实地调查、实验分析及数据统计的方法评价研究区滩涂农业开发模式的适宜性，共筛选 8 个评价单元开展分析，其中适宜开发成农业模式的评价单元有 4 个，面积 2725.35hm²，主要分布在北海市营盘区、大风江和茅尾海区。建议适度开发农业模式的评价单元有 3 个，面积 3328.18hm²，主要分布在铁山港区和南流江区。

本次评价基于农业开发的需求条件和评价区域的自然环境构建指标体系，初步选划出广西沿海适宜开展农业开发模式的滩涂资源，并划分适宜性等级，一定程度上把握了宜农滩涂资源的分布，为进一步开展滩涂农业开发研究提供基础。建议下一步的研究工作应开展：根据沿海市县的农业发展水平、气候条件、经济效益等因素选择适当的种植作物或植被，滩涂围垦方案的设计，以及脱盐脱碱、蓄淡滤咸技术的研究，滩涂农业种植生产科学化、产业化、循环经济一体化等方面的借鉴和探讨等。

第四节　滩涂渔业开发模式适宜性分析

一、评价单元

本章第一节将广西沿海滩涂划分成 18 个岸段（详见图 6-1、表 6-1），并根据地质地貌、功能定位等硬性限制条件对各开发模式的评价单元进行初步筛选。其中，北海银滩、防城港金滩、涠洲岛–斜阳岛、北仑河口 4 个岸段中的滩涂位于风景名胜或保护区内，不用于进行渔业开发。因此渔业开发适宜性分析的研究范围为包含其余 14 个单元在内的所有潜在可利用滩涂资源分布的海域，面积为 37 263.53hm²。

二、评价方法

本节采用数据收集、统计分析结合专家咨询的方式，构建评价指标体系对广西潜在可利用滩涂资源进行渔业开发模式的适宜性分析，具体方法步骤如下。

（一）评价指标体系构建

根据渔业开发模式的实际需求和广西沿海滩涂环境质量及利用现状，从自然环境、生态环境、社会经济环境三个方面，以全面性、代表性、可操作性为原则，构建评价指标体系。指标体系分为目标层、要素层和指标层，第一层为目标层，即滩涂养殖渔业开发适宜性指标。第二层为要素层，包含气候指标、水质指标、底质沉积物指标、生态指标、养殖传统和养殖现状指标，第三层为指标层，包含各要素层下具体评价指标。详细指标体系见表6-4。

表 6-4　渔业开发模式适宜性评价指标体系

目标	要素		指标
滩涂养殖渔业开发适宜性	自然环境	气候指标	年均台风次数、年均冻害次数
		水质指标	化学需氧量（COD$_{Cr}$）、无机氮（DIN）、无机磷（DIP）、镉、铅、铜、砷、铬
		沉积物指标	汞、铅、铜、铬、硫化物
	生态环境	生态指标	初级生产力、浮游植物多样性、浮游动物多样性、底栖动物生物量
	社会经济环境	养殖传统指标	养殖历史、养殖人口
		养殖现状指标	养殖品种、养殖总量、养殖单产、养殖密度、养殖病害

各指标含义论述如下。

1. 自然环境

根据广西沿海渔业养殖面临的主要环境问题，选择气候、水质和沉积物指标为要素指标。

1）气候指标

气候条件对水产养殖动物的摄食、生长、发育及行为均有重要的影响。首先气候的变化直接造成海水温度的变化，水温是水产养殖最重要的环境因子，水温高低不但直接影响水产养殖对象的新陈代谢活动，而且水温通过改变水环境其他要素而间接影响养殖对象的生长。特别是极端天气引起低温冷害、热害、暴雨、风害等，对水中生物会造成极大的危害。具体选择年均台风次数、年均冻害次数两个评价指标表征研究区滩涂海水养殖的气候环境。

2）水质、沉积物指标

水质、沉积物环境质量是影响渔业活动的最关键因素。养殖物种对养殖区内海水及底质环境中的各项化学物质的耐受浓度有一定要求，过高或过低都将密切影响养殖物种的产量和质量。为了确保海水养殖产品的安全性，2010 年我国农业部颁布实施了《无公害食品-海水养殖产地环境条件（NY 5362—2010）》的行业标准（以下简称《标准》），对海水养殖产地选择、养殖水质要求、养殖底质要求、采样方法、测定方法和判定规则进行了详细的规定。《标准》中指出："养殖场应是不直接受工业三废及农业、城镇生活、医药废弃物污染的水（地）域，具有可持续生产的能力"、"产地周边没有对产地环境构成威胁的污染源";《标准》还对海水养殖的水质和地质中相关项目的浓度做出了明确限定,并提出"海水养殖底质应无工业废弃物和生活垃圾,无大型植物碎屑和动物尸体,无异色和异臭"。海水养殖水质和底质环境的限量值详见表 6-5。

表 6-5　海水养殖水质、底质要求

	序号	项目	限量值
水质要求	1	色、臭、味	不得有异色、异臭、异味
	2	粪大肠菌群/（MPN/L）	≤2000（供人生食的贝类养殖水质≤140）
	3	汞/（mg/L）	≤0.0002
	4	镉/（mg/L）	≤0.005
	5	铅/（mg/L）	≤0.05
	6	总铬/（mg/L）	≤0.1
	7	砷/（mg/L）	≤0.03
	8	氰化物/（mg/L）	≤0.005
	9	挥发性酚/（mg/L）	≤0.005
	10	石油类/（mg/L）	≤0.005
	11	甲基对硫磷/（mg/L）	≤0.0005
	12	乐果/（mg/L）	≤0.1
底质要求	1	粪大肠菌群/（MPN/g 湿重）	≤40（供人生食的贝类养殖底质≤3）
	2	汞/（mg/kg 干重）	≤0.2
	3	镉/（mg/kg 干重）	≤0.5
	4	铜/（mg/kg 干重）	≤35
	5	铅/（mg/kg 干重）	≤60
	6	铬/（mg/kg 干重）	≤80
	7	砷/（mg/kg 干重）	≤20
	8	石油类/（mg/kg 干重）	≤500
	9	多氯联苯（PCB 28、PCB52、PCB101、PCB118、PCB138、PCB153、PCB180 总量）/（mg/kg 干重）	≤0.02

根据广西沿海滩涂养殖环境现状,选择化学需氧量（CODCr）、无机氮（DIN）、无机磷（DIP）、镉、铅、铜、砷、铬 8 个水质指标和汞、铅、铜、铬、硫化物 5 个底质指标表征研究区滩涂海水养殖的海洋环境状况。

2. 生态环境

海洋生态环境是海水养殖可持续生产的重要保障,结构及功能稳定的海洋生态条件对促进海洋生物的繁殖和健康生长具有重要作用。过度的及不合理的海水养殖也会对生态环境造成一定影响,这两个过程是相辅相成的。选择海水养殖种类、规模、方式等，要遵循生态发展规律，维持良好的生态环境质量，促进海水养殖生态、高效、循环发展。基于广西沿海生态环境状况，具体选择初级生产力、浮游植物多样性、浮游动物多样性、底栖动物生物量 4 个评价指标表征研究区滩涂海水养殖的生态环境。

3. 社会经济环境

社会经济状况是海水养殖业的发展基础。对研究区进行渔业活动开发时，应摸清区域海水养殖的历史演化及发展现状，从养殖的投入、生产和产出一系列过程中挖取有效信息，有利于准确把握研究区滩涂养殖面临的主要问题，有针对性地提出解决措施和建议。根据实际情况，具体选择养殖历史、养殖人口两个养殖传统指标，以及养殖品种、养殖总量、养殖单产、养殖密度、养殖病害 5 个养殖现状指标表征研究区滩涂海水养殖的社会经济环境。

（二）专家咨询

评价指标体系中社会经济环境指标（包括养殖传统和养殖现状指标）的评价值采用现场调查及专家咨询的方式获取。首先根据指标体系合理设计调查问卷，通过匿名、多次反馈，统计相关领域专家的评判分值。调查表根据指标特征从养殖历史、养殖人口、养殖品种、养殖总量、养殖单产、养殖密度、养殖病害多个方面设置了 8 个问题，其中，2～7 题各设置 A、B、C、D、E 5 个选项，分别对应5、4、3、2、1 这 5 个分值。收集调查表后，分区统计每个专家反馈分值，从而得知各评价单元养殖传统和养殖现状的指标值。

（三）数据标准化处理

指标数据获取后，通常要对指标数据的变化趋势和量纲进行分析，发现不一致时则需要进行数据的标准化处理，也就是统计数据的指数化。数据标准化处理主要包括数据同趋化处理和无量纲化处理两个方面。同趋化处理主要解决数据性质的统一性问题，对不同性质的指标数值不能直接叠加，必须先考虑改变逆属性指标数据的性质，使所有指标对评价目标的作用力同趋化，再加总求和才能正确反映出不同作用力的综合结果。无量纲化处理主要解决数据的可比性问题。不同属性的指标数值也不能直接叠加，需要先转换为无量纲化的指标评价值，保证各指标值都处于同一个数量级别上，才能科学合理地进行综合评价分析。

本节构建的渔业开发模式适宜性的评价指标体系中，除气候环境指标外，均为观测指标，各指标影响趋势不一，因此运用模糊数学的灰色统计方法对调查数据进行统计和标准化处理。对观测数据依据高优或低优数据，按照以下公式进行标准化。

对于高优指标（即数值越大越具有优势）：

$$v_{ij} = \frac{x_{ij} - \mathrm{Min}(x_{ij})}{\mathrm{Max}(x_{ij}) - \mathrm{Min}(x_{ij})} \qquad (6\text{-}1)$$

对于低优指标（即数值越小越具有优势）：

$$v_{ij} = \frac{\mathrm{Min}(x_{ij}) - x_{ij}}{\mathrm{Max}(x_{ij}) - \mathrm{Min}(x_{ij})} \qquad (6\text{-}2)$$

式中，v 为指标标准化指数，x 为指标统计值，i、j 分别对应要素层和指标层。

（四）指标权重设置

数据标准化后运用逼近理想解排序法（TOPSIS 技术），又称为优劣解距离法，根据信息熵理论，计算基于熵权变化的判断矩阵（表 6-6），得出各指标相对重要度的客观权重。

表 6-6　渔业开发适宜性评价权重判断矩阵

	养殖传统	养殖现状	水质指标	生态指标	沉积物指标	气候条件	权重
养殖传统	1	1	1/9	1/5	1/7	1	0.032
养殖现状	1	1	1/9	1/5	1/7	1	0.032
水质指标	9	9	1	5	3	9	0.385
生态指标	5	5	1/5	1	1/3	5	0.253
沉积物指标	7	7	1/3	3	1	7	0.267
气候条件	1	1	1/9	1/5	1/7	1	0.031

该方法主要是通过检测评价对象与最优解、最劣解的距离来进行排序，若评价对象最靠近最优解同时又最远离最劣解，则为最好；否则为最差。其中最优解的各指标值都达到各评价指标的最优值。最劣解的各指标值都达到各评价指标的最差值。

（五）适宜性等级划分

最后运用层次分析法，计算出各评价单元渔业开发适宜性的综合分值，并将分值从高到低划分成三个类群，分别对应高、较高、低三个等级。

三、数据来源

渔业开发模式适宜性评价的指标数据分别来源于：气候条件来自当地统计资料；水质、海洋生态、底质数据来自本研究调查数据，或是近年来海洋工程海域使用论证调查数据；养殖传统和养殖现状指标，通过现场调查后，使用专家打分法获得定量数据。详细数据来源见表 6-7。专家调查表具体内容见表 6-8。

表 6-7 广西滩涂渔业资源开发利用适宜性评价体系及数据来源

目标	要素	指标	数据来源
滩涂养殖渔业开发适宜性	气候条件	年均台风次数	统计年鉴
		年均冻害次数	统计年鉴
	水质指标	COD_{Cr}	调查数据、海域使用论证
		DIN	调查数据、海域使用论证
		DIP	调查数据、海域使用论证
		镉	调查数据、海域使用论证
		铅	调查数据、海域使用论证
		铜	调查数据、海域使用论证
		砷	调查数据、海域使用论证
		铬	调查数据、海域使用论证
	沉积物指标	汞	调查数据、海域使用论证
		铅	调查数据、海域使用论证
		铜	调查数据、海域使用论证
		铬	调查数据、海域使用论证
		硫化物	调查数据、海域使用论证
	生态指标	初级生产力	调查数据、海域使用论证
		浮游植物多样性	调查数据、海域使用论证
		浮游动物多样性	调查数据、海域使用论证
		底栖动物生物量	调查数据、海域使用论证
	养殖传统指标	养殖历史	调查评分
		养殖人口	调查评分
	养殖现状指标	养殖品种	调查评分
		养殖总量	调查评分
		养殖单产	调查评分
		养殖密度	调查评分
		养殖病害	调查评分

四、评价结果

在统计各区域养殖历史、养殖现状、水质、生态、沉积物、气候指标数据的基础上，根据各指标的权重值计算各评价单元的渔业开发适宜性得分，得知各指标评价分值落在 0.35~0.75 区间内，因此将该区间划分成三段，即 0.35~0.45 区间为限制开发区，0.45~0.60 区间为适度开发区，0.60~0.75 为适宜开发区，分别对应低、中、高三个等级。评价结果详见表 6-9。

表 6-8 滩涂渔业养殖专家调查表

滩涂渔业养殖专家调查表

1. 您对下列哪些区域的滩涂渔业养殖较为熟悉，后面设置的题目请根据您所熟悉的情况进行填写，根据您的了解，当地主要滩涂养殖种类有哪些？

   _____

2. 您认为该区域滩涂渔业**养殖历史**现状更符合以下哪个状况？

   A. 该区域滩涂渔业养殖业历史悠久，为该地区的传统行业，也是该地区主要产业

   B. 该区域滩涂渔业养殖业非传统行业，但养殖历史较长，现已成为该地区主要产业

   C. 该区域滩涂渔业养殖业正在兴起，成为该地区主要产业之一

   D. 该区域滩涂渔业养殖逐渐受到重视，得到当地政府支持，有一定的发展

   E. 该区域滩涂渔业正在初步发展阶段，为新兴行业

3. 您认为该区域滩涂渔业**养殖人口**现状更符合以下哪个状况？

   A. 该区域拥有滩涂养殖传统，滩涂养殖人口众多，占当地从业人数很大比例

   B. 该区域养殖时期较长，有一定滩涂养殖人口，占当地从业人数比例较大

   C. 该区域养殖正在兴起，滩涂养殖人口少，占当地从业人员比例较小

   D. 该区域仅有部分人从事滩涂养殖业，占当地从业人员比例很小

   E. 该区域很少有人从事滩涂养殖

4. 您认为该区域滩涂渔业**养殖品种**现状更符合以下哪个状况？

   A. 该区域滩涂为养殖优势品种原产地，也是最佳生境，无引进品种

   B. 该区域为优势品种次优生产地，适合多个本地品种同时养殖，无引进品种

   C. 该区域养殖户正在尝试引种，有少量引进品种

   D. 该区域逐步引入优良品种

   E. 该区域已经大量引进养殖品种，引入种养殖已经形成规模

5. 请您从 1~5 分给该区域滩涂**养殖单产**进行打分，您觉得应该得多少分？

   A. 很高 5 分　B. 较高 4 分　C. 一般 3 分　D. 较低 2 分　E. 很低 1 分

6. 您认为该区域**养殖总量**现状更符合以下哪个状况？

   A. 养殖总产量很大，密度高，是该养殖品种主要养殖地

   B. 养殖总产量较大，密度较高，是该养殖品种重要养殖地

   C. 养殖总产量一般，密度一般，是该养殖品种一般的养殖地

   D. 养殖总产量较小，密度较低，是该养殖品种较小养殖地

   E. 养殖总产量小，密度低，是该养殖品种小规模养殖地

7. 您认为该区域**养殖密度**现状更符合以下哪个状况？

   A. 养殖密度高，资源利用率大

   B. 养殖密度较高，资源利用率较大

   C. 养殖密度一般，资源利用率一般

   D. 养殖密度较小，资源利用率较低

   E. 养殖密度小，资源利用率低

8. 您认为该区域**养殖病害**现状更符合以下哪个状况？

   A. 该区域少有养殖病害，疾控措施完善，小面积病害能得到很好控制

   B. 该区域大面积暴发病害次数少，小面积病害偶有发生，疾控措施完备

   C. 该区域大面积暴发病害次数较少，小面积经常发生，疾控措施一般

   D. 该区域偶有大面积暴发病害，小面积经常发生，疾控措施较少

   E. 该区域大面积暴发病害次数较多，小面积经常发生，无疾控措施

表 6-9 各评价区域渔业开发适宜性评价结果排序表

评价区域	气候指标	水质指标	沉积物指标	生态指标	养殖历史	养殖现状	总分	适宜性等级
铁山港	0.012	0.160	0.069	0.127	0.005	0.000	0.382	低
大风江	0.015	0.068	0.077	0.137	0.012	0.003	0.419	低
钦州港	0.012	0.019	0.194	0.117	0.007	0.011	0.437	低
廉州湾	0.027	0.153	0.081	0.032	0.014	0.020	0.481	中
茅尾海河口	0.025	0.251	0.048	0.127	0.007	0.004	0.495	中
企沙半岛	0.015	0.228	0.116	0.124	0.007	0.006	0.516	中
防城港东湾	0.012	0.228	0.002	0.126	0.014	0.020	0.537	中
三娘湾	0.015	0.220	0.118	0.125	0.001	0.001	0.541	中
北海营盘	0.015	0.188	0.099	0.029	0.019	0.024	0.566	中
茅尾海	0.025	0.200	0.003	0.126	0.019	0.027	0.574	中
南流江	0.025	0.184	0.112	0.019	0.027	0.014	0.649	高
防城港西湾	0.025	0.224	0.143	0.126	0.019	0.018	0.683	高
江山半岛	0.012	0.212	0.229	0.125	0.008	0.015	0.688	高
珍珠湾	0.025	0.204	0.166	0.141	0.026	0.026	0.725	高

五、小结

本节根据地理区位、海水质量、底质质量、潮水影响、灾害影响等因素构建评价指标体系，采用数据收集和专家咨询的方式，评价 14 个评价单元中潜在可利用滩涂进行渔业开发的适宜性，结果可知，研究区内，开展渔业养殖开发模式适宜性高的有南流江、防城港西湾、江山半岛、珍珠湾 4 个区域，适宜性较高的有廉州湾、茅尾海河口、企沙半岛、防城港东湾、三娘湾、北海营盘、茅尾海 7 个区域，而适宜性低的有铁山港、大风江、钦州港 3 个区域。通过本节可知广西沿海滩涂渔业开发适宜性的等级和分布，为开展渔业养殖提供了一定的科学基础。

近年来，随着高密度养殖的推广和水体污染的加剧，海水养殖区的水质不断恶化，主要表现在 pH、溶解氧、氨态氮、亚硝态氮、磷酸盐、硫化物及化学需氧量（COD_{Cr}）等指标的变化上。这些物质的浓度变化直接或间接导致了水产养殖病害的频繁发生，造成了渔业资源的严重损失。另外也严重破坏了区域的海洋生态环境质量。因此在进行渔业养殖活动时，应特别注意养殖水质的调节，控制养殖饲料投放，并收集处置好养殖废水，按要求达标排放，推行生态养殖业的大力发展，从而保证渔业资源的可持续发展。下一步有必要开展渔业养殖类型和技术、防污措施等多方面的探讨和研究。

第五节　滩涂港口-开发区模式适宜性分析

一、评价单元

根据第六章第一节表 6-1 的初步分析结果,以及研究单元的自然和社会经济特征进一步筛选港口-开发区的评价单元:其中,茅尾海河口区河道较窄,侵占河道后会使上游河流丧失自然功能,引起冲淤环境的剧烈变化甚至导致河流断流,为了确保河道行洪安全,不适宜进行填海活动;北仑河口岸线基本为红树林岸线,按有关规定应予以保护,并维持其良好的生态环境,不具备开发条件;根据《广西海岛保护规划(2011~2020)》,涠洲岛和斜阳岛周围海域除现有的交通运输港口码头分布区外,不允许开展其余工业开发建设活动,且多数区域需要重点优先保护,鉴于现有的自然环境和经济水平的限制,不考虑采用港口-开发区模式。由此划定研究海域范围为 464 950.43hm²,港口-开发区模式适宜性分析的研究范围为包含其余 15 个单元在内的所有未利用滩涂资源分布的海域,面积为 38 361.47hm²。

二、评价方法

本节基于 GIS 软件平台,结合层次分析法和专家咨询法构建评价指标体系,对广西潜在可利用滩涂资源进行港口-开发区模式的适宜性分析,具体方法步骤如下。

(一)评价指标体系构建

1. 指标选取

评价指标的选取是适宜性评价的基础和依据,其设定是否科学合理直接关系到评价结果的客观和公正。选取指标需要注意的原则包括以下几方面。

全面性原则　滩涂开发模式是否适宜涉及的因素很多,包括地理区位、生态环境、社会经济水平等多个方面。选取指标时应充分考虑与开发模式开展全过程关系密切的限制条件,全面设计指标体系,力求系统反映滩涂开发的适宜程度。

可比性原则　在构建适宜性评价指标体系时应当注意评价指标在口径、范围等方面具有的一致性,以保证项目之间的可比性。此外,评价体系中的指标所用的数据应该既满足可做纵向比较的要求,也同时满足可做横向比较的要求。并且评价体系中所选取的指标还要与不同时期、不同统计方法、不同评价内容所选取的指标尽量能够保持一致。

可操作性原则　为了保证适宜性评价实施的有效性,就必须保证评价指标体系使用方法的简便易行,也就是说要充分保证指标的设立要准确并且反映客观实际。

因此在选择评价指标时，应注意每个指标在实际操作中的可获取性；还应注意指标之间的相关性，尽量消除指标间的相互影响；指标体系的设计应当尽量简化以保证评价过程的简单与易于掌握。

本节在大量文献资料的基础上，参考当前科学家优秀的研究经验和成果（吕霞和陆明生，2008；孙伟和陈雯，2009；黄沛等，2010；刘波和成长春，2011；陈鹏等，2013），并根据广西沿海独特的区域环境，综合考虑滩涂资源的自然、生态、社会环境，从生态适宜性、区位适宜性和经济发展适宜性三个方面构建评价指标体系，见表6-10。

各准则层指标的含义为：生态适宜性指标反映研究范围内未利用滩涂周围生态环境状况对其开发建设活动的限制作用，基于生态敏感性原则，选择与重要生态系统、生物海岸的距离为指标，体现人为开发活动建设地与自然生态环境的距离影响区域生态稳定和健康程度的现象。其中，重要生态系统指广西管辖海域分布的红树林、盐沼草、珊瑚礁、海草床等自然湿地，以及重要海洋生物、种质资源、海岛、旅游等保护区的核心区和缓冲区。与重要生态系统和生物岸线的距离越远表示开发建设活动越可行；区位适宜性反映研究范围内滩涂建设开发的自然地理区域限制，考虑建设开发活动不得侵占或影响船舶停靠和通行，选择距离航道的距离为评价指标。与离航道区越远表示开发建设活动越可行；经济发展适宜性反映影响研究范围内滩涂建设开发的社会经济要素，考虑到沿海经济活动的开发与规模集聚、货运量、交通便利程度等息息相关，选择距周围行政乡镇、临海工业区、主要交通干道的距离为评价指标。其中，与临海工业区、主要交通干道的距离越近表示开发建设活动越可行，反之，考虑行政中心的辐射作用，与周边行政乡镇的距离越远则表示开发建设活动越可行。

2. 指标权重确定

指标权重是指标在评价过程中不同重要程度的反映，是决策（或评估）问题中指标相对重要程度的一种主观评价和客观反映的综合度量。权重的赋值合理与否，对评价结果的科学合理性起着至关重要的作用。若某一因素的权重发生变化，将会影响整个评判结果。因此，权重的赋值必须做到科学和客观，这就要求寻求合适的权重确定方法。

本节结合层次分析法（许树柏，1998）和专家咨询法（特尔非法），通过咨询多位海洋生态评价和资源开发、利用等研究领域的专家意见确定专家调查表。以匿名、多次反馈的方式邀请专家确定指标的重要性程度，作为滩涂建设开发适宜性评价指标权重的重要依据。判断矩阵中的最终数据为专家判定分值的平均值。根据层次分析法计算特征根和一致性指标，结果显示各层次指标体系均通过一致性检验，各指标权重赋值见表6-10。

表 6-10　适宜性分析指标体系

要素层	准则层		指标层	
	名称	权重值	名称	权重值
滩涂港口-开发区适宜性分析	生态适宜性	0.58	距重要生态系统距离	0.875
			距生物海岸距离	0.125
	区位适宜性	0.11	距航道距离	1
	经济发展适宜性	0.31	距主要交通干道距离	0.243
			距临海工业距离	0.669
			距行政乡镇距离	0.088

3. 指标标准化分级

为了使评价指标具有可比性，需要对各指标进行分级处理，按其属性或者数量特征进行等级划分，将距离属性的指标数据分属到对应的分值，从而保证指标数据进行叠加和分析。本节在结合文献资料及专家意见的基础上，将各指标分成 4 个等级，分别赋值为 1、3、5、7，分级标准见表 6-11。

表 6-11　适宜性分析指标分级标准

要素层	指标体系		适宜性分级			
	准则层	指标层	1	3	5	7
滩涂港口-开发区适宜性分析	生态适宜性	距重要生态系统距离	<500m	500~1000m	1000~2000m	>2000m
		距生物海岸距离	<500m	500~1000m	1000~2000m	>2000m
	区位适宜性	距航道距离	<100m	100~200m	200~500m	>500m
	经济发展适宜性	距主要交通干道距离	>15km	10~15km	5~10km	<5km
		距临海工业区距离	>10km	5~10km	2~5km	<2km
		距行政乡镇距离	<6km	6~10km	10~15km	>15km

（二）指标信息提取

以遥感解译后的滩涂利用现状图为基础，叠加相关图层，基于 ArcGIS 的空间提取手段和制图功能，绘制各指标图层，获取研究范围中滩涂分布和利用状况的空间属性，并建立属性数据库。

各指标数据来源如下。

（1）红树林、海草床、珊瑚礁、沼泽地等重要生态系统分布数据来源于遥感解译结果。

（2）生物岸线数据来源于广西 908 修测岸线资料。

（3）航道区分布的空间数据来源于广西海洋功能区划的矢量图层。

（4）主要交通干道和行政乡镇分布数据来源于广西各市县行政区划图。

（5）临海工业区分布数据来源于广西及沿海三市的港口规划资料。

（三）综合评价

（1）根据指标分级标准，利用 Arcgis Spatial analyst 模块的邻域分析工具对各指标图层进行多环缓冲分析（multiple ring buffer），即在指标要素周围的指定距离内创建多个缓冲区，使用缓冲距离值组合创建非重叠缓冲区群，并将各个指标图层生成的 4 个缓冲区对应赋值成 4 个不同等级。

（2）叠加各指标多环缓冲分析后的图层，按照指标权重进行空间加权叠加运算，计算公式为：综合评价分值＝生态适宜性等级×0.58＋区位适宜性等级×0.11＋经济发展适宜性等级×0.31，其中，生态适宜性＝重要生态系统适宜等级×0.875＋生物海岸适宜等级×0.125，区位适宜性＝航道适宜等级×1，经济发展适宜性＝交通干道适宜等级×0.243＋工业适宜等级×0.669＋行政乡镇适宜等级×0.088，各指标适宜等级根据距离隶属分区赋值而得。

（3）采用相对评价法对比综合分值的优劣程度，具体是基于 Arcgis 平台，运用自然间断点分级法（natural break），即基于数据中固有的自然属性进行分组的方法。该方法针对数据分布特征识别分类间隔，会在数据值的差异相对较大的位置处设置其边界，可对相似值进行最恰当的分组，并可使各类之间的差异最大化。

运用该方法将加权叠加结果按分值从低到高分成限制开发、适度开发、适宜开发三个区域，分别对应低、中、高三个等级。其中，限制开发区指自然生态系统，优先保护的区域；适度开发区指距自然生态系统有一定距离，具备开发条件，保护和发展并重的区域，适宜开发区指远离自然生态系统，具有经济发展优势，优先开发的区域。

（4）叠加遥感解译所得的未利用滩涂分布图层，运用相交工具提取叠置部分，获得研究区内未利用滩涂资源的建设开发适宜等级和分布。

三、评价结果

基于遥感解译结果，扣除已经规划利用和保护的滩涂资源，可知研究范围内未利用、潜在可开发的滩涂资源约有 39 851.96hm²，其中用于港口-开发区模式适宜性分析的滩涂面积为 38 361.47hm²。根据第六章第二节建立的指标体系，提取相应的空间信息，可知研究区内分布有红树林 7276.03hm²，盐沼 187.13hm²，海草770.00hm²，拥有生物岸线 89.34km，沿岸自东向西分布有公馆镇、闸口镇、白沙镇、兴港镇、沙田镇等 36 个行政乡镇，贯穿有 G325 国道、G75 兰海高速、S209省道、北铁一级公路等 29 条主要交通干线，设置有 9 条航道。研究区范围、未利用滩涂分布等见图 6-18。

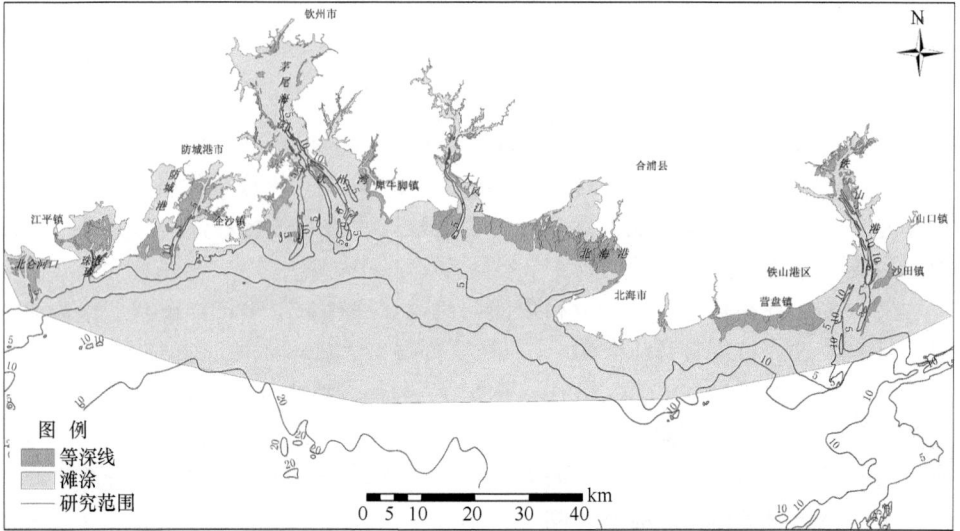

图 6-18　研究范围概况（彩图请扫封底二维码）

　　根据评价方法，对研究区滩涂资源进行港口-开发区建设适宜性分析，得出重要生态系统、生物岸线、航道、行政中心、交通干道和工业区 6 个指标的缓冲分析结果，见图 6-19～图 6-24，研究区内滩涂资源港口-开发区建设适宜性等级和分布见图 6-25，各评价单元适宜性分区信息汇总见表 6-12。

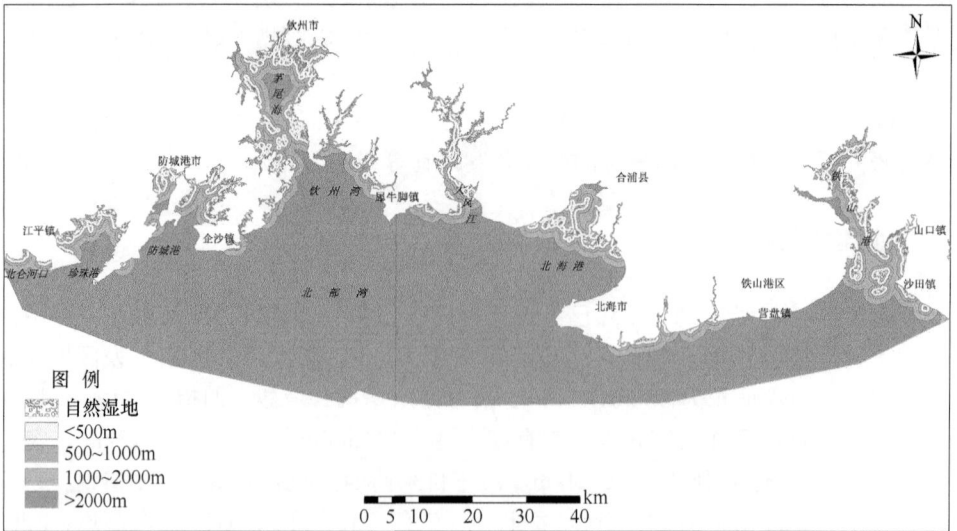

图 6-19　研究区重要生态系统缓冲分析结果（彩图请扫封底二维码）

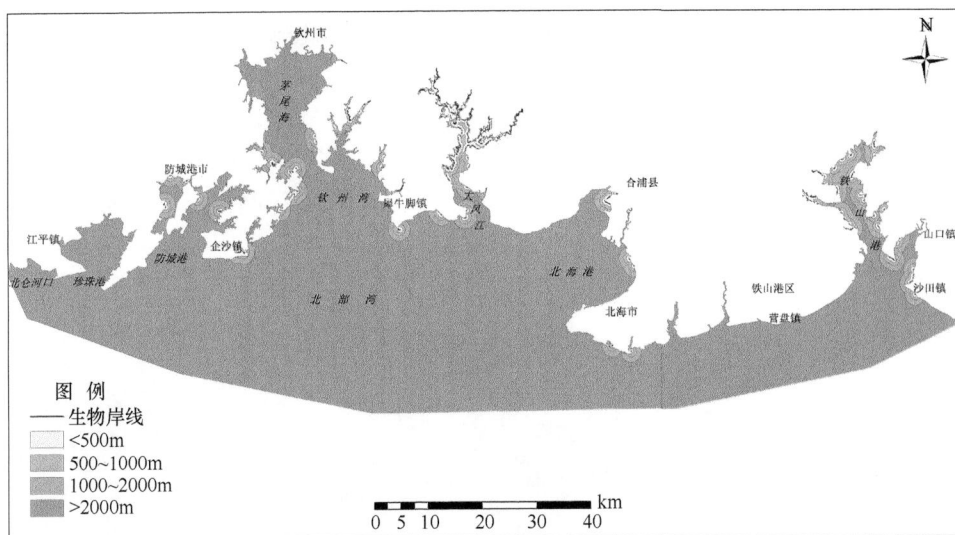

图 6-20 研究区生物岸线缓冲分析结果（彩图请扫封底二维码）

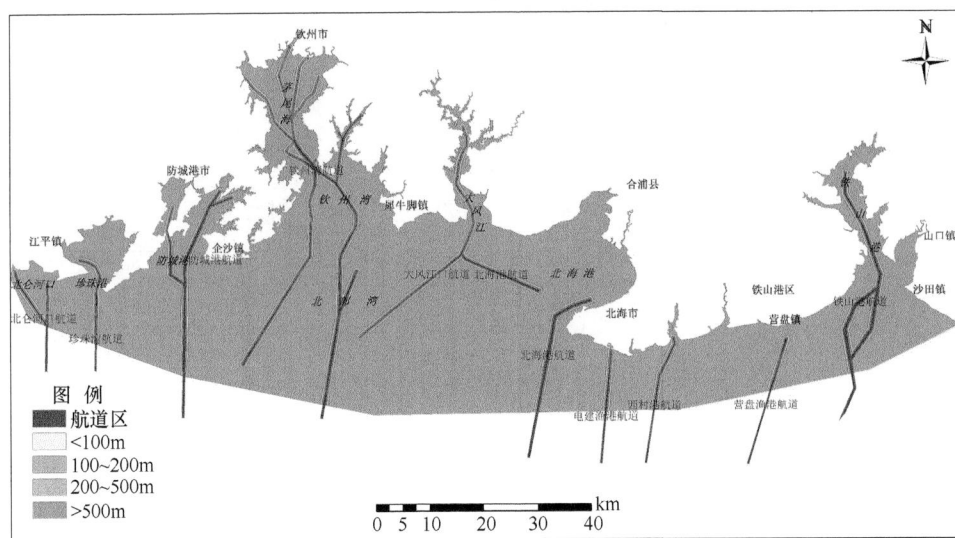

图 6-21 研究区航道缓冲分析结果（彩图请扫封底二维码）

根据适宜性分区评价结果，统计研究区不同岸段的适宜性等级和空间分布，分析可得以下几点。

（1）潜在可利用滩涂中，限制开发区 8333.32hm^2，占 25%，主要分布在铁山港、南流江区和茅尾海；满足港口-工业开发的滩涂面积为 30 028.2hm^2，占 75%，其中，适度开发区 8442.35hm^2，占 21%，主要分布在铁山港、南流江区和防城港东湾；适宜开发区 21 585.8hm², 占 54%, 主要分布在北海营盘区和大风江区；防城港西湾、北仑河口、涸洲岛和斜阳岛不适宜开展港口-工业区开发（图 6-25）。

（2）研究区滩涂港口-工业开发适宜性分区由陆向海呈现"限制开发区-适度开发区-适宜开发区"的分布特征，这是因为红树林、海草床等重要生态系统主要分布在近岸滩涂，考虑到对自然湿地的生态保护，因此近岸滩涂多为限制开发区，

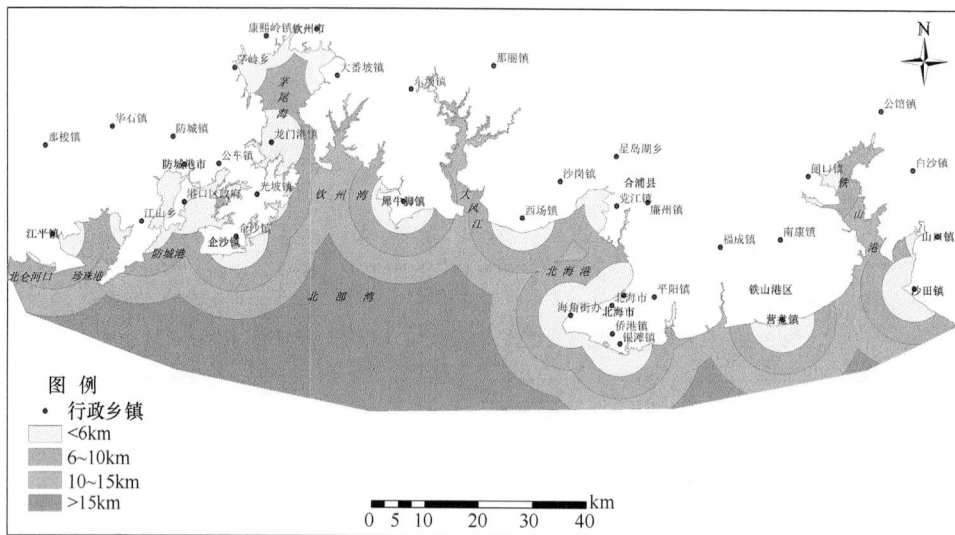

图 6-22 研究区行政中心缓冲分析结果（彩图请扫封底二维码）

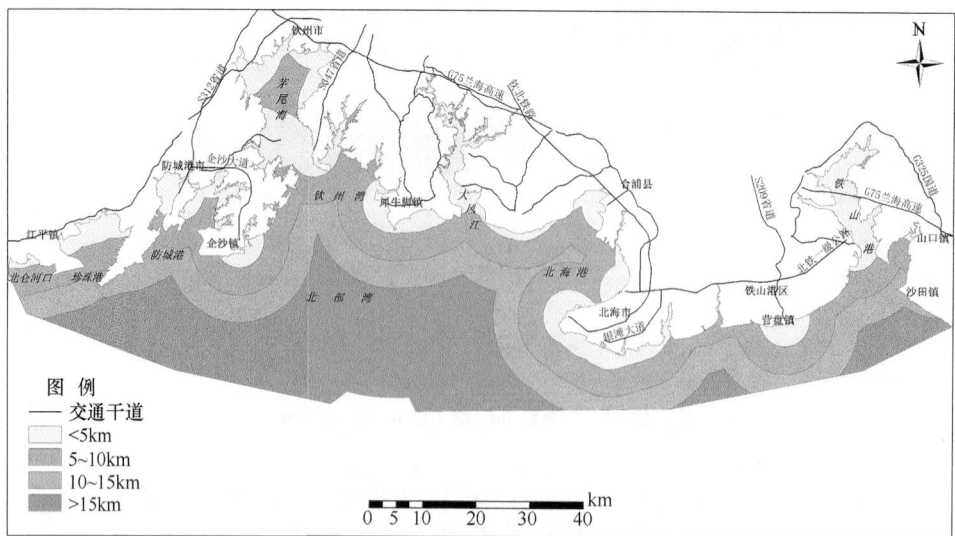

图 6-23 研究区交通干道缓冲分析结果（彩图请扫封底二维码）

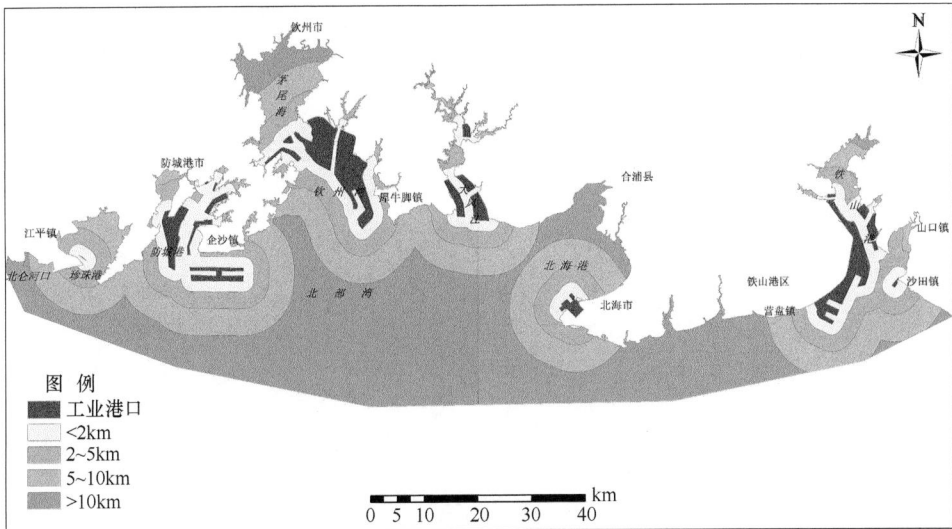

图 6-24　研究区工业区缓冲分析结果（彩图请扫封底二维码）

表 6-12　研究区滩涂港口-开发区建设适宜性分区信息一览表

评价单元	分区	限制开发区（低等级）		适度开发区（中等级）		适宜开发区（高等级）	
		个数	面积/hm²	个数	面积/hm²	个数	面积/hm²
1	铁山港	30	1 843.66	19	1 105.75	13	972.71
2	北海营盘	1	90.47	1	239.83	2	5 411.28
3	北海市区	8	451.41	1	2.73	—	—
4	廉州湾	1	302.84	1	400.98	1	1 420.46
5	南流江	48	1 722.41	9	1 770.74	5	2 318.53
6	大风江	28	675.34	7	687.05	2	3 486.32
7	三娘湾	5	312.53	2	517.66	2	1 771.78
8	钦州港	20	595.74	9	474.61	7	483.90
9	茅尾海	37	1 014.58	19	448.47	3	204.15
10	企沙半岛	13	274.03	5	831.94	5	758.64
11	防城港东湾	12	513.18	15	1 055.38	5	1 263.24
12	防城港西湾	1	1.52	—	—	—	—
13	江山半岛	2	4.48	1	9.05	5	1 686.47
14	珍珠湾	14	531.13	3	898.16	1	1 803.21
15	金滩	—	—	—	—	2	5.11
	总计	220	8 333.32	92	8 442.35	53	21 585.8

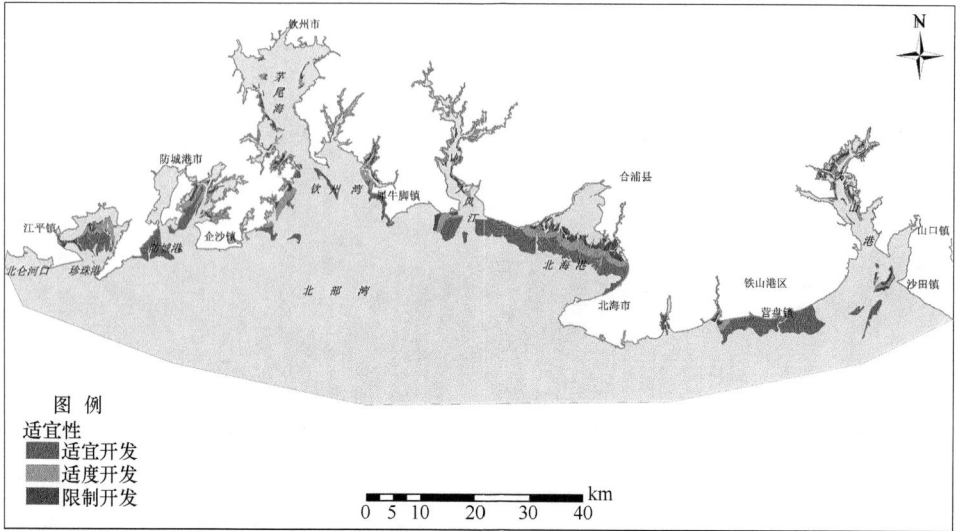

图 6-25　研究区滩涂港口-开发区建设适宜性分区（彩图请扫封底二维码）

适度开发区处于限制开发区和适度开发区之间，起到一定的缓冲保护作用，属于生态敏感性过渡地带，适宜开发区作为优先建设区，引导研究区沿海经济发展。

（3）不同开发适宜等级的滩涂面积呈现"限制开发区＜适度开发区＜适宜开发区"的特征，这是由于近岸滩涂的利用类型较为丰富，尤其是受人类活动的影响，近岸滩涂的开发程度要远大于离岸滩涂，因此近岸滩涂分布较为零散破碎，导致限制开发区面积较小。而离岸滩涂人类活动涉及较少，多为光滩，分布较为集中，因此适宜开发区的面积最大。

四、小结

本节以广西近岸海域为研究范围，以生态脆弱性、经济发展需求为研究出发点，从生态适宜性、区位适宜性和经济发展适宜性三个方面构建包含距重要生态系统距离、距生物海岸距离、距航道距离、距主要交通干道距离、距临海工业距离、距行政乡镇距离 6 个指标在内的评价体系，基于 GIS 平台分析铁山港、北海营盘、北海市区、廉州湾、南流江、大风江、三娘湾、钦州港、茅尾海、企沙半岛、防城港东湾、防城港西湾、江山半岛、珍珠湾、金滩 15 个单元中分布的未利用滩涂资源港口-开发区模式的适宜性，每个单元被区分成限制开发区、适度开发区、适宜开发区三种开发程度不一的区块。通过上述分析可知，15 个评价单元共有 92 个适度开发区，面积 8442.35hm²，53 个适宜开发区，面积 21 585.8hm²。

《广西北部湾港总体规划》对研究区的功能定位为：满足腹地经济及临港产业

对以矿石、集装箱、石油、煤炭等大宗货物为主的货物运输需求及休闲旅游需要。规划广西北部湾港形成由渔澫港区和企沙西港区组成的矿石运输系统；由大榄坪港区（钦州保税港区）、渔澫港区、石步岭港区组成的集装箱运输系统；由企沙西港区、金谷港区、铁山港西港区构成的煤炭运输系统；由金谷港区、大榄坪港区、铁山港西港区构成的石油及油品运输系统；以石步岭港区为主，马鞍岭、三娘湾等共同发展的北部湾休闲、旅游、客运系统。在识别可开发利用滩涂的基础上，有必要根据不同岸段实际发展需求和相关规划设计，合理确定港口-开发区发展的具体模式；另外，建议各类型开发模式在具体建设实施时，结合开发模式带来的经济、社会效益等因素，根据所在区域地形地貌、经济发展需求、海洋功能定位、港口和工业发展的饱和度或利用率等来全面考量，以及考虑各开发模式建立后带来的环境影响，做足前期调查评价，并设计、采取相应的环境保护措施。

第六节　综　合　分　析

根据上述第三节、第四节、第五节的评价分析，可知研究区滩涂资源农业、渔业、港口-开发区三种模式的适宜性程度及分布。在潜在可利用滩涂中，满足开展农业开发模式的区域滩涂面积为6053.53hm^2，占滩涂研究面积（41 602.42hm^2）的14.55%，其中等级高的2725.35hm^2，等级中的3328.18hm^2；满足渔业开发模式的区域面积为26 239.03hm^2，占滩涂研究面积（37 263.53 hm^2）的70.41%，其中等级高的10 745.71hm^2，等级中的15 493.32hm^2；满足港口-开发区模式区域面积为30 028.15hm^2，占滩涂研究面积（38 361.47 hm^2）的78.28%，其中等级高的21 585.80hm^2，等级中的8442.35hm^2。不满足农业、渔业、港口-开发区三种模式的区域滩涂面积各为35 548.89hm^2、13 612.93hm^2、9823.81hm^2，分别占滩涂总面积（39 851.96 hm^2）的89.20%、34.16%、24.65%。三种模式不同适宜性等级的滩涂面积所占比例见图6-26，各评价单元三种开发模式适宜程度汇总信息见表6-13。

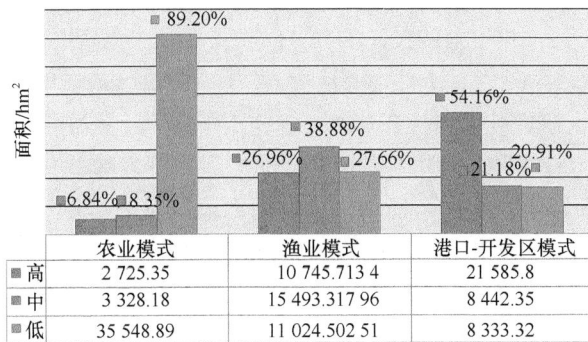

	农业模式	渔业模式	港口-开发区模式
高	2 725.35	10 745.713 4	21 585.8
中	3 328.18	15 493.317 96	8 442.35
低	35 548.89	11 024.502 51	8 333.32

图 6-26　三种开发模式不同适宜性等级所占比例（彩图请扫封底二维码）

表 6-13 研究区农业、渔业、港口-开发区模式适宜性分析结果汇总表

序号	评价单元	开发模式适宜性程度			是否重叠
		农业	渔业	港口-开发区	
1	铁山港	▲	○	◆、▲	否
2	北海营盘	◆	▲	◆、▲	是
3	北海市区	—	—	▲	否
4	廉州湾	○	▲	◆	是
5	南流江	▲	◆	◆、▲	是
6	大风江	◆	○	◆、▲	是
7	三娘湾	○	▲	◆、▲	是
8	钦州港	—	○	◆、▲	否
9	茅尾海河口	○	▲	—	否
10	茅尾海	◆	▲	◆、▲	是
11	企沙半岛	—	▲	▲	是
12	防城港东湾	—	▲	◆、▲	是
13	防城港西湾	—	◆	○	否
14	江山半岛	—	◆	◆、▲	是
15	珍珠湾	—	◆	◆、▲	是
16	防城港金滩	—	—	◆	否
17	北仑河口	—	—	—	—
18	涠洲岛-斜阳岛	—	—	—	—

注："◆"表示评价单元内滩涂开发的适宜性程度高，"▲"表示评价单元内滩涂开发的适宜性程度较高，"○"表示评价单元内滩涂开发的适宜性程度较低。"—"表示未参与评价。"◆、▲"表示评价单元内部分滩涂开发适宜性程度高，部分较高

在 18 个评价岸段中，三种开发模式均不适用的区域为北仑河口、涠洲岛和斜阳岛，只适用于渔业开发模式的区域为茅尾海河口和防城港西湾，只适用于港口-开发区模式的区域为北海市区和防城港金滩，适用于农业、港口-开发区两种开发模式的区域为铁山港和大风江，适用于渔业、港口-开发区两种开发模式的区域为廉州湾、三娘湾、企沙半岛、防城港东湾、江山半岛和珍珠湾，三种开发模式均适用的区域为北海营盘、南流江和茅尾海。研究区中三种开发模式适宜性评价结果叠加图见图 6-27。

根据分析可知，研究区潜在可利用滩涂的适宜开发模式中，农业开发的可能性较小，港口-开发区发展的可能性最大，而渔业开发的可能性居中。这是因为农业开发模式的受限因素较多，全部的离岸滩涂由于缺乏淡水来源被首先排除，适宜区域被局限在沿岸滩涂。且基于广西沿海当前的经济发展水平和趋势，不支持滩涂农业种植的发展。而渔业开发、港口-开发区建设是目前广西沿海滩涂开发发展的主要方式，在一定程度上占据了优势。但从长远角度考虑，农业开发仍具有

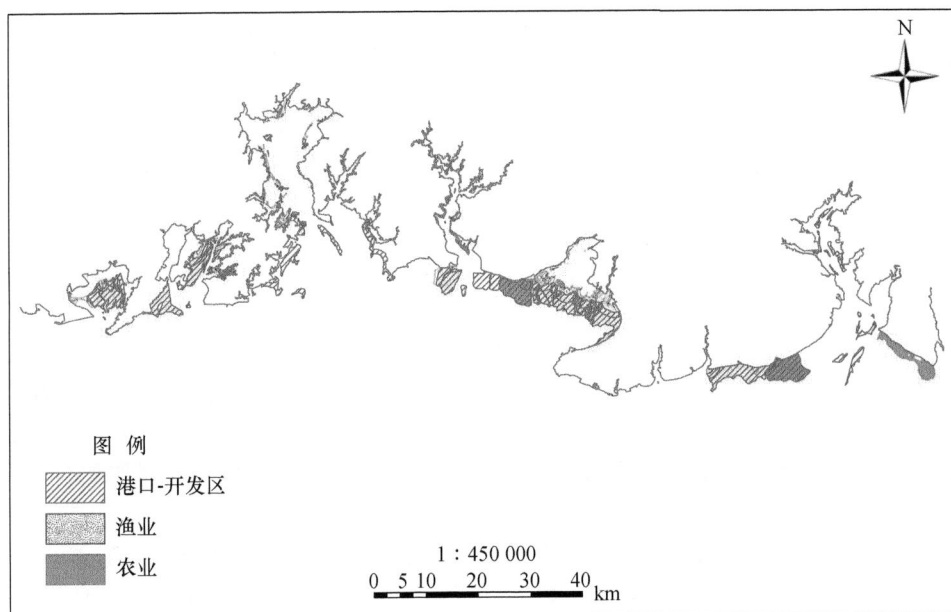

图6-27　研究区农业、渔业、港口-开发区模式适宜性评价结果汇总（彩图请扫封底二维码）

一定前景，且通过填海方式的建设活动对海洋环境破坏很大，必须对其规模、方式、环保工艺做出严格限制。因此各开发模式的适宜性程度和面积占比并不代表开发模式选择的优先次序，而是为研究区滩涂资源的合理开发提供了多选的方式。在具体选择开发模式时，还需结合区域的经济发展需求、海洋环境功能定位及生态环境的可持续发展进行综合考虑。

第七章　广西海岸滩涂管理现状与存在问题

第一节　管理现状

广西海岸滩涂管理主要是围绕着滩涂养殖、围填海工程、港口开发项目、旅游和自然保护区等利用类型来进行综合管理。由于滩涂特殊的自然属性，海岸滩涂的管理模式为部门管理，涉及的管理部门有国土、海洋、水利、林业、农业、环保等，各级政府、部门必须要加强领导，权责分明，相互协作，密切配合，才能做好滩涂资源的管理工作，为沿海地区经济建设服务。

2005 年 12 月 23 日，《广西养殖水域滩涂规划（2005～2015 年）》通过评审，此规划对广西的养殖水域滩涂资源进行了科学合理的养殖功能区划分和区域布局，完善了广西水域滩涂养殖证制度，对保障养殖水域滩涂资源的合理开发利用，实现水产养殖业持续健康发展具有重要现实意义。沿海三市配套编制市级的养殖水域滩涂规划，规范养殖用海，颁发养殖使用权证，依法管海。2014 年 4 月，广西海岸滩涂养殖的地方标准《广西滩涂养殖业外排水排放标准》已经通过专家审定，标准规定了海水池塘养殖清洁生产的基本要求，包括养殖环境条件、养殖投入品管理、生产操作、养殖废弃物无害化处理、环境保护及记录的要求。标准实施规范了广西海水池塘养殖，有助于改善近岸海域环境质量，保障海水养殖业的清洁生产。

广西加强围填海造地管理的工作，初步建立海域使用与土地管理衔接的新机制。2012 年 10 月 10 日，《广西海洋功能区划（2011～2020）》获得国务院批准实施后，要求沿海三市围填海项目必须按照该区划的要求，合理确定围填海造地的用途、规模、结构、布局和时序。依据国家发展和改革委员会、国家海洋局联合印发《围填海计划管理办法》，广西加强和改进围填海造地计划管理，建立了围填海计划台账管理制度，对符合规划和国家产业政策、供地政策的用海项目，合理安排使用围填海计划指标，优先安排基础设施、民生和自治区层面统筹推进重大项目用海，保障重大项目的用海用地需求。严格围填海造地项目审查，严格依照法定权限审批围填海项目用海，每个项目均征求国土资源主管部门意见，审查是否与土地利用总体规划相衔接。建设项目同时涉及陆域和海域使用的，国土资源和海洋主管部门则相互征求意见。涉及重点岸线使用的，须由北部湾办公室、交通、发展和改革、国土、住建、旅游、海洋、海事等 8 个部门进行审核。加强对围填海造地的监督检查，广西区沿海各级国土资源主管部门和海洋主管部门对未经批准或擅自改变用途和范围等非法围填海行为，强制收回非法占用的海域，对生态环境造成严重破坏的，责令恢复原状。对验收不合格的填海项目，要求限期整改，到期没有整改或整改后仍存在问题的，移交海监机构按照相关法律规定处理。此外，广西严格按照国家有关法律法规的要求，规范围填海项目用地换证和土地登记，以及区域建设用海规划的申报与实施。

为了加强海域的使用管理，广西发布《广西壮族自治区海域使用管理办法》，包括海洋功能区划、海洋审批权限、用海申请、海域使用权流转、海域有偿使用及责任追究等 6 个方面的内容，规范项目集约节约用海，促进海域资源的保护和合理开发利用。同时，坚持审批项目用海时，结合海域使用论证制度，把握海域使用审批的关键环节。海域使用论证是海域管理的重要基础，决定着项目用海审批决策的科学性和监督管理的有效性，有利于规划用海、集约用海、生态用海、科技用海和依法用海。

2009 年 12 月，广西编制通过《广西北部湾港总体规划》，规划基础年为 2008年；规划水平年：近期为 2015 年、中期为 2020 年、远期为 2030 年。规划调查分析了广西沿海港口发展现状，根据新的发展形势、城市规划和海洋功能区划的要求，研究广西北部湾港的总体发展方向，提出功能及布局调整意见，在港口功能、规模、布局结构上协调港城发展关系，顺应了区域经济社会发展的需求，以科学合理开发利用和有效保护有限的港口岸线资源，加快广西沿海现代化大型港口的建设，充分发挥广西沿海港口作为出海大通道、区域性国际大通道的作用。

为了推动广西北部湾经济区的旅游发展和区域合作，指导北部湾各地区旅游业的发展，广西颁布《北部湾旅游发展规划》说明书（2009～2020），规划重点整合区域内的旅游资源，开发特色旅游资源和旅游产业，加强市场推广和区域开发合作，形成合理有序的北部湾旅游开发格局，完善了北部湾旅游规划体系。此外，广西实施《北海涠洲岛旅游区发展规划》，立足涠洲岛旅游区发展需要，转变涠洲岛旅游区经济增长方式，把涠洲岛旅游区建设成为著名的国际休闲度假海岛。

针对海洋的自然保护区建设，国家印发有《国家级海洋保护区规范化建设与管理指南》、《海洋自然保护区管理办法》等相关管理规定，对保护区的建设和管理有规范化的要求。广西境内的国家级自然保护区，如广西壮族自治区北仑河口海洋自然保护区、广西壮族自治区山口红树林生态自然保护区都相应提出了保护区的管理办法，设立相应的管理机构，细化保护区的管理措施，有效地保护了保护区内的红树林生态体系和相关资源。

2012 年 6 月 13 日，自治区人民政府批准印发《广西壮族自治区海洋经济发展"十二五"规划》，规划的基本原则是坚持陆海统筹，统筹陆海资源配置，统筹陆海经济布局，统筹陆海环境整治和灾害防治，以陆域为依托，以海洋为拓展空间，以海洋资源合理利用为重点，把海洋产业发展与陆域工业化、城镇化结合起来，形成陆海联动发展新格局，实现海洋综合开发和陆海统筹协调发展。海陆统筹的基本观点就是陆地对海洋支撑的资源开发，就是在开发和利用海洋资源的同时，要和陆地资源对接，包括陆地原有的产业配备、人力资源等其他方面的经济优势。目前，广西海岸滩涂利用过程中，许多项目只集中开发其中某一项资源，而很少综合考虑海陆统筹。如果不能有效地进行区域统筹和规划，海洋经济的发展仍然只能停留在海岸带，而海岸带相对狭窄，势必导致更加严重的生态压力。

在滩涂管理领域，广西涉海部门较多，各部门的管理范围和管理职权存在交叉且划分不清，部门之间缺乏统筹协调，出现了很多管理上的重叠和真空，制约了海洋资源开发活动的协调和综合管理，海洋管理体制、陆海统筹发展机制有待完善。

在执行国家有关海洋法律法规的基础上，广西进一步完善地方的法规实施体系建设，制定海域使用、环境保护、自然保护区等管理领域的规范性文件和实施方案。2011 年以来，广西颁布实施的规划和规范性文件有《广西海域海岛海岸带整治修复保护规划（2011～2015）》、《广西壮族自治区海域使用权收回补偿办法》、《关于加强养殖用海管理有关问题的通知》和《广西海洋环境保护条例》等，有效地规范了海域的使用，加强海洋生态环境的保护。

第二节 存在问题

自 2008 年《广西北部湾经济区发展规划》颁布实施以来，广西海岸滩涂开发利用的数量和规模逐年增加，滩涂大范围被填海，这不仅对湿地生态系统造成了不可逆转的损失，也对沿海城市及近海海域造成了一定的环境污染。滩涂的大规模开发，对于海岸滩涂管理提出了更高的要求。

1. 海岸开发力度加大，管理应对措施滞后

受围塘养殖、港口围填、临海工业发展及人工海堤修建等的影响，广西自然岸线的长度呈逐年递减的趋势，且人工岸线平直化趋势严重，海岸生态系统遭到严重破坏，自然海岸线保有率逼近红线。海岸线开发过程中，针对出现的问题，管理相对滞后，应对措施处理不当，导致海岸生态遭受破坏，岸线淤积，岸线水动力出现不可逆的转变。

2. 执法监管不力

近几年来，广西近海非法采矿活动日益猖獗，采砂噪声影响当地居民，采矿污水污染海水养殖业，采矿沙丘影响船只行船安全，很多采矿场建在防洪堤上，

对海岸防洪和大桥都带来很大安全隐患，同时，非法采砂对海岸生态系统和滨海植被造成严重破坏。滩涂管理属于部门管理，管理措施监管不到位，部门之间的职能交叉、权责不清，极易造成互相推诿、无人监管或者监管不当的情形。

3. 忽视滩涂资源的综合利用，空间资源利用率低

海岸滩涂富集了土地、港口、盐业、矿产与海洋能等多项自然资源，其土地利用具有多宜性，目前的海岸滩涂开发项目仅仅是针对特定项目的设计，竞相开发某一或某几种滩涂资源，闲置、浪费区域优势资源，很难对可利用的各类型资源进行综合考虑。政府部门在审批项目过程中，很少兼顾统筹更多的资源，或者设计更多资源的同时开发，协调开发，使得在某些项目完工以后，增添新的项目建设，容易造成资源的浪费和环境的污染和破坏。

4. 科技后备力量薄弱，科研能力有待加强

海岸滩涂开发是一个复杂的区域发展概念，需要多学科专家学者、专业技术人员和管理人员的协同参与、综合决策。滩涂开发需要更多综合性的人才，如海洋生态学、海洋环境学、海洋化学、海洋生物、海洋工程、物理海洋等各学科的融合。目前，广西滩涂开发科研投入偏少，综合型人才欠缺，全区滩涂的科技力量薄弱。

5. 缺乏统一规划与综合协调管理，体制机制不完善

广西沿海岸线长，资源类型多，涉及水利、水产、海运、油田、盐业、农业等部门，各行业按本行业要求编制行业规划，缺乏综合协调。由于缺乏对滩涂资源使用权、开发权与收益权归属的明确划分，我国海岸滩涂开发尚未形成一个统一协调的管理体制，治理、开发利用和生态环境保护的矛盾日渐突出，严重影响海岸滩涂的合理开发利用。因此，为加强广西海岸滩涂管理工作，应尽早制定广西海岸滩涂开发管理条例，使全区滩涂开发利用和管理工作走上健康繁荣的法制轨道。

6. 法律法规仍需完善，监察执法力度不够

目前我国涉及滩涂的法律法规种类很多，包括国土、海洋、水利、交通、农业、环保等方面，这些法律对滩涂的开发利用和保护有着重要的意义和作用。但是，相关法律法规的管理主体的职责主体范围及对客体范围的界定仍需进一步完善和协调。相关部门在管理过程中，没有滩涂开发利用管理的专门法律法规，造成管理混乱，开发利用无序和冗余，开发利用效率不高，监察执法力度不够。

第三节 对策建议

一、健全海域使用规划体系，优化海域利用结构布局

依据《中华人民共和国海域使用管理法》等法律法规，各地方海洋管理部门应依据全国及自治区海洋功能区划，建立、健全海域使用规划体系，建立起符合海洋功能区划的海洋开发利用秩序，优化海域使用类型布局，缓解各部门和行业间开发利用海洋资源矛盾，使各行业、各部门用海协调发展，特别是对北海市、钦州市、防城港市等用海较为集中的海域，实现海域的科学开发和可持续利用，满足国民经济和社会发展对海洋的需求。加强海洋功能区划的实施管理，调整不符合海洋功能区划的用海项目，减少违法用海现象的发生，实现重点海域开发利用基本符合海洋功能区划，控制住近岸海域环境质量恶化的趋势。强化用海项目过程监控，尤其是对未确权用海较多的地区要加强海域使用动态监视监测系统在海域使用管理中的作用，对未批先用等违规用海加大惩罚力度。旨在实现规划用海、集约用海、生态用海、科技用海、依法用海、依法管海。保证科学、合理、有序地使用海域资源，使海洋开发的社会、经济、环境效益得到充分发挥。

二、深化机构内部管理机制，完善海域动管系统功能

由于我国各级海洋部门动管中心处于初建阶段，各级管理体制尚不完善。各级动管中心信息交流渠道不畅，信息反馈不及时，上下级动管中心之间难以实现信息实时对接。上级动管中心掌握的海域海岛海籍信息少则延迟 3 个月，多则半年以上。应建立健全信息沟通与反馈机制，使得各级动管中心之间能够及时实现信息互通，逐步深化内部管理机制。

现有的海域动管系统功能不够完善，如现有的底图版本较旧，未及时更新遥感底图，难以体现用海项目的最新变化与进展；两个界址点之间只能以直线连接，不能反映用海项目实际界址线。因此，建议动管中心进一步完善现有动管系统的功能，缩短数据更新周期，及时采集录入现有用海项目的工程状态信息，保证海籍数据现实性。

对动管系统的应用管理不够科学。加强对动管系统的应用管理，引入数据审核机制，最大程度减少数据录入错误等问题，尽可能杜绝管理上引起的失误。

三、探索海洋管理协调机制，加强海洋部门之间联系

随着沿海海洋经济的不断发展，各行业、各部门对海洋资源的需求量逐年增

大。在海洋开发和管理的过程中所牵涉的机构较多，各机构利益的交错使得矛盾极易产生。同时，沿海城市和浅水近岸海域开发程度高、用海密度大，加上我国海域资源分布不均衡的实际情况，在缺乏统一协调的情况下，资源供需矛盾日渐突出，海域使用冲突时有发生。例如，当围填海项目竣工验收完毕取得土地使用证后，该项目的监管权就由海洋部门移交到土地部门，开始申请换发土地使用证时，由于海洋管理部门与土地管理部门的衔接不畅，产生了收费标准不一致、私有企业换证困难等问题。另外，在一些地区表现为旅游娱乐用海、交通运输用海、临海工业用海与渔业用海的矛盾；一些地区表现为旅游娱乐用海、渔业用海、自然保护区用海与军事设施用海的矛盾；还有一些海域表现为近岸石油开采用海与围海造地用海的矛盾等，这些矛盾如不能有效地解决，将直接影响海洋经济健康、持续发展，甚至影响到国防安全。建议设置高级别海洋管理决策协调机构，统筹好部门与地区的关系，各部门各地区要加强分工，形成合力。对海洋开发实现统一管理，同步海岸线等海洋相关管理数据，提高海洋开发管理的效率，保证海洋开发管理能够获得全面协调的可持续发展。

四、建立健全海洋政策法规，提升涉海人员法律意识

海洋开发与管理面临的问题错综复杂，海洋活动在某些领域存在无法可依、法律滞后甚至法律冲突等现象，因此，需研究制定有利于海洋可持续发展的政策法规，实现依法管海，依法治海，依法用海。

一是坚持政策创新，不断完善相关制度。制定海域使用权登记规程、海籍调查工作规则、海籍图和宗海图绘制技术规范、填海竣工验收相关标准。完成海域使用权证书管理办法修订。完善海域使用统计报表制度，开展海域使用统计历史数据修正和海域使用统计分析，建立海域使用统计人员备案制度和工作奖励制度。

二是坚持方法创新，开展专项用海管理。研究制定航道锚地等港口航运用海管理政策，逐步实现对公共用海海域的有效监管。

三是提高依法管海的意识和能力。海域管理干部要自觉学法、遵法、守法，提高法治意识，严格遵循法律规则和法定程序，自觉接受监督。加强市县两级海域管理干部队伍建设，在全面培训的基础上，继续开展海洋功能区划、区域用海、养殖用海等专项培训，不断提高海域管理干部的依法行政水平。

四是提高依法用海的意识和能力。在海洋开发管理中之所以频频出现各种违规情况，最重要的原因就是公民海洋法律法规意识淡薄，加之海域使用权人对海洋开发管理规范的不熟悉，因此必须加强海域使用权人对海洋相关法律法规的学习，使其了解海洋开发相关规范，树立正确的海洋开发观念。消除海域使用权人与海洋管理部门对海洋开发管理认识的分歧，从源头上减少围填海违规情况。

　　五是制定或修改海洋公共政策。实现蓝色海洋、和谐海洋、生态海洋的建设，促进海洋资源的可持续发展。

五、推进技术支撑体系建设，提高海域管理科学化水平

　　一是深化拓展海域动态监视监测。积极推进各级海域动态监视监测管理系统建设，在广西沿海城市及所辖岛屿建立海域无人机遥感监视监测基地。加强制度建设，深化监测内容，规范监测流程，制定卫星遥感、航空遥感、现场监测及重点项目、区域用海监测等技术规程。开展全海域动态监视监测，加大围填海项目、大陆岸线、重点海湾的监测力度。开展基本系统软件升级，提升系统智能化和二三维一体化水平。完成海洋功能区划成果、公共非确权用海数据、海域海岸带调查数据等各类基础数据整合入库。开展海域资源状况和海域使用现状分析评价，制作形式多样的辅助决策产品。

　　二是提高海域使用审批效率。积极融入沿海地区社会经济发展大局，主动服务，依法行使海域使用审核权，进一步优化项目用海申请审批程序，制定和完善建设项目用海预审管理制度。切实有效缩短项目用海审批时间，提高审批效率。

　　三是规范权属登记工作。建立海域使用权登记岗位责任制，开展海域使用权登记人员培训，规范海域使用权登记行为。针对海域使用权人变更情形开展权属核查和海籍测量，依法完成变更登记。开展全区海域权属历史数据核查工作，加大对用海项目权属信息的监管力度，保证权属数据的准确性和现势性。

　　四是控制用海开发强度。发布海洋产业用海面积控制指标，提高单位岸线和用海面积的投资强度。加强项目用海的选址、方式、面积合理性的审查，控制开发强度，鼓励适度集中开发，优先安排"调结构，转方式"的项目用海。

　　五是加强各类用海项目的监督管理，严格监控无证用海、违法用岛、超面积用海、盗采海砂等违法违规行为。强化对围填海项目的监督检查，提高对用海项目工程进展监管的频次，督促海域使用权人严格按照批复要求用海。积极推进海上联合执法，公安、边防、海洋、渔政、海事等海上执法机构，要加强协调配合，建立联合执法机制，提高执法效率。

六、加快培养海洋高素质人才，提升海洋管理信息化水平

　　海洋经济发展科技是根本，人才是关键，教育是保障。培养具有国际视野综合性复合型海洋科学研究人才、经济与管理人才、信息工程技术人才、海洋哲学社会科学人才，是关系到民族兴衰的紧迫任务。我国涉海高等教育和研究机构与发达国家相比较少，现有正规海洋教育主要集中在大中专本科以下学历，海洋教

育跨学科、交叉科学、社会科学综合教育少，高层次硕士、博士不足，海洋教育理论和实践相脱节，这些制约了我国海洋事业的发展。因此，要做到以下几方面。

一是确立渗透于各个领域的终身海洋教育目标，实施普及性和专业性相结合的海洋教育计划。

二是在正规教育系列中，尤其是在高等院校中加大和突出海洋教育。增加涉海专业设置和课程体系建设，强化实用性和可操作性的海洋教育实践，开展海洋经济、生态环境、技术开发、历史遗产、伦理、审美、哲学、法学和政治学等多方面的系统教育，提高海洋人才综合素质，培养海洋事业科学家、管理者、教师和领导决策人员。

三是对海洋领域及涉海职业技术人员，定期进行短期培训，为他们更新海洋知识、获得新的技能提供机会。海洋工作是包括海洋资源开发、环境保护和产业布局等综合性跨学科的工作，需要拓宽眼界、开阔思路，培养综合性复合型高素质人才，海洋问题不仅仅是海洋学科的问题，还包括哲学、社会学和管理学等领域。

四是建立专门涉海产业和服务业人才市场。加大对海洋科技创新、海洋实体产业优秀人才的奖励，吸引高层次人才包括哲学社会科学人才投身海洋事业。

五是在高等院校、科研机构、社会组织中加强海洋信息管理系统的人才培养，并使其具有国际视野、哲学思维能力、跨学科知识基础、综合协调处理复杂问题的能力。海洋信息化建设是一个包括经济、社会、科技、信息和国防等的复杂系统，既懂海洋又有信息技术的人才是海洋管理信息系统发展的基础。目前我国海洋信息化人才总量不足，高层次综合性人才匮乏，制约了海洋信息化发展。

六是加快海洋信息化基础设施、技术设备、标准规范、质量认证体系、政策法规管理制度建设，并与时俱进不断调整和修正。

七是定期做海洋信息数据调查采集等工作，及时更新，保证信息真实准确、系统、权威。提高海洋信息处理和共享能力，保证信息安全。研究开发各类信息产品，为海洋环境保护、资源开发利用、海洋权益维护、海域使用管理和海洋执法监察等提供信息来源和支持，提高海洋综合管理水平（邓俊英等，2014）。

七、树立科学海洋开发理念，实现海洋资源可持续利用

一是科学填海造地，提高资源利用率。为促进我国海域使用的可持续发展，充分考虑海洋空间资源的多重用途，制定全区填海造地规划，确定全区填海规模的中长期和年度总量控制目标，明确区域填海造地的用途、比例和控制目标。同时，加强填海造地工程技术研究，以减少填海造地方式对岸线和海域资源的开发利用过于简单、粗放而带来的自然岸线缩减，自然景观破坏，海域生态环境退化等一系列问题。促进海域资源节约集约利用，将海洋生态文明建设理念融入到围

填海管理的各方面和全过程，降低海域、海岸线消耗强度，提高资源利用效率和效益，遏制围填海增长过快的趋势。

二是注重海洋生态环境建设，改善海洋环境质量。鉴于过去几十年间中国部分海域的海洋生境、生态系统和海洋自然资源受到严重破坏，建议在今后的海洋开发中对重大海洋工程、海上溢油、海洋保护区等开展生态损害补偿、生态建设补偿机制；在典型海洋生态系统集中分布区、外来物种入侵区等所在海域实施典型生态修复工程，建立海洋生态建设示范区；对有代表性的生态系统、珍稀和濒危物种建立海洋自然保护区、海洋特别保护区及海洋公园。同时统筹海洋环境保护与陆源污染防治，提高污水处理水平，强化污水有机物和营养盐的处理，实施污染物排放总量控制，逐步改善海洋环境质量。

总之，各级政府应遵循建设和谐海洋、生态海洋、可持续发展海洋的原则，统筹发展海洋经济，使海洋管理工作专业化、精细化、科学化（国家海洋局办公室，2013 年）。

第八章　广西滩涂开发利用的可持续

　　1987 年，世界环境与发展委员会首次提出了"可持续发展"的概念和模式。"可持续发展"被定义为"既要满足当代人的需求又不危害后代人满足其需求的发展"，1994 年 3 月 25 日，国务院审议通过《中国 21 世纪议程》，中国正式将可持续发展作为国家的基本发展战略，成为世界大国推行可持续发展的典范。

　　根据《中国 21 世纪议程》关于我国农业农村经济可持续发展目标的界定，可以把海岸滩涂资源可持续开发利用的目标确定为：滩涂经济稳定增长，食物生产能力提高和促进粮食安全；农（渔）民收入稳定增加，生活质量提高，社会全面进步；生态环境改善，滩涂资源永续利用。

　　从可持续利用的角度讲滩涂资源开发问题，指的是对滩涂不断地高效益利用，一是要从数量一定的滩涂上产生出更多的经济效益；二是要尽量延长滩涂使用周期和期限。滩涂开发的可持续发展就是要在保护自然生态环境原则下，立足于区域现有经济、技术和资源环境条件，兼顾当地的经济发展水平、人口密度、湿地保护等各个要素，不断提高人民生活质量和环境承载力，使滩涂开发与保护利用走上生态环境、经济协调统一的发展之路（陈乾俊，2008）。

　　滩涂开发利用模式分为生态模式和非生态模式。生态模式就是将生态学的相关原理和理论引入滩涂开发活动，在获取经济利益的同时，不会对滩涂未来造成不可逆影响，实现滩涂的可持续开发利用。主要包括滨海生态旅游、生态养殖等。非生态模式的滩涂开发利用主要是围填海活动，包括围垦田地、围海养殖、填海造地（用于工业、港口、居民地等），这些开发利用活动需要政府加强引导，进行控制性管理，同时对受破坏滩涂辅以生态修复工程，才能实现滩涂开发利用的可持续性。

第一节　广西滩涂开发利用可持续实施方案

一、农业开发模式可持续实施方案

　　滩涂农业开发是滩涂的传统开发模式，广西沿岸滩涂作为耕地利用的比较少，而未利用的海岸滩涂潜力巨大，针对广西的实际，要发展滩涂农业，必须走新型农业发展道路。

（一）统一规划，协调管理

广西沿海围海造田，由于基础建设不完善，监管能力不到位，很难达到有序开发。滩涂的围垦开发是一个庞大的工程，需要进行科学合理的规划，由于各种围垦活动缺乏全局性和前瞻性，容易各自为营，极易导致规划无序、管理混乱、恶性竞争等局面。不合理的围垦活动导致海岸线冲淤状况变化，海岸线附近海域名贵、特有的海洋生物及其栖息地、红树林生态系统、沿海防护林等遭到破坏。因此，滩涂围垦中要加强基础设施配套建设，对于围垦的区域要实行统一规划，围垦过程要实施动态监管。同时，滩涂围垦造地项目必须与相关的规划和海洋功能区划、江河治理规划和土地利用总体规划等相协调，实行区域用海规划管理。

（二）提高农业开发科技含量

滩涂农业传统的初级常规开发，利用层次不高，开发使用的科技含量低，滩涂利用效益不高。新型农业的开发模式是发展高新技术农业和立体农业，形成规模化生产，提高单产和集约化程度。依托新型生物技术、耕作技术和节水灌溉技术等农业高新技术，涵盖农业生产、加工、储藏、运输、营销、进出口贸易等各个环节，延伸农产品生产周期，形成农业产业集群，发展新型现代大农业。

另外，采用新型绿色农业和循环经济的综合农业开发模式，如"农基鱼塘"、"农田林网"、"立体种植"等发展淡水养殖与农业种植结合的综合开发模式，可以降低开发强度，充分利用淡水资源，改良土壤。

（三）防止外来物种入侵

生物入侵指某种生物从外地自然传入或人为引种后成为野生状态而对本地生态系统造成危害的现象。近年来，互花米草在广西海岸滩涂快速扩张，造成航道、港湾淤积，侵害养殖海域和珍稀红树林生境，对广西海岸滩涂的生态危害巨大，严重影响海岸滩涂的生态平衡。

外来物种防治过程应因地制宜，深入研究，采用适合物理、化学和生物相结合的技术措施，对外来物种进行综合防治。同时还应加强对沿海农民进行生物入侵危害性的宣传教育，提高全民防范意识，将生物入侵的危害降到最低。

（四）加大环境保护力度

滩涂围垦过程中，为了追求更大经济利益，忽视滩涂生态环境保护，造成滩涂海岸侵蚀，土壤退化，红树林的消失，沿海生态系统失去平衡，海洋水体富营养化，生态环境恶化。同时随着工农业的发展和城市生活水平的提高，工业废水和其他废弃物都直接或者间接排放到滩涂，环境污染日益严重，严重影响滩涂可持续发展。任何形式的滩涂开发模式，必须与生态环境保护相协调。滩涂围垦过程中，必须与近岸海洋生态环境保护相结合，注重开发过程的环境监管和保护，围垦的规模、速度、区域应与滩涂的自然资源和承载力相适应，与其他涉海产业相协调，倡导集约开发。

二、渔业开发模式可持续实施方案

广西沿海是北部湾的主要渔区，开发过程中要注重渔业开发与其他类型开发模式相协调，加强监管，注重环境保护，维护生态平衡。

（一）完善基础设施建设，有序开发

大规模的滩涂无序围垦养殖，侵占了沿海的红树林及盐沼，滩涂资源和生物多样性遭到破坏。同时，滩涂的交通、水利、供电、供水等支撑滩涂资源开发利用的基础条件不能满足发展需要，有些设施已经严重老化。加强滩涂养殖基础设施建设，一是对现有养殖区域进行标准化改造，如塘堤护坡，进排水设施改造，废水处理设施配备完善等；二是建设规模化的优势特色品种养殖基地，锯缘青蟹、裸体方格星虫等特色品种滩涂生态养殖工程、沿海转产渔民渔业养殖工程等；三是配套相应渔业资源修复保护工程，如渔业资源增殖放流、建设渔业种质资源保护区、建设人工鱼礁区、推广深水网箱等综合修复措施。

海洋捕捞要加强对现有渔船的更新和改造，开发远洋渔场，以减轻近海渔业资源压力。

（二）防止海水入侵，土地咸化

滩涂养殖虾塘区由于渗水和排水及沟渠灌输海水等作用的影响，滩涂地下水动力条件发生变化，海水入侵，土壤产生不可逆的咸化。土壤咸化，养殖产量下降，新虾塘的转移建造使土地盐碱化不断扩大，严重影响滨海景观及沿海居民的饮用水和农业用水。滩涂开发过程当中应该注重合理开发，优化产业结构，合理调控养殖区域分布，加强水位和水质的监测，加强监管，强化水资源管理，避免水资源遭到破坏。滩涂的淡水资源是降低土壤盐分的重要保证，推广应用先进的节水技术，提高水资源的利用率，有效防止土地咸化。

（三）控制海水污染

咸水养殖的废水成为浅海的主要污染源。养殖池排出的废水含有大量的消毒剂、抗生素、环境激素及残留的饵料和排泄物等，使近岸水体具有一定的毒性或富营养化。要控制和减少养殖污染，必须合理规划养殖的区域及面积，调整和优

化养殖的产业结构。提倡和发展优质、高产、高效益、无污染的生态养殖业，有计划、有步骤地开展养殖废水的科学排放工作，采取养殖废水轮流交叉排放的方式，减少残饵入海后氧化分解对海区的耗氧压力及其碳、氮、磷再循环后给海区增加的营养压力，避免营养过剩而导致浮游植物显著增殖，减少赤潮发生的隐患。同时要规范海水养殖行为，严格控制海水养殖的投饵和用药，防止滥用污染严重药物，控制海水养殖污染。

近年来，随着船舶油水分离器的大量普及，海水油污染状况已得到有效的控制，但仍有小部分海域出现超一类海水标准状况，主要出现在养殖区和近岸港口和排污影响较大的区域。加强对养殖区和近岸港口船舶的排污管理，制定适合小型船舶的排污规定，是杜绝油污染的最佳途径。

（四）加大科技投入力度

科学技术是实施可持续发展战略的根本保证。要做到节约资源、降低消耗、减排增效，要求从业人员具有较高的科技素质。而我区及国内的现实情况是，产业从业人员尤其是养殖生产人员多数是文化素质较低的农户，因此须注重对产业经营者和生产人员进行科技文化知识的培训教育，加强科技推广工作，使广大从业者理解可持续发展的要求和意义，掌握科学的养殖技术和清洁健康养殖模式，才能在生产中自觉落实可持续发展的措施。

目前从整体上看，广西沿海滩涂养殖科技采用率不高，新技术、新品种推广步伐不快。造成这种状况的主要原因是：①科技成果得不到及时的推广应用，已转化的成果普及率低；②研发机构产、学、研科技力量薄弱；③滩涂高新技术运用的制度环境有待完善，如需要土地、价格、税收等一系列制度作保证。

加大科技投入力度，提高滩涂渔业资源开发的深度和效益。一是要完善基层技术推广站的设施和条件，提高为农民技术服务、后勤服务的水平；二是加强基层科技推广人员和渔民科技培训教育工作，提高渔民的科技素质；三是开展渔业科技入户的示范工程，推广优良品种和先进养殖技术，专家及指导员面对面指导，加快科技成果的转化，改造传统养殖业；四是要增加科研投入，加大渔业科学技术攻关的力度，包括渔业的生殖控制、种质改良、病害控制等方面，提高渔业生产的科技含量；五是要完善建立高效率科研成果转化机制（中国水产信息网，2015）。

（五）在发展中必须注重资源永续利用和环境保护

一要加强养殖容量调研，制定和确立科学合理的养殖规划、养殖规模和养殖布局；二要加强健康养殖技术模式的研究，推行清洁养殖。清洁生产是将污染预防战略持续地应用于生产全过程，通过不断改善管理和技术进步，提高资源利用率，减少污染物排放，提高产品质量安全，降低对环境和人类的危害的一种生产方式。将清洁生产的理念引入水产养殖形成清洁养殖技术模式，是健康养殖技术发展到新阶段的必然要求。广西地方标准《DB45/T1062 海水池塘养殖清洁生产要求》已于 2015 年颁布执行。

（六）推进生态养殖

生态养殖顾名思义就是要保持不对生态系统进行破坏，以保持其原有的生物多样性为基础的养殖。其核心就是遵循生态学规律，将生物安全、清洁生产、生态设计、物质循环、资源的高效利用和可持续消费等融为一体，发展健康养殖，维持生态平衡，降低环境污染，提供安全食品。生态养殖是一种以低消耗、低排放、高效率为基本特征的可持续发展模式。

中国水产科学研究院南海水产研究所提出了滩涂低盐池塘虾鱼高效生态养殖模式，该模式建立对虾池塘网箱套养罗非鱼、凡纳滨对虾-鲻围网分隔混养的高效养殖模式，对虾-草鱼-鲢-鳙-鲫、对虾-草鱼-鲢-鳙-革胡子鲶的多元混养模式；优化了对虾-罗非鱼直接混养模式和对虾-草鱼混养模式，规范了虾鱼放养结构，充分利用了池塘水体空间，提高了饵料利用率，改善了养殖生态环境，降低了养殖风险。经过抛网抽查表明，经过 82 天养殖，采用该项目生态养殖模式的池塘，凡纳滨对虾平均成活率为 86%，平均体重 10.08g，平均体长 9.8cm，推算产量达到 486kg/亩；混养的罗非鱼体重 550g，体长 26cm；鳙体重 200g，体长 18cm。利用该模式养殖取得了显著的生态效益和经济效益，有很强的优越性，值得推广。

山东省研究提出的海水工厂化及循环水养殖技术集成了高效水处理净化技术、低能耗控制技术、重要疫病防控技术等多项关键技术，可以达到提高水处理能力、降低生产能耗和防控养殖病害的目的。该技术在招远市得到推广，大大提高大菱鲆和半滑舌鳎的养殖产量，增强其抗病力和适应性，使渔民增产增收又添新途径。同时，虾蟹（鱼）贝高效生态养殖技术在山东日照、沾化等 4 个渔业重点地区大力推广和示范，该技术围绕生态、高效、安全的健康养殖理念，集成海水池塘多品种高效生态养殖技术、虾-蛏混养技术、中国对虾'黄海 1 号'良种选育技术、河蟹-南美白对虾混养技术、淡水青虾-河蟹-鱼混养技术、"两微"水质综合调控等多项技术，实现池塘生态高效养殖。项目实施后，平均亩产提高 10%以上，经济效益提高 15%以上。

1993 年，广西红树林中心范航清博士首次提出了红树林生态养殖工程模式的构想，2005 年该设想获得了联合国环境署全球环境基金"扭转南中国海与泰国湾环境退化趋势"南中国海项目的支持。经过 8 年的努力，利用海水涨落潮的原理，成功研究出"地埋式水体自更新滩涂鱼类生态养殖"的技术。

所谓地埋式水体自更新滩涂鱼类生态养殖系统，就是在不伤害红树林的前提下，在林中空隙埋设底栖鱼类自由游动的管网系统，每隔数米即设立一个密布小孔的直立管道，可起到增加水体溶氧、诱捕鲜活饵料的作用。同时，按一定比例建造管理窗口——水池，从而营造适宜底栖鱼类的生境，让珍贵海产品在原生态环境中自然、安全地生长。设施面积仅占总面积的5%以下，这样既能有效保护红树林，又能充分利用红树林天然牧场中的丰富饵料养成经济动物，实现保护与经济双赢。该养殖模式无需围网，水体可自行更新，具有对红树林生态系统干扰小、生境开放、不投喂人工饲料、可操作性强、推广前景广阔等特点（贺根生和贺涛，2014）。

2010年8月，专家对"种鱼"生态系统给予了高度的评价。据比较统计，普通红树林间的经济收入每年为500元/亩；而这套立体养殖系统却达到了7000～12 000元/亩（一次性投资的总体框架为2万元，可以使用10年）。2013年，项目又得到由全球环境基金小额赠款计划中国项目支持，开展为期两年的"红树林恢复和生态养殖技术推广示范"项目，由防城港红树林保护协会及北海、钦州两地公益组织与广西红树林研究中心合作实施（许海鸥，2013）。

（七）培育和扶持龙头企业，强化组织化生产和产业化经营，加强行业自我管理，推动产业升级

逐步培育涵盖苗种、养殖到加工贸易各个产业环节的大型龙头企业。发挥龙头企业的辐射作用和核心作用，推动龙头企业、合作社和农户对接结成更加紧密的利益共同体，鼓励龙头企业积极开展定向服务、定向收购，为虾农提供购销、技术、信息等多种服务，推动龙头企业和科研、推广体系合作，为合作社和广大虾农提供新苗种、技术指导、质量管理、病害防治等多方面的服务，加强行业自我管理发展规模化、一体化、集约化对虾产业，促进生产标准化、经营产业化和服务社会化，从而促进产业增长方式由数量型、粗放型向质量型、效益型转变，推动广西滩涂养殖业发展升级。

（八）加大监管力度

加大沿海渔业的监管力度，采取有效措施，遏制无序过度开发，使养殖业、海洋捕捞业合理可持续发展。一是要通过各种制度建设，不断规范渔民的行为；二是开发要与相关规划、自然保护区相协调，严禁以破坏环境为代价获取经济利益的行为；三是加大行政执法的力度，坚决打击渔业违法行为；四是要建立完善的环境应急监测系统，控制近岸海域污染。

三、港口-开发区开发模式可持续实施方案

广西沿海港口的发展为我国实现国际通道提供基础设施保障，有利于地缘政

治发展和经济互惠互利。沿海港口的战略地位和岸线资源是港口发展的先决条件，港口的发展可为实现西部地区的经济发展起到龙头作用。

（一）港口布局原则

广西港口岸线的大面积开发建设，使滩涂湿地、红树林面积缩小；港口扩大、工厂增多，污水排放增多，导致港口湾内生境退化、海岸侵蚀加剧、海洋污染富集等生态风险。因此，港口开发利用必须权衡利弊，必须符合岸线利用规划，与港口总体布局规划、土地利用总体规划、海洋功能区划、城镇体系规划、城市总体规划等有关规划相衔接，解决好大型临港工业和城市建设用海需求与渔业用海、各类保护区建设之间的矛盾。

按照"统筹规划、远近结合、深水深用、合理开发、有效保护"的原则，坚持因地制宜，坚持土地开发与国土整治相结合，推进港口资源整合，优化港口布局，统筹港口间的分工合作，确保港口岸线资源得到合理、有序、高效开发利用，避免重复和低效建设。

（二）加强开发管理，集约节约用海

港口岸线的使用开发，严格按照《中华人民共和国港口法》和国家有关规定履行岸线利用审批程序。加强海域使用管理，实时监控海域使用动态，对重点项目用海实行全程监管。制定各类建设项目用海标准，适时调整海域使用金征收标准。加强海域使用动态监管与执法检查，对各类用海活动开展定期专项检查，加大对违法行为的查处力度。

统筹海域空间开发，强化海洋功能区划实施的监督检查，切实发挥海洋功能区划的整体性、基础性、约束性作用，提高海域利用效率。编制区域建设项目用海规划，强化围填海及重大建设项目用海管理审批，健全海域使用机制，规范海域使用秩序，提高海域使用效率。

（三）实行统一规划，综合协调管理

目前，许多发达国家和发展中国家广泛采用海岸带综合利用管理制度，在区域、国家、地方层次上启动了海岸带综合管理规划，实施港口、城镇社区化建设。广西临海工业建设随着北部湾经济圈的大开发而突飞猛进地发展，各项重大项目推进迅速，而滩涂资源开发利用涉及水利、水产、海运、油田、盐业、农业等部门，各行业按本行业要求编制行业规划，缺乏统一规划。同时，由于缺乏对滩涂资源使用权、开发权与收益权归属的明确划分，滩涂开发尚未形成一个统一协调的管理体制。因此，要扭转目前多头领导各自为政职责不清的混乱局面，建立一个强有力和有权威的滩涂开发管理机构，统一规划合理布局，制定广西海岸滩涂开发总体规划，督促各相关部门对规划进行统一论证，严格项目审批制度，制定广西海岸滩涂开发管理条例，综合协调管理滩涂开发与保护。

（四）开展海洋生态环境综合治理

开发滩涂港口的同时，要加大河口海湾生态保护力度，修复已经破坏的海岸带湿地，维护海岸带湿地的生态功能，发挥海岸带湿地对污染物的截留、净化功能，进行海湾生态修复与建设工程，修复鸟类栖息地、河口产卵场等重要自然生境。

因地制宜建立海岸生态隔离带或生态缓冲区，形成以林为主，林、灌、草有机结合的海岸绿色生态屏障，削减和控制陆源污染物的入海量。加强滨海区域生态防护工程建设，合理营建堤岸防护林，构建海岸带复合植被防护体系，缓减台风、风暴潮对堤岸及近岸海域的破坏。

开展海岸带环境综合调查评价，制定海岸带利用和保护规划，合理利用岸线资源。加强对具有特色的海岸自然、人文景观的保护。保护红树林等护岸植被。

对围填海工程较为集中的区域，要统筹规划，科学安排，开展生态修复试点工程，主要包括植被移植、生态恢复、增殖放流、人工渔礁等。

（五）强化保护区建设

港口开发要与自然保护区建设协调发展。加强海洋自然保护区建设和管理，使典型海洋生态系统、重要海洋功能区和栖息地、重要湿地、珍稀濒危野生物种、海洋生物资源集中分布区、特殊海洋自然景观和历史遗迹得到有效保护与恢复。开展红树林、珊瑚礁、海草床、河口、滨海湿地、潟湖等典型海洋生态系统及生物多样性的调查与保护研究，推进典型海洋生态系统保护，建立重要生态系统的监测评估网络体系，逐步实施红树林栽种计划和珊瑚、海草人工移植保护计划，加强对水深 20m 以内浅海域重要海洋生物繁育场的保护，逐步恢复近岸海域重要生态功能。开展海滨、岛屿等区域的自然保护和浅海滩涂保护区建设，在保护湿地的同时为当地居民提供休憩地，从而形成一大旅游景观。

四、节约集约用海

自 2012 年以来，广西壮族自治区海洋局按照"规划用海、集约用海、生态用海、科技用海、依法用海"的方针要求，科学、高效地做好用海保障的各项工作。在依申请组织召开海域使用论证评审会和填海项目竣工验收会的过程中，严格按照国家海洋局《海域使用论证管理规定》、《关于进一步加强海域使用论证工作的若干意见》、《广西海域使用论证管理办法》和有关填海项目竣工验收的管理规定等的要求和相关程序，在受理申请、审查材料、组织会议、草拟文件、批复确认等各个环节做到规范、严谨、高效，为项目业主提供服务，促进用海项目尽快报批和开工建设。

2014年9月26日，国土部下发的《关于推进土地节约集约利用的指导意见》指出，"严格执行围填海造地政策，控制围填海造地规模"。在海岸滩涂开发与保护中，今后国土部将严控新建设项目用地。2015年1月29日，《广西填海规模控制性指标（试行）》经自治区人民政府审定印发，制定了广西建设项目岸线及填海规模控制性指标，为编制和审批建设项目可行性报告、审批建设项目用海，核定其填海规模提供依据，进一步提高海域资源利用率和产业用海管理水平，满足建设项目的合理用海需求，促进自治区海域资源的节约集约利用和优化配置。海岸滩涂土地集约节约利用，以土地利用方式转变促进经济发展方式转变，保障沿海经济的可持续发展。

海岸滩涂富集了土地、港口、盐业、矿产与海洋能等多项自然资源，其土地利用具有多宜性，但广西当前的海岸滩涂主要开发某一种或某几种滩涂资源，土地粗放利用现象没有根本改变，建设用地低效闲置现象仍较普遍。广西在海岸滩涂土地集约节约利用方面还存在几个较为突出的问题：一是集约节约用海意识不强；二是区域整体规划管理执行不严；三是围填海工程布局不合理；四是监管机制不完善；五是法律法规不完善。

（一）提高集约节约用海意识

建设用地是制约经济发展的重要因素，填海获得建设用地易于拆迁征地，可能因此导致程度不等的"借填海建港之名行建设用地之实"现象，因为获取土地容易，集约开发理念相对不强。滩涂集约节约利用是缓解土地供需矛盾的根本出路，各级政府必须清醒认识用地的严峻形势和节约集约用海的重大意义，转变以滩涂土地换取GDP、依赖土地变现解决城市建设资金的发展思路，改变大手大脚、粗放浪费的用海习惯，转而形成节约集约用海的发展观。同时，各级政府还应广泛宣传土地资源的不可再生性和开发程度的有限性，大力倡导珍惜滩涂资源、节约集约利用滩涂资源的理念和生活生产方式，大力宣讲集约节约用海的政策法规，广泛宣传集约节约用海的重大意义，努力提高广大群众和企业主的资源危机意识和节约意识，使节约集约用海观念广泛深入人心，促进全社会形成节约集约用海的良好氛围。

（二）加强区域建设用海整体规划管理

近年来，广西沿海地区经济社会快速发展，海洋产业转型升级和产业集聚加快。沿海基础设施、产业园区、城镇建设等重大项目的用海需求不断增加，连片开发整体围填的用海活动日益增多。建立区域用海规划管理制度，在继续强化对单个用海项目管理的基础上，对区域建设用海实行总体规划管理，对区域内的建设项目进行整体规划和合理布局，确保海岸滩涂科学开发，集约节约利用。

从国家和区域角度看，规划先行已经成为控制和解决建设用地无序扩张和低效利用的重要手段。针对沿海围填海区域土地利用，在衔接土地利用总体规划、城市总体规划和海洋功能区划等规划的基础上，编制详细的区域建设用海规划，经过与海域使用相关的各有关单位科学论证，协调统筹，确定区域的功能定位和布局，用海项目的建设内容、选址、用海方式和规模等，统一规划，加强规划实施的审查、论证、申请审批和动态监督管理，促进海域资源的节约集约利用和优化配置。

用海整体规划要坚持发展与保护、利用与储备并重，加强对重要岸线的监管与保护，严禁盲目圈占海域、滥占岸线。严格执行围填海计划，鼓励围填海造地工程设计创新。

（三）合理设计围填海工程布局

随着海洋开发强度不断加大，用于滨海城镇建设、港口码头建设、工业基地建设、围垦等围填海造地工程的数量和面积大幅度增加。但围填海方式大多采用海岸向海延伸、海湾截弯取直或利用多个岛屿为依托进行围填，忽视了资源的利用效率和生态环境价值，导致自然岸线缩减、海湾消失、岛屿数量下降、自然景观破坏等一系列问题出现，造成近岸海域生态环境破坏，海水动力条件失衡，以及海域功能严重受损。因此，围填海造地工程平面设计要合理化，遵循保护自然岸线，延长人工岸线，对人工岸线进行必要的绿化美化，注重岸线景观的建设。坚持生态优先，充分考虑海洋地质、生物、水动力等自然条件，最大限度地减少对海洋自然生态环境的负面影响。

对于临港工业用海，为了使海岸线后方陆域更多获得港口便利，要充分考虑公共码头岸线与专业码头岸线的分配，预留足够的疏港通道，特别是填海形成的港口岸线。原则上填海形成的临港工业用地，其临海可开发港口码头均应分期开发建设码头，在满足专业码头岸线需求后，富裕岸线后方一定范围内应统一规划，以便开发为公共码头区或不需要大量后方陆域的专用码头区。随着腹地经济的持续发展，将来的物流贸易、内陆开发需要的港口资源将部分从这些公共码头区获得。

（四）加强区域用海监管

一是要加强区域用海建设项目的审查和审批；二是各级国土、纪检、监察等相关部门要加强对区域用海规划实施情况的执法检查，查处未经批准实施的区域用海规划项目、区域用海规划范围内未按照规定履行审批程序即实施的具体单宗建设项目，查处非法转让、买卖、闲置和各种严重破坏、浪费土地资源等非法用海行为；三是要建立日常监视巡查、定期联合检查、海域动态监视监测和用海单位定期报告等制度，采取指定监管、全程监控、层级监督等多种监管方式，加强对集中集约用海项目的监督管理，及时预防和发现违法用海行为；四是联合发展和改革、财政、交通、建设、土地等部门协调联动，联合出台相关政策，多部门协作监管；五是要利用舆论监督，向社会通报重大案件查处情况，提高全社会依法集约节约用海的意识。

（五）完善地区管理政策和立法

广西沿海相关地方管理政策和立法还相对比较薄弱。广西海岸滩涂管理条例、区域用海项目管理条例、保护区域使用权、保护海岸带生态和环境质量的政策法律法规要完善，并与国家政策立法相配套，制定出广西集约节约用海综合管理政策与法规。同时，区域用海管理政策要明确沿海区域发展和保护的战略，用海综合管理的内容和范围，各管理机构职责和权限，项目用海审查步骤，项目评估的执行，监督实施的措施等方面。

第二节　海岸滩涂生态修复

近年，随着海洋经济的快速发展，人类对海岸滩涂的剧烈开发，海岸滩涂资源遭受一定的破坏。一方面人为活动导致珊瑚礁、红树林、盐沼植物等滨海典型生态系统的丧失和退化；另一方面不合理的海岸工程、多沙河流改道或局部海岸大量人工采砂、填海工程改变了海岸平衡，引起岸滩侵蚀；通常自然和人为的影响是同时产生的，这两者的叠加将加速滩涂淤积和侵蚀。

要保护海洋生态环境，全力遏制海洋生态环境不断恶化的趋势，坚持开发和保护并重、污染防治和生态修复并举，科学合理地开发利用海洋资源，维护海洋自然再生产能力。海岸滩涂是海洋生态修复的最重要区域，主要包括滩涂植被修复、沙滩修复、海域清淤等，其中植被修复主要包括红树林修复、海草床修复、盐沼修复。

一、滩涂植被修复

（一）红树林修复

红树林修复技术得到广泛而深入的研究，在我国已有百年历史，技术很成熟，形成了系统的技术体系。造林滩涂的现实状况是红树林生态系统恢复的出发基点，针对不同状态的生态系统采取不同类型的造林措施。按照滩涂表观性质，通常开展生态恢复的滩涂类型可分为高程适宜的裸滩、高程过低的裸滩和退化次生林等三种，相应地采取恢复措施的造林模式有新建造林、特种造林和修复造林。

1. 新建造林

新建造林是在虽然滩涂高程等条件适宜，但长期无林生长的滩涂上开展的红树林造林，这些滩涂被称为红树林宜林地，其无林状态可能是除高程外的其他自然条件不足，也可能是人类持续扰动所致。无林裸滩或红树林迹地是中国红树林造林面积最大的滩涂类型，一般意义上的宜林地仅从这些滩涂中区划。因此新建造林一直是、今后仍将是中国红树林造林的主要方向。

2. 修复造林

修复造林是在现有红树林群落引入目标树种以优化群落，提升和完善群落结构与功能的造林活动，包括低效林改造造林和稀疏林地的补植造林。2001 年全国红树林资源调查数据表明，植株高度小于 1.9m 的群落占中国红树林的 68.8%，达 15 147.7hm^2，高度小于 4m 的群落面积达 18 841hm^2，对这部分低矮次生林实施大规模修复造林，可迅速提高中国红树林的林分质量和生态价值。

中国开展次生红树林的修复实践已将近 30 年。20 世纪 80 年代，海南省东寨港红树林自然保护区对桐花灌丛进行改造，方式是直接在林下插植乔木树种胚轴，树种有木榄（*Bruguiera gymnoihiza*）、海莲（*Bruguiera sexangula*）、红海榄（*Rhizophora stylosa*）和正红树（*Rhizophora apiculata*）等。1985 年广东省湛江市林业局在海康县用红海榄改造了大片白骨壤灌丛（李玫等，2004）。1987 年海南省清澜港自然保护区对榄李、瓶花木灌丛进行了改造。热带林业研究所在“八五”期间开展次生红树林改造技术和理论研究（郑德璋等，2003），把无瓣海桑（*Sonneratia apetala*）、红海榄、木榄和海莲等乔木树种引入桐花树（*Aegiceras corniculatum*）、白骨壤（*Avicennia marina*）次生林，进行次生林恢复过程的扰动效应、种间竞争、适宜度等生态学理论探讨。同期，广西红树林研究中心试验引进红海榄和木榄改造次生桐花树+白骨壤群落（莫竹承等，1999），在除灌、施肥等抚育环节完善次生红树林改造技术。

3. 特种造林

特种造林是指在特殊生境中的造林活动。因造林生境不能满足造林树种生长的要求，常需要采取工程途径进行生境条件（如高程、潮汐流速等）的改造，如在生境条件剧烈改变废弃养殖塘中重新造林，或者出于保护堤岸、营造景观等目的在中低潮带甚至潮下带填海造林等。

“退塘还林”是红树林特种造林的方式之一，将目前废弃的海水养殖塘恢复其原本作为红树林湿地的结构和功能。2005 年，广西红树林研究中心在国际红树林生态系统协会（ISME，日本）资助下正在试验一定规模的"退塘还林"。1980 年以来中国有 12 600 多 hm^2 的红树林被清除围塘养殖对虾，但利用红树林地建成的池塘容易反酸，养殖户不得不用大量的石灰来控制酸碱度；近年来欧美国家提高了对虾品质要求，中国的养殖对虾出口剧减，利薄甚至亏本经营的养殖户不得已弃养，很多池塘就此荒废。实施"退塘还林"不仅需要在技术层面的创新，同时与陆地上的"退耕还林"、"退耕还草"一样，还要确保相关政策和补偿经费落实到位。"退塘还林"直接"侵犯"了围塘养殖户的既得利益，在没有相当的补偿力度条件下，他们即使让围塘荒废也不情愿"还林"。因此，大规模的"退塘还林"还有待进一步的政策、模式和技术等方面的探索和完善。

海水养殖池塘往往按照养殖需要进行大幅度建设，因此废弃虾塘中部分滩涂并不适宜红树林生长，需要作较大的改造。为提高废弃养殖塘滩涂高程，可以作沟垄状的局部整地措施以抬高造林下垫面，达到红树林宜林地要求。如果所处海区波浪能量较大，可在造林地外缘构筑防浪堤，减缓波浪对造林滩涂的冲击。

高海燕（2007）在厦门杏林曾营海岸对秋茄和白骨壤进行垫高造林试验结果表明，填高 0.5m 和 1.0m 样地不仅降低了水淹高度，而且缩短了水淹时间，大潮日时每日缩短 4~6h。从造林 2 年的成活率和生长状况判断，在原有滩面上填高 0.5m 的造林效果最好。可见并非滩面高程提高越大，幼苗生长就越好，这与自然状态中红树植物"分带"现象是一致的。人工填海造滩，要针对不同的造林树种进行设计，确定最佳工程量，最大程度上节约造滩成本。

（二）海草床修复

1. 国外海草床恢复进展

海草床恢复研究始于美国，Addy 在 1947 年于 *Maryland Conservationist* 发表了一篇名为"Seagrass planting guide"的论文，沉寂一段时间后，以美国、澳大利亚、欧洲为主的国际学者进行了大量的理论研究和恢复实践，形成了一套相对完整的海草床恢复的方法体系。

通过改善生境恢复受损海草床需要很长的时间，这需要各方面的妥协，存在现实困难。Orth 等（2006）尝试采用海草种子来恢复海草床，持续相当长时间。关于种子法恢复海草床进行了大量的研究，但是种子的萌发率比较低，一般都低于 10%，采用种子恢复海草床的效率较低。

为了提高海草床恢复的成效，学者们开展了海草床的移植实践（Meehan and West，2000）。国外对海草移植的研究，已有相对完善的理论和实践：对于海草床移植中存在的移植单元无法固定的问题，进行了大量研究，提出了采用框架、贝壳等解决的方法；深入研究了影响移植海草成败的因素，如水深、底质类型、气候、天气、食草动物、藻类等（Cunha et al.，2012）。

2. 国内海草床恢复进展

1）保护恢复

通过保护海草生长的环境，减少人为干扰，促进海草床的自然繁衍，实现海草床的恢复。国内通常采用建立保护区或者示范区来实现。如广西合浦儒艮国家级自然保护区，海南陵水新村港与黎安港海草特别保护区。通过严格控制人类的活动，保护海草床生态系统。

2）种子恢复

国内对海草种子播种恢复的研究较少，尚处于理论研究阶段和种子萌发试验阶段。目前，种子法受限的最主要原因是对海草种子研究不足。对于小型的海草，如矮大叶藻（*Zostera japonica*）、喜盐草（*Halophila ovalis*）、二药藻（*Halodule uninervis*），鲜有海草种子相关的报道，目前仅见于贝克喜盐草（*Halophila beccarii*）的土壤种子库研究（邱广龙等，2013）。海草种子的研究，大部分针对个体较大的大叶藻，因为其种子体积较大，相关研究地点均为山东省。对大叶藻种子的研究，目前主要在以下三个方面：种子的保存、种子的萌发和播种实验。

3）移植恢复

国内对海草移植恢复的研究起步较晚，尽管近年来对海草移植的理论、技术有了大量的论述，同时开展了许多海草移植的实践，但整体水平上与美国、澳大利亚、欧洲等国家或地区仍有明显差距。

国内海草床的恢复研究正处于起步阶段，目前研究较多的是种子法和移植法，研究地点主要集中在山东、广西和广东，涉及的海草种类包括大叶藻、喜盐草、矮大叶藻、二药藻、贝克喜盐草和川蔓藻 6 种。开展种子相关研究主要集中在山东省，海草种类为大叶藻，是由于大叶藻的种子体积较大，易于发现和收集，而其他海草的种子尚未有相关研究报道。以海草床恢复为目的的海草移植工作，广西开展较多，海草种类包括喜盐草、二药藻、矮大叶藻和贝克喜盐草。

（三）盐沼修复

1. 盐沼植物繁殖方式

盐沼植物根据其生长特性及栖息环境来说，营养繁殖成为其主要的繁殖方式，繁殖对策 *r*-选择种类具有所有使种群增长率最大化的特征：快速发育，小型成体，数量多而个体小的后代，高的繁殖能量分配和短的世代周期。

2. 盐沼植物种植技术

由于盐沼植物所具备的特殊的生态作用，当前利用重建人工盐沼湿地来缓解人类活动所造成的湿地自然体系的破坏或损失，正呈现出增长的趋势。盐沼的恢复种植，可归纳为"适地、适种、适植、适管"4 个关键词。

1）适地——适宜生境的选择或构建

适宜生境的选择包括地理位置、底土层类型、海拔、潮汐类型等几个方面。具备免受高潮汐活动侵扰、坡度较小、底质避免为卵石滩、具便利的排水系统的开阔潮间带是盐沼植物恢复种植的合理生境（刘宪斌等，2007）。

2）适种——合适植物种类的选择及配置

盐沼植物种类的选择同样关键，根据盐度、水质、潮汐类型及恢复希望达到的目的综合判断，选择合适的植物种类。

3）适植——科学的种植（移植）方法和技术

不同植物种类因为形态、繁殖方式不一，种植（移植）的方式也不一样，在种植（移植）的过程中要注意使用适当的方法和技术：①盐沼植物的繁殖方式包括有性和无性繁殖，根据种类的不同选择合适的繁殖方式；②合适的种植季节；③采取地下根茎移植方式的植物体；④种植时要确保适合的高度，种植深度也要适当；⑤合理的种植密度；⑥适地适肥。

4）适管——科学管理与监测

种植（移植）后，监测内容包括植物存活情况、动植物入侵情况、潮汐活动范围、人为破坏情况等。所需的监测数据的时间跨度至少需要 5 年，对于复杂或大的场地可能需要监测的时间更长。

二、沙滩修复

（一）沙滩变化的影响因素

1. 沙滩的自然演变

沙滩在自然演变过程中，受到波浪、潮汐等自然力的作用，处于一种蚀淤动态平衡状态，即波浪与泥沙供给间存在着一种动态平衡关系。沙滩的蚀淤动态表现形式主要有三种：①波浪旋回，即从涌浪期淤积到暴风浪期侵蚀，海滩经历的一个循环；②季节旋回，一年中海滩蚀淤剖面交替出现于夏冬季节之间；③潮汐旋回，大潮汛和小潮汛期间海滩经历一蚀一淤。

沙滩在波浪和潮汐的作用下，由于波浪旋回、季节旋回和潮汐旋回动态形式的存在，沙滩处于蚀淤动态平衡的状态，塑造了沙滩的典型剖面。自然条件下，波浪、潮流和海滩沉积物之间相互制约，沙滩通常保持着动态平衡。

2. 人类活动对沙滩的影响

人为活动对沙滩产生的巨大影响包括：一方面不合理的海岸工程、多沙河流改道或局部海岸大量人工采砂、填海工程改变了海岸平衡输沙，破坏了沙滩的平衡剖面，引起岸滩侵蚀；另一方面人为活动导致珊瑚礁、红树林、盐沼植物等滨海典型生态系统的丧失和退化，引起天然沙滩保护屏障的消失，加速沙滩的变化。通常自然和人为的影响是同时产生的，这两者的叠加将加速沙滩淤积和侵蚀。

（二）沙滩修复研究进展

沙滩修复是当海滩自然供沙相对不足时对其进行人工补沙，也就是将异地的与原海滩沙粒级相近的沙通过水力或机械搬运到原海滩的一定位置，迅速增加平均高潮位以上海滩后滨的宽度（Valverde et al.，1999）。

过去对于海岸侵蚀的防护往往采取人工护岸、丁坝、防波堤等"硬式工程"措施，海岸学者研究发现"硬式工程"护岸虽然能够维持保护岸段的海岸稳定，但是长期之后常常引起附近岸段的侵蚀和海岸环境的退化等问题。虽然相对于传统的海岸保护方法，沙滩修复花费较大，但是它仍然具有传统方法无可比拟的优势和吸引力。首先，沙滩修复改善了海岸环境，使人们沿岸居住的愿望增加，沿岸土地和建筑升值，同时提高滨海沙滩旅游收益；其次，沙滩修复工程的科学合理施工，会对邻近的海岸产生有益的作用，为毗邻的海岸增加沙源提供保护；最后，沙滩修复可以在因侵蚀而退化的地区进行生境修复，改善海滩的生态环境，提高海滩质量和城市环境的品位（蔡锋和刘建辉，2011）。

1. 国外沙滩修复研究进展

美国海滩养护始于纽约市 1922 年的柯尼岛公共岸滩计划。此后以佛罗里达州南端迈阿密旅游胜地的人工海滩规模最大、最成功且最具代表性，不仅改变了早期硬式工程防护时海滩遭受严重侵蚀和不断后退的状况，而且极大地提高了其休闲价值。该海滩在 1970 年下半年实施养护后形成美丽的海滩，1978 年旅游休闲人数达 800 万人，1983 年猛增至 2100 万人，15 年间收入已达到初期养护海滩费用的 40 倍，经济效益相当可观（Pilkey and Clayton，1989）；欧洲的人造沙滩始于

1950 年的荷兰，其目的是防止沙滩消失，保护旅游胜地，于 1987 年专门定制了《人工海滩养滩手册》，是继美国 1984 年《海滨防护手册》研究的新进展；与此同时德国、法国、西班牙和爱尔兰也有大规模的养滩工程（Hamm et al.，2002）；日本作为岛国，也逐渐重视以养滩作为海岸防护的主要措施，其年平均海滩养护工程数大约为 5 个，在海滩修复工程的二维、三维数模研究方面有很多经验，并于 1979 年出版了《人工海滩手册》（季小梅等，2006）。

2. 国内沙滩修复研究进展

我国的人工海滩实践以香港浅水湾为最早，1990 年香港投资 4500 万港币对香港岛南岸的浅水湾海滩实施填沙护滩工程，以期增加海滩的宽度来满足旅游业发展的需要，其海滩养护工程美化了城市环境，同时为旅游业的发展提供了必要条件；此后青岛、北戴河和三亚小东海等地都曾作过一些相关的研究和工程实践。如南京大学于 20 世纪 90 年代设计三亚小东海与鹿回头湾人工沙滩，为尽可能减少今后人工海滩的维护性回填沙量，小东海人工海滩还设计有丁坝及潜堤等起护滩作用的辅助工程设施（王颖，1993）；海南省在桂林洋开发区的海滨旅游区内进行 1km 长的海滩整治，以改造和扩展原有的海滨浴场（谢世楞，1993）。

（三）沙滩修复技术

沙滩修复包括人造沙滩选址、沙滩修复设计两方面，人造沙滩选址可确立具有修复潜质的砂质海岸，沙滩修复设计可防止岸滩侵蚀，优化滨海沙滩景观。

1. 人造沙滩选址

作为滨海旅游沙滩的修复，不仅要具有护岸功能，还要具有优化景观环境功能。因此，滨海岸段要在满足特定条件和原则的情况下才能实施人造沙滩。通常人造沙滩选择原则主要从以下几个方面考虑。

（1）具备沙滩演变的历史，人造沙滩通常是用于蚀退型岸滩的一种工程措施，在进行填沙养护设计时，填筑沙的流失问题成为首要考虑的问题，因此，通过弄清海湾沿岸各段岸滩的演变历史，从中挑选原有滨海沙滩的岸段进行沙滩修复具有重要的现实意义。

（2）较高的水动力条件，沙滩是波浪能量消散的主要地方，波浪向岸传播引起的质量输沙流、破碎波产生的沿岸流和海岸水体堆积形成的离岸流等近岸流系是滨海沙滩生成与演变最主要的动力因素。根据自然规律，较高的水动力环境是维持海湾沙滩系统动态平衡的重要因素。

（3）优质的水质环境，尽量选择远离污染源和城市排污区的岸段，并采取一定措施防止与控制海水污染，使人造沙滩得以可持续利用和保障人体健康，也是一项重要的比选原则（赵薛强，2011）。

2. 沙滩修复设计

沙滩修复设计又包括抛沙位置、成分、数量、沙源等，海滩是近岸浅水波浪作用下的沙滩，地貌上包括后滨沙丘带、高潮滩肩带、潮间平滩带、低潮带、破波带及其以外的闭合深度带等。不同地貌单元波浪作用不同，所抛沙的稳定度也有差异。统计起来，国外成功的补沙养滩工程中较好的补沙位置有后滨、滩肩和低潮岸外。重建阶段，抛沙量过小，对抵御海滩侵蚀无济于事，抛沙量太大，投资就太高。因此抛沙量预测与计算是沙滩设计的重点。从滨外（闭合深度以外）取沙，虽然运程长，但其成分合乎要求，对沙源环境影响甚微，而且常常不受限制。目前来看，最理想的沙源是滨外 40～50m 水深和 150～180m 水深处的沙，那里曾是冰消期和盛冰期古海岸线，当时分布大面积的沙坝、河口三角洲、海滩及其他砂质堆积物。

三、海域清淤

（一）海域清淤及类型

海域淤积是指过多的入海泥沙供给量，使得海湾、河口出现严重淤积，不仅损害了海湾景观环境，也严重制约了海湾运输业的发展。因此需要采用清淤疏浚措施保证海湾良好的景观环境和通航条件。海域的清淤疏浚主要涉及堆积型岸滩、河口和港口航道的清淤与疏浚。河口清淤多用于浅滩及拦门沙地区开挖航道，一是借助清淤疏浚以求达到航道要求的水深；二是结合整治工程，调整与加强水流，维持浚深后的航道；三是航道浚深后出现泥沙淤积，需定期疏浚维护（付桂等，2006）。港口航道清淤是在海湾划定一条疏浚航道，通过清淤以满足远海运输的需求（梁媚和胡冠九，2011）。

（二）海域清淤影响因素

进行清淤工程作业时，水动力条件是重点考虑的因素，海域清淤工程需要重点考虑的水动力条件，主要包括以下几个方面。

1. 河流径流

河径流除搬运相当数量的沉积物至河口外，还影响到河口内咸、淡水混合程度及河口环流状态。当河床在口门附近变宽时，河水流速降低，部分推移质就会沉积下来形成拦门沙。

2. 潮汐

潮汐按潮差大小分为弱潮型、中潮型和强潮型。潮汐在海湾河口内一是影响咸淡水混合程度及环流类型，二是使底质再悬浮，并向陆或向海搬运悬浮体。

3. 波浪

侵蚀海岸，使沉积物再悬浮并影响沉积过程。

4. 河口咸淡水混合与环流

对于弱潮型海湾河口，淡水浮在密度较大的咸水之上向海里扩散，而咸水则呈楔形位于下层，尖端向陆。对于中潮型海湾河口，潮流产生较强的湍流而使咸水、淡水分别向上、向下扩散，两者之间无明显界面，水体中的悬浮体既有来自河流的，也有来自外海的，但整个河口湾仍存在垂向和纵向的盐度梯度。对于强潮型海湾河口，潮差和潮流都比较大，破坏了水体的垂直盐度梯度，但纵向上仍存在盐度梯度；同时由于科氏力效应，河流两侧之间存在盐度梯度。

5. 生物活动对海湾河口沉积作用的影响

首先是生物黏结作用，如细菌、藻类及真菌等在生长过程中可附着在悬浮体上或使悬浮体黏结在一起，从而加速其沉降过程。其次是生物粪粒，许多生物通过过滤含有悬浮体的海水而获取食物而后排出粪粒，从而使悬浮体颗粒变粗，加速其沉降过程。最后是生物对底质的影响，一方面，某些生物可以通过分泌黏液或有机质膜使底质黏结而变得比周围沉积物具有更强的抗侵蚀能力，加大了底质的稳定性，另一方面，掘穴活动或摄食活动会对沉积物构成生物扰动，降低底质的稳定性（赵薛强，2011）。

（三）海域清淤技术

海域清淤主要是利用挖泥船或其他疏浚机进行航道的开挖、吹填或抛泥作业，通常使用的疏浚机有普通吸场式挖泥船、绞吸式挖泥船和自航耙吸式挖泥船，此外还有链斗式、抓斗式、铲斗式等挖泥船用于较小规模的挖泥（表8-1）。

中国常用挖泥船的性能详见表8-1。

四、广西海岸滩涂生态修复存在问题及建议

（一）广西海岸滩涂生态修复工程现状

根据《广西壮族自治区海域海岛海岸带整治修复保护规划》（2011～2015年）

表 8-1　疏浚土工程特性与挖泥船适应程度

疏浚工程特性		各种挖泥船的适应程度				
土壤类型	土质强度与结构特性	耙吸式	绞吸式	链斗式	抓斗式	铲斗式
淤泥	流动，无强度	较易	容易	较易	不宜	不宜
	极软，极易在手指间挤压	容易	容易	容易	容易	较易
黏土类	软塑，极易用手指捏成形	容易	容易	很易	容易	容易
	可塑，稍用力可成形	较易	较易	容易	容易	容易
	硬塑，手指需用力才能成形	困难	困难	较易	较易	较易
	坚硬，可用大拇指压成凹痕	很难	很难	困难	较易	较难
砂土类	松散，极易将 12mm 钢筋插入	较易	容易	容易	容易	很易
	中密，用 2～3kg 重锤很容易将 12mm 钢筋打入土中	较难	较易	较易	较难	容易
	密实，用 2～3kg 重锤能将 12mm 钢筋打入土中 30mm	很难	很难	较难	困难	较易

中确定的海域海岛海岸带整治修复重点项目，涉及的滩涂生态修复项目工程列表见表 8-2，总分布图见图 8-1。相关项目共 37 个，其中涉及海草床修复的工程有 1 个，涉及红树林修复的工程有 14 个，涉及沙滩修复的工程有 16 个，涉及滩涂清淤工程的有 12 个，部分工程涉及多种类型的修复。基于多方面原因，大部分工程未完工。

（二）存在问题

1. 当前广西海洋环境存在问题

随着广西北部湾经济区国家战略的实施及"十二五"的加速发展，大规模的临海工业、滨海城市群与交通基础设施的快速发展，社会经济得以超常规发展。但受区域经济发展、人口压力与产业落后制约，当前广西海洋生态环境仍面临较大的压力，生态环境问题越来越受到公众关注。主要问题有：①环境污染问题突出。陆源与海洋污染没有彻底好转。流域—河口—近岸梯次的污染加重趋势明显，陆源污染物入海量巨大，经江河入海污染物通常占总量的 80%～90%；重点海湾污染严重，近岸区域性污染斑块分布；污染点源基本控制，但面源宽泛，难以有效管理；重化工业带来的潜在风险增大，尤以溢油、石化有机物泄漏、磷酸泄漏、重金属矿物散落等风险较大。②海洋生态质量下降。海洋典型生态系统遭严重扰动甚至丧失，生物多样性、渔业资源衰退。③海岸生态系统紊乱。滨海原有天然植被变化剧烈，桉树化趋势明显，并蔓延到沿海岛屿上。海水养殖规模超常，布局不合理、养殖密度大，集约化、标准化养殖程度低，废水普遍未处理。④海域和岸线使用过度，影响了水动力环境，海洋生物栖息地扰动；部分海岛消失；滨

表 8-2　广西海岸滩涂生态修复工程列表

序号	项目名称	类型
1	北仑河口海草床生物多样性保护与修复建设项目	海草床修复
2	广西北仑河口边境海岸带生态修复工程	红树林修复
3	簕山古渔村海岸综合治理与生态景观修复试点工程	红树林修复
4	北仑河口红树林重要海洋生物栖息地保护建设项目	红树林修复
5	七十二泾岛群红树林区整治与红树林重建示范工程	红树林修复
6	广西北海冯家江口至下村一带红树林海岸生态保护与修复	红树林修复
7	山口红树林及滨海植被的生态修复与红树林虫害综合防治工程	红树林修复
8	北仑河口保护区生物多样性保护与恢复项目	红树林修复
9	广西石角退化红树林区系统修复试验工程	红树林修复
10	三娘湾国家海洋公园能力建设和生态修复	红树林修复、白海豚生境栖息地修复
11	防城港万尾岛海岸综合整治项目	沙滩修复
12	钦州茅尾海综合整治项目（三期）	沙滩修复
13	三娘湾海域综合整治项目	沙滩修复
14	广西北海银滩综合整治项目	沙滩修复
15	廉州湾城市岸段综合整治项目	沙滩修复
16	银滩公园西至电建渔港岸段综合整治项目	沙滩修复
17	东兴国家重点开放开发试验区京族三岛（万尾岛）复岛及综合整治项目（一期）	沙滩修复
18	涠洲岛海岛整治修复项目（一期）	沙滩修复
19	涠洲岛海岛整治修复项目（二期）	沙滩修复
20	江山半岛脯鱼万海岸生态修复项目	沙滩修复
21	茅尾海沙环海域沙滩生态修复工程	沙滩修复
22	北海市涠洲岛整治修复项目	沙滩修复
23	广西防城港市西湾红沙环生态海堤整治创新示范工程项目	沙滩修复
24	沙井岛整治修复项目（一期）	沙滩修复、红树林修复
25	沙井岛海岛生态修复项目	沙滩修复、红树林修复
26	七星岛海岛整治修复项目	清淤、红树林修复
27	茅尾海国家海洋公园能力建设和生态修复	清淤、红树林修复
28	广西合浦县七星岛生态综合整治与修复项目	清淤、红树林修复
29	钦州茅尾海综合整治项目（二期）	清淤、沙滩修复
30	防城港防城江入海口退堤还海综合整治项目	清淤
31	防城港西湾跨海大桥南侧海域清淤整治项目	清淤
32	国家重点海湾防城港东、西湾贯通工程-暗埠江海域综合整治项目	清淤
33	钦州茅尾海综合整治项目-沙井岛东岸坡防护工程	清淤
34	七十二泾海岛群海域综合整治项目	清淤
35	南流江河口海域海岸带综合整治项目	清淤
36	龙门岛海岛整治修复项目	清淤
37	七十二泾海岛群整治修复项目	清淤

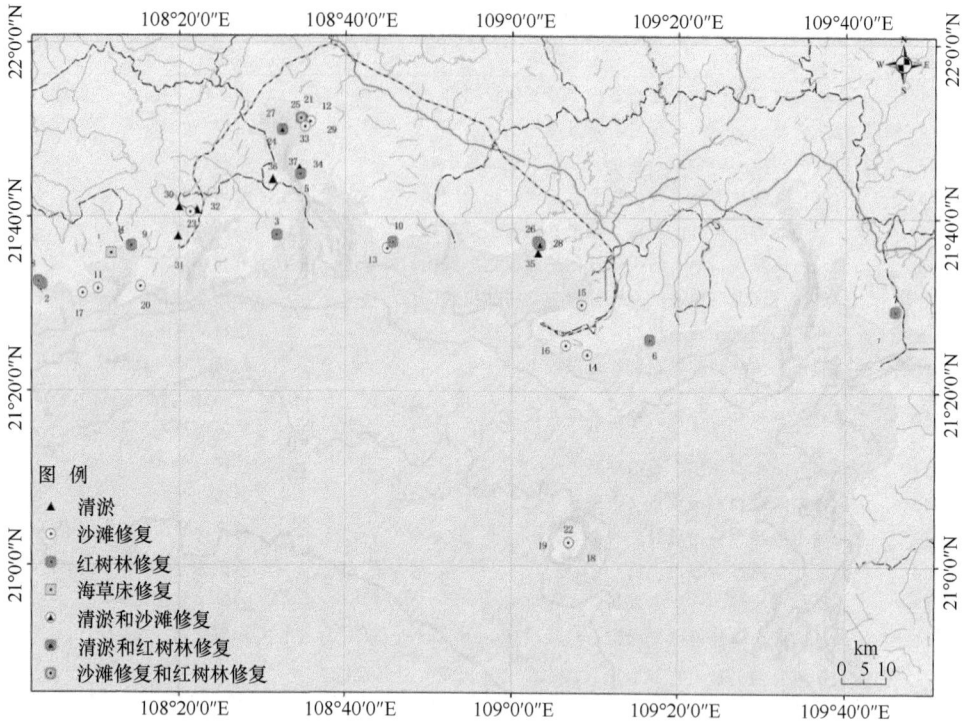

图 8-1　　广西海岸滩涂生态修复工程分布图（彩图请扫封底二维码）

海湿地丧失、生态服务功能下降。⑤全球气候变化生态效应显现，自然与人为灾害风险加剧。⑥外来物种入侵趋势尚未得到有效控制。互花米草、无瓣海桑、广州小斑螟、裳夜蛾、南美白对虾、罗非鱼、沙筛贝已成为一个又一个公众关注目标。

2. 广西海域海岛海岸带整治工程存在的主要问题

管理层面存在的主要问题有：①缺乏全局性整体规划，与地方社会经济发展衔接程度不高；②工程项目业主定位不明；③缺乏必要、充分的前期调研，项目申报材料往往在急促情况下形成，考虑欠周全，实施方案可操作性不高；④海洋管理部门技术力量不足，难以兼顾工程实施与监管；⑤未确定区域性从申报到验收到长效机制全流程的规范程序，执行过程中各市县依据不同；⑥经费使用审批繁杂，影响工程进度；⑦解决工程后的维持资金机制与途径缺乏。

在技术层面上，主要是修复模式、工程规模、侧重方向、技术力量等不足。

可喜的是，广西各级海洋管理部门在实践中不断探索，已从中吸取失败教训，总结成功经验，本项目的建议很多就来自他们这些基层的工程执行者、监督者和管理者。

（三）对策建议

1. 管理层面的建议

1）规划部署阶段的建议

（1）宏观统筹指导的策略：省级全局性、整体、科学的规划先行，构建可操作的项目备选库，按轻重缓急分期分批指导实施。

以中国共产党第十八次全国代表大会以来中央关于建设海洋生态文明、着力推动"四个转变"的一系列政策精神为指导思想，紧跟新大局、新形势、新趋势，确定新方向，服务新问题，坚持与现行有效的《广西北部湾经济区发展规划（2006～2020）》、《广西海洋功能区划（2011～2020）》、《广西海洋环境保护规划（2006～2015）》、《广西海洋产业发展规划（2010～2020）》、《广西壮族自治区近岸海域环境功能区划调整方案》（桂政办发〔2011〕74号）等相协调，坚持前瞻性、全面性和层次性原则，进一步完善广西海岸滩涂整治修复规划，更加明确修复总体目标，积极拓展筹资方向，设置重点方向和重点工程。

省级海洋管理部门全局统筹，按照中央、自治区和国家海洋局的统一部署，结合海洋强国、海上丝绸之路、海洋生态文明、海洋生态红线等主题，广泛征集工程项目构想，统一论证，构建可操作的项目备选库，按照先易后难原则，有条件和急需解决的项目优先开展。

（2）区域综合协调的策略：纳入市县的整体规划，协调建设。

海岸滩涂整治修复的对象是复合功能载体，拥有众多的使用属性，修复工程是高度综合的系统工程，具有繁、杂、难、乱的特征。市县一级政府作为社会经济建设的前沿指挥，客观上承担规划城乡建设也包括生态整治修复的具体任务。项目规划布局和立项需统筹发展、住建、市政、水利、农业、林业等相关部门意见，对于整治修复工程的配套设施，如市政道路等，需配套建设，避免施工过程中出现冲突需重新协调，或者完工后由于设施不配套，整治效果大受影响的情况。

项目立项要纳入沿海市县的城乡发展规划，作为政府大项目内的子项目，有利于减轻拆迁压力，申报海域使用金的同时获得政府的配套资金。

（3）项目工程区相关各方合力形成的策略：对单个工程项目全盘考虑，和谐调整利益相关者。

海岸滩涂生态修复工程整治项目筹划阶段必须优先考虑沿海居民的利益，避免施工过程产生冲突，延误工期。

前期筹划阶段加强对项目的舆论宣传，使当地居民了解工程的重要性，鼓励公众参与项目的管理、监督和建设，为项目的顺利开展提供有利的条件，防止当地居民因不明情况对工程进行破坏。在施工过程，采取有效措施最大程度降低对居民生活造成影响。

2）工程前期工作阶段的建议

（1）规范全流程的制度体系：参照其他系统，形成应对海洋管理要求、适合海洋整治修复工程特征的一整套制度，确立和完善整治修复工程项目的申报、论证和评估制度、市场准入制度、项目资金管理制度、验收标准及程序管理制度等。

（2）精简审批流程，提高效能：项目进度迟缓，这是对工程项目进行绩效评价时多数工程项目失分的重要因素之一，其原因是多方面的。目前，修复工程项目实施过程中，客观上普遍存在申报、招投标、资金报批等审批时间长的问题，严重影响了项目的进度，导致绩效考核失分。政府部门应该在申报流程上明确每个环节处理时限，优化审批流程，缩短审批时间；精简、取消和下放审批事项，解决审批事项过多、审批环节和程序繁杂的问题。同时理顺和规范各部门间审批流程和规则，精简优化并联审批程序，提高政府的行政审批效能。

3）工程实施阶段的建议

（1）提升监管人员素质，加强现场监督管理：广西海岸滩涂整治修复工程项目由当地海洋局行政管理人员监管，由于监管人员的技术水平、经验和精力等问题限制，对实际的施工内容不甚了解，给项目监督管理带来很大困难，管理流于形式，或惰性监督。项目的现场监督管理尤为重要，切实跟踪项目进展，理清存在问题，发现问题并及时处理，可以保障施工进度。

各地市海洋管理部门应加强现有人员对工程施工、工程造价、财务等方面知识的培训，或注重引进培养相关专业的管理人才，加速施工监管过程中出现的如利益谈判、冲突谈判等问题的解决，以维护项目的利益。

（2）完善海洋环境影响监测方案，加强动态监测：加强修复整治工程动态监测的目的，就是全程跟踪工程在施工过程中时空动态变化及其对海洋环境的影响，及时反馈给管理者做出适应性调整，确保生态整治工程不至于演变为"生态破坏"工程。监测监管服务于全过程，包括对项目实施前进行现状调查，施工过程中对海洋环境、施工范围、施工填料和施工进展等方面进行跟踪监测，竣工以后的现状监测等。项目实施过程中的动态监测，有利于及时掌握工程在建设前、中、后的状况，获取足够的监测数据，从技术上保障整个项目的监督管理，以及后期的效果评估。

（3）积极应对现实困难，及时变更设计，保障实施：整治修复工程在施工过程中，经常会出现设计与现实施工有冲突的情况，合理、合法、及时地变更设计尤为重要。工程是由多部门联合完成的项目，在设计变更时，要及时迅速征求各单位意见。在管理职权模糊或空缺的方面，在归属海洋系统管理的职权范围内，海洋管理部门要勇于承担，把握主动权，组织相关部门会审，确定新的设计修改方案，保障项目的顺利实施。方案申报或者会审的过程中，所有事项都要备案，注重档案留存，以待项目验收的审查。

4）工程验收阶段的建议

（1）确定更为专业和针对性强的验收标准：目前，广西住建、水利、林业等部门的工程项目都有一套运行多年的验收标准。相较而言，海洋系统的工程验收办法相对不完善，验收考核指标粗糙，可能与海洋生态修复工程包容性大、组成极为复杂有关。对于完工的项目如何评估，按何种建设等级验收，没有相关办法参考。因此，有必要对应于整治修复工程出台完整的验收办法，以指导工程的竣工验收。

（2）明确验收流程，逐级申报：工程项目完工后，国家安排的整治、修复和保护项目由国家海洋局负责竣工验收，地方安排的由同级海洋主管部门负责竣工验收。目前很多工程竣工验收不规范且滞后，主要问题在于对于验收的流程不明确，海洋管理部门出台的验收管理办法应包括有验收流程、材料要求等内容，以指导、规范基层海洋管理部门进行逐级申报工程验收。

5）后工程阶段的长效机制建议

工程完工后面临的最大问题就是如何维护，涉及人财物的后续投入。海洋整治修复工程所形成的设施、设备和修复效果等，现实存在权属不明的状况，而工程区域实质处在多头部门管理之下，确实造成有利争抢、无利推诿的可能。解决这一问题思路有二：①落实属地化管理，项目验收后移交给当地政府，由其根据实际情况交由市政、园林、水利等部门管理；②由政府成立专项资金，将项目成果移交给其他机构或者公司管理，形成针对性的长效管理机制，发挥项目的长远效益。

2. 技术层面的建议

1）示范生态系列修复类型的综合整治

海岸带是空间异质性极高的区域，咫尺之间生境迥异，以狭小的空间聚合了适应性异彩纷呈的不同动植物群落，构成了一个生态系列；而且，自然与人文的结合使之异常复杂。完整、复杂的广西海岸带模式从海到陆一般分为几个独特而相互联系的组分：潮下带水域、潮间带海滩及生物群落、海堤或半红树植物区、耐盐滨海植物区、地带性季雨林、社区村落等。生态综合整治修复的目标是：工程建成之后，生物群体得到保留、保持和修复，生态质量指标不下降反而上升，滨海景观得以美化，休闲、娱乐功能得以实现，海洋文化层次得以提高。应更多示范陆海一体的生态整治修复工程。

2) 开源节流, 规模适度

中央分成海域使用金来之不易, 同时资金规模偏小。宜多方开源节流, 争取更多资金投入到海洋环境生态整治修复。在开源方面, 在全面评价海域使用价值（价格）、严格审批海域使用金减免、海域使用权招拍挂、落实海洋生物生态资源损害赔偿和补偿等, 海洋管理部门主导落实或着手部署相应的规章制度, 及时、足额收缴相关税金。在节流方面, 建议广西海洋整治修复工程规模应适度控制, 在质量上求优化, 在分布地段上突出醒目, 在修复类型上多样化, 立足于海洋生态文明建设理念的外化示范, 制作出精品, 起四两拨千斤的带动作用。

3) 明确工程类型的侧重方向, 有所保留

坚持有所为, 有所不为, 节约珍贵的海域使用金。技术的评判尤为重要, "广西海域海岛海岸带整治修复工程动态监测与效果评价"项目组通过汇总、评价和现场调研, 考量经济效益、环境生态和技术等三个层面, 对各种修复类型的推广适宜程度做出定性判断, 详见表 8-3。

表 8-3　海洋生态修复工程类型在经济效益、环境生态和技术层面的发展适宜度定性判断

基础工程类型	基础技术类型	经济效益层面	环境生态层面	技术层面
海洋典型生态系统修复	珊瑚礁修复技术	不推广	推广	有待成熟
	红树林修复技术	特定区域推广	推广	特定区域推广
	盐沼修复技术	适当推广	适当推广	适当推广
	海草床修复技术	不推广	推广	有待成熟
沙滩资源整治修复	沙滩修复技术	推广	适当推广	适当推广
海域清淤整治	海域清淤技术	适当推广	适当推广	适当推广
海洋废弃物清理	海域海岸带废弃物清理技术	适当推广	适当推广	适当推广
	海岛供电工程技术	适当	适当推广	适当推广
	海岛污染处理工程技术	推广	推广	推广

红树林修复技术得到广泛而深入的研究, 技术很成熟, 形成了系统的技术体系。但滩涂是多用途载体, 不可能无限制发展红树林, 要给周边社区发展经济留有余地。此外, 红树林与外来物种互花米草生态位重叠, 在人工干预下, 可有效压制互花米草入侵和扩散, 在重点港湾、在互花米草重灾区（铁山港湾一带）宜广为发展。

华南滨海修复工程以红树林盛行, 但在长江以北则多采用盐沼修复河口海湾, 如芦苇、柽柳等草本及灌丛。盐沼与红树林的生长要求大致相近, 对滩涂高程、盐度、温度、水动力、沉积物粒度等有类似要求, 两者生态功能相似。盐沼可迅速提高滩涂高程, 降低污损、敌害生物危害, 堪称红树林造林的先锋。实际上,

茅尾海河口区的红树林造林区原本大多属盐沼湿地。盐沼修复可作为红树林修复的前期工程。

多年研究和实践表明，海草床修复技术还不成熟，此外采种极为困难，导致修复种源不足，且容易被台风暴潮破坏。海草床是广西受胁迫程度最高的典型生态系统，保护和修复海草床意义不言而喻。但仅从技术而言，目前似乎不应开展大规模海草床修复工程，应等待技术更为成熟。

制作人工沙滩作为一种可显著靓化滨海景观、提升城市品位、提高周边房地产价格的捷径，在我国沿海较发达城市如厦门、青岛等地蓬勃发展；广西也不例外，仅海域使用金项目就安排 4 个沙滩修复项目，防城港西湾整治也安排了人工沙滩项目。但自然规律不因人的意志而改变，不是随便某个地方都适宜发展人工沙滩，应详尽调研海区水动力、海底地质、地形地貌等条件，谨慎选择修复区域，并切实掌握平衡淤蚀的技术措施，如人工岬湾养滩法等；否则徒劳无功，浪费纳税人的钱。同时，发展沙滩也会挤占泥滩、石滩甚至红树林生境，从生态系统多样性考虑，只宜适度推广。

进入新时期，海洋环保已成为一票否决的考核指标，大力推动海洋生态文明建设已成为新常态，这是综合国力尤其是软实力建设、社会主义核心价值形成的重要组成部分。充分再三的宣教，不仅是保证整治修复工程顺利完成的必要措施之一，更有助于促进全社会形成人与自然和谐的共识及共同行动，这就是我们当前为之奋斗的中国梦的一部分。因此，海洋生态文明宣教应大力推广。

4）完善广西海洋整治修复工程的技术体系

（1）综合交叉学科提升技术支撑结构，做足前期研究。海岸滩涂修复整治工程要求前期设计工作十分细致，必须经过多次调研，以生态学为主导，结合海洋生物学、物理海洋、环境科学、海洋化学、海洋工程学、材料学等学科专业，在充分有效的历史和现状数据的基础上，才能准确找出环境退化原因，设定的修复目标才有针对性，且对周围环境影响不大，科学可行。

（2）优化设计方案。目前我区海洋生态整治修复工程的设计招标，多数由城市设计、园林绿化设计或林业设计单位中标，而这类设计单位对工程区的海洋属性和生态属性了解不足，造成设计与现实情况脱节，并不能反映修复对象的实际情况，从而导致实施项目推进困难，效果不佳。

目前，国内缺乏针对海洋生态整治修复工程设计的规范；虽然参照普通的建筑工程定义设计，可以达到建筑设计要求，但是无法达到海洋工程生态整治目标的要求。因此，收集、评价和汇编海洋生态整治修复工程技术规范，明确保护修复目标和内容、工程项目造价、修复的技术方法、达到的设计标准等，才能做出符合海洋生态整治修复工程特点的合理设计。

（3）提升动态监测水平。目前，海岸工程项目的动态监测方面还存在诸多问题，如市县一级缺乏有这类工程复杂综合专业所要求的检测机构，监测水平不一；缺乏动态监测技术规程；缺乏符合实际的海洋监测指标收费标准等（过高或过低）。建议相关管理部门组织汇编统一的监测技术标准，设定相关技术资质和技术力量要求，指导相应技术服务费用，才能使动态监测规范化。

参 考 文 献

蔡锋, 刘建辉. 2011. 利用海滩养护技术提高滨海城市品位. 海洋开发与管理, 27: 52-59.

曹文彬, 代启亮, 李玉华, 等. 2013. 土地适宜性评价方法研究进展. 安徽农业科学, 41(21): 9084-9086.

陈成, 龚文平, 王路. 1998. 荷兰的岸线管理. 海洋开发与管理, 2: 69-73.

陈君, 张长宽, 林康, 等. 2011. 江苏沿海滩涂资源围垦开发利用研究. 河海大学学报(自然科学版), 39(2): 213-219.

陈鹏, 顾海峰, 吴剑, 等. 2013. 海岛港口开发利用与保护适宜性分区评价——以大亚湾岛群为例. 海洋环境科学, 32(4): 614-618.

陈乾俊. 2008. 温州市滩涂资源可持续开发利用研究. 上海: 同济大学硕士学位论文.

陈永文, 刘君德, 李天任. 1989. 中国国土资源及区域开发. 上海: 上海科学技术出版社: 163-165.

邓俊英, 张继承, 李晓燕. 2014. 对我国海洋可持续发展的政策建议. 海洋开发与管理, 31(2): 16-20.

付桂, 李九发, 虞志英, 等. 2006. 河口闸下淤积和清淤措施研究综述. 上海水务, 21: 31-35.

傅伯杰, 陈利顶, 马诚. 1997. 土地可持续利用评价的指标体系与方法. 自然资源学报, 12(4): 113-119.

甘晖, 吕敏. 2010. 广西渔业资源现状及可持续发展的对策. 广西水产科技, (1): 22-24.

甘居利, 林钦, 贾晓平, 等. 2006. 大鹏澳网箱养殖海域底质有机物污染特征. 海洋环境科学, 35(3): 5-8.

高海燕. 2007. 不同高程下秋茄和白骨壤幼苗生长的动态研究. 科技信息, (33): 212-214.

谷润平, 王鹏. 2014. 基于多元线性回归的湿/污染跑道着陆距离估算. 中国民航大学学报, 32(3): 20-22.

广西壮族自治区发展和改革委员会, 广西壮族自治区交通规划勘察设计研究院. 2009. 广西北部湾港总体规划. 15-19.

广西壮族自治区海洋局, 广西壮族自治区海洋研究院, 广西壮族自治区海洋监测预报中心. 2015. 广西壮族自治区 2014 年海平面变化影响调查评估工作报告.

广西壮族自治区海洋局. 2014. 2014 年广西海洋环境质量公报.

广西壮族自治区海洋局. 2015. 2014 年广西海洋经济统计公报.

韩瑞芳, 武新伟. 2013. 土地适宜性评价在土地开发整理中的应用——以古县崔家岭开发整理项目为例. 科技创新与生产力, 9: 86-88.

韩震. 2004. 海岸滩涂淤泥质潮滩和 II 类水体悬浮泥沙遥感信息提取与定量反演研究. 上海: 华东师范大学博士学位论文.

郝树荣, 郭相平, 朱成立, 等. 2009. 江苏省沿海滩涂开发模式和建设标准研究. 水利经济, 27(4): 14-16.

何书金, 王仰麟, 罗明, 等. 2005. 书海拾贝: 中国典型地区沿海滩涂资源开发. 海洋地质与第四纪地质, 25(3): 102.

何书金, 王仰麟, 罗明, 等. 2005. 中国典型地区沿海滩涂资源开发. 北京: 科学出版社.

何阳, 姜彪. 2011. 我国沿海滩涂可持续利用对策. 东北水利水电, 6: 66-68.

贺根生, 贺涛. 2014.4.28. 原位生态养殖实现红树林保护与经济双丰收. 科学时报, A1.

黄俊彪, 陈步峰, 斐男才, 等. 2013. 海岸景观防护林群落对堤岸土壤化学的生态效应. 生态环境学报, 22(8): 1303-1309.

黄沛, 丰爱平, 吴桑云, 等. 2010. 基于 GIS 的港口功能适宜性评价模型构建研究. 海洋开发与管理, 27(1): 31-35.

黄旭, 特吉奥·斯皮德. 2013. 土地利用规划中的利益主体及其行动策略. 国际城市规划, 3: 13-17.

黄永奇, 陈子平, 张练和, 等. 2014. 层析分析法模糊综合评判在灌区节水潜力分析中的应用. 广东水利水电, 5: 52-55.

黄宇, 罗智勇, 杨武年. 2008. 基于 GIS 的城市居住适宜评价研究. 测绘科学, 33(1): 126-129.

季小梅, 张永战, 朱大奎. 2006. 人工海滩研究进展. 海洋地质动态, 22: 21-25.

科学技术部农村与社会发展司, 科学技术部中国农村技术开发中心. 1999. 浅海滩涂资源开发. 北京: 海洋出版社.

蓝福生, 莫权辉, 陈平, 等. 1993. 广西滩涂土壤资源及其合理开发利用自然资源. 资源科学, 15(4): 26-32.

李金克, 王广成. 2004. 海岛可持续发展评价指标体系的建立与探讨. 海洋环境科学, 23(1): 54-57.

李玫, 廖宝文, 郑松发, 等. 2004. 无瓣海桑的直接引入对次生桐花树群落的扰动. 广东林业科技, 20(3): 19-21.

李清. 2012. 日本渔业现状及其发展历程. 中国水产, 12: 42-44.

连镜清. 1990. 不同地区耕地开发治理的经济效益. 资源科学, (1): 1-5.

梁广耀. 1990. 广西沿海方格星虫资源初步调查. 广西农业科学, (1): 46-48.

梁媚, 胡冠九. 2011. 海湾清淤作业对水环境的影响分析. 科技资讯, 26, 110.

刘波, 成长春. 2011. 基于滩涂资源生态保护的江苏沿海港口群开发模式研究——以盐城港口群开发为例. 国土与自然资源研究, (6): 33-35.

刘宪斌, 曹佳莲, 赵春玲, 等. 2007. 潮汐湿地的构建. 海洋信息, (2): 25-28.

陆国庆, 高飞. 1996. 沿海滩涂资源开发利用研究. 中国土地科学, 10(2): 11-14.

吕建华, 张顺香. 2012. 论胶州湾滩涂管理中的伦理规制问题. 浙江海洋学院学报: 人文科学版, 29(5): 54-59.

吕霞, 陆明生. 2008. 港口建设用地生态适宜性评价指标体系的建立与应用. 交通标准化, (1): 39-41.

吕晓剑, 冯长春, 郭怀. 2005. 武汉汉阳湖区土地资源评价研究. 地理科学, 25(6): 742-747.

罗有声, 项福椿. 1984. 怎样利用与保护滩涂资源. 北京: 海洋出版社.

骆旭添, 吴则焰, 陈婷, 等. 2011. 闽北地区低碳农业效益综合评级体系的构建与应用. 中国生态农业学报, 19(6): 1444-1447.

毛爱华, 王富喜, 孙峰华. 2012. 山东省城镇化质量的地区差异测度与分析. 鲁东大学学报: 自然科学版, 28(4): 347-353.

毛玉泽. 2004. 桑沟湾滤食性贝类养殖对环境的影响及其生态调控. 青岛: 中国海洋大学博士学位论文.

孟尔君, 唐伯平. 2010. 江苏沿海滩涂资源及其发展战略研究. 南京: 东南大学出版社.

孟宪伟, 张创智. 2014. 广西壮族自治区海洋环境资源基本现状. 北京: 海洋出版社.

缪锦来, 郑洲, 李光友. 2009. 海水农业的研究与展望. 现代农业科技, 22: 354.

莫竹承, 何斌源, 范航清. 1999. 抚育措施对红树植物幼树生长的影响. 广西科学, 6(3): 231-234.

牟磊, 高敏华, 王新军. 2006. 灰色关联分析在耕地适宜性评价中的应用——以新疆巴州尉犁县为例. 安徽农业科学, 34(10): 2241-2243.

彭建, 王仰麟, 刘松, 等. 2003. 海岸带土地持续利用景观生态评价. 地理学报, 58(3): 363-371.

彭建, 王仰麟. 2000. 我国沿海滩涂景观生态初步研究. 地理研究, 19(3): 249-256.

蒲新明, 傅明珠, 王宗灵, 等. 2012. 海水养殖生态系统健康综合评价: 方法与模式. 生态学报, 32(19): 6210-6222.

邱广龙, 范航清, 李宗善, 等. 2013. 濒危海草贝克喜盐草的种群动态及土壤种子库研究——以广西珍珠湾为例. 生态学报, 33(19): 6163-6172.

邱辉煌. 1996. 国外海洋自然保护区管窥. 海洋开发与管理, 1: 21-25.

裘江海, 蒋鹏. 2005. 国内外滩涂开发与研究进展. 浙江水利科技, 3: 12-14.

裘江海. 2005. 滩涂的可持续利用. 北京: 中国水利水电出版社.

食品商务网. 2015. 2015年广西对虾产业发展调查与策略. http://www.21food.cn/html/news/35/2204719.htm [2015-8-10].

史同广, 郑国强, 王智勇, 等. 2007. 中国土地适宜性评价研究进展. 地理科学进展, 26(2): 106-115.

孙华芬, 赵俊三, 潘邦龙, 等. 2008. 基于 GIS 和 BP 神经网络技术的建设用地适宜性评价研究. 国土资源科技管理, (1): 112-116.

孙伟, 陈雯. 2009. 市域空间开发适宜性分区与布局引导研究——以宁波市为例. 自然资源学报, 24(3): 402-413.

索安宁, 于永海, 韩富伟. 2011. 环渤海海岸带生态服务机制功能评价. 海洋开发与管理, 28(7): 67-77.

唐昌韩, 周瑞良. 1994. 广西北部湾沿岸地区地质环境及地质灾害现状. 中国地质科学院 562 综合大队集刊, 11-12: 65.

王保栋, 韩彬. 2009. 近岸生态环境质量综合评价方法及其应用. 海洋科学进展, 27(3): 400-404.

王大鹏, 程胜龙, 施坤涛, 等. 2014. 广西北部湾滩涂养殖生态环境压力评价. 海洋湖沼通报, (2): 59-66.

王繁, 周斌, 徐建明. 2008. 海涂土地资源适宜性空间分析与优化开发模式研究. 农业工程学报, 24(1): 119-123.

王介勇, 刘彦随, 张富刚. 2007. 海南岛土地生态适宜性评价. 山地学报, 25(3): 290-294.

王丽. 2007. 盐城市沿海滩涂开发路径选择研究. 苏州: 苏州大学硕士学位论文.

王全. 2005. 基于 GIS 的城市用地适宜性评价——以南京高淳新区为例. 地球物理学进展, 20(3): 37-66.

王晓东, 袁仁茂, 王烨. 2001. 滩涂开发利用及评价模式浅谈. 水土保持研究, 2: 107-111, 118.

王颖. 1993. 海南鹿回头及小东海海滩改造利用可行性研究报告. 南京大学海洋研究中心.

魏家绮. 2003. Mapinfo 在水利系统应用. http://2004.chinawater.com.cn/newscenter/flxw/szsl/20030613/2003061 20174.asp. [2003-6-13]

吴洁, 王琴. 2014. 江苏沿海滩涂开发利用对环境的影响. 资源节约与环保, 4: 172.

吴珊珊, 林忠, 齐连明. 2006. 旅游用无居民海岛定量评价及等级划分研究. 海洋开发与管理, 23(6): 137-140.

谢世楞. 1993. 桂林洋海滩整治工程概况. 港工技术, 1: 000.

徐向红. 2004. 江苏沿海滩涂开发利用与可持续发展. 北京: 海洋出版社.

许海鸥. 2013. 红树林保护突破科研难题插管子可养鱼(图). 南国早报. 2013.12.4

许树柏. 1998. 层次分析法原理. 天津: 天津大学出版社: 118-119.

杨宝国, 王颖, 朱大奎. 1997. 中国的海洋海涂资源. 自然资源学报, 2(4): 307-316.

殷克东, 张雪娜. 2011. 中国海洋可持续发展水平的动态测度. 统计与决策, 13: 115-119.

张红旗, 李家永, 牛栋. 2003. 典型红壤丘陵地区土地利用空间优化配置. 地理学报, 5: 668-676.

张继红. 2008. 滤食性贝类养殖活动对海域生态系统的影响及生态容量估算. 青岛: 中国海洋大学.

张丽旭, 赵敏, 付旭强, 等. 2010. 近22年来象山港海域水环境变化趋势及 R/S 预测研究. 海洋湖沼通报, (1): 115-120.

张文开. 2001. 福建省潮间带滩涂资源的开发利用研究. 资源科学, 23(3): 29-32.

张晓萍, 李锐, 杨勤科. 2004. 基于 RS/GIS 的生态脆弱区土地利用适宜性评价. 中国水土保持科学, 2(4): 30-36.

张愉, 刘倩, 吴柏清. 2013. 基于模糊聚类分析的土地适宜性评价研究. 四川理工学院学报: 自然科学版, 26(5): 96-100.

赵彬, 李家存, 赵文吉. 2010. 3S 技术在土体持续利用评价指标空间化中的应用. 地理空间信息, 5: 85-88.

赵薛强. 2011. 海湾综合整治研究. 国家海洋局第三海洋研究所.

郑德璋, 李玫, 郑松发, 等. 2003. 中国红树林恢复和发展研究进展. 广东林业科技, 19(1): 10-14.

中国地理学会海洋地理专业委员会. 1996. 中国海洋地理. 北京: 科学出版社: 130-131.

中国水产信息网. 2015. 广西对虾产业发展调查与策略. http://www.aquainfo.cn/news/2015/1/13/2015113946650673. shtml. [2015-1-22]

中国水利学会滩涂湿地保护与利用装业委员会. 2006. 滩涂利用与生态保护. 北京: 中国水利水电出版社: 11.

《中国自然资源丛书》编撰委员会. 1995. 中国自然资源丛书, 海洋卷. 北京: 中国环境科学出版社: 245-246.

周琳, 吴克宁. 2006. 无居民海岛旅游开发可行性评价. 资源与产业, 8(3): 61-64.

朱大奎. 1986. 中国海涂资源的开发利用问题. 地理科学, 6(1): 34, 40.

邹俊毅. 2007. 外迁移民安置区适宜性评价——以雅安市天全县为例. 雅安: 四川农业大学硕士学位论文.

Ahamed TRN, Rao KG, Murthy JSR. 2000. GIS-based fuzzy membership model for crop-land suitability analysis. Agricultural Systems, 63(2): 75-95.

Coughanowr CA, Ngoile MN, Linden O. 1995. 包括岛国在内的东非的海岸带管理: 问题和应对行动述评. Ambio 人类环境杂志, 24(7): 448-457.

Cunha AH, Marha NN, van Katwijk MM, et al. 2012. Changing Paradigms in Seagrass Restoration. Restoration Ecology, 20: 427-430.

Eliot I, Finlayson CM, Waterman P. 1999. Predicted climate change, sea-level rise and wetland management in the Australian wet-dry tropics. Wetlands Ecology and Management, 7: 63-81.

Ellison J. 2003. How South Pacific mangroves may respond to predicted climate change and sea-level rise. Climate

Change in the South Pacific: Impacts and Responses in Australia, New Zealand, and Small Island States : 289-300.

Gilman EL, Ellison J, Duke NC, et al. 2008. Threats to mangroves from climate change and adaptation options: a review. Aquatic Botany, 89(2): 237-250.

Hamm L, Capobianco M, Dette H, et al. 2002. A summary of European experience with shore nourishment. Coastal Engineering, 47: 237-264.

Hammond A, Adriansc A, Rodenburg E, et al. 1995. Environmental Indicators: A systemic approach to measuring and reporting on environmental policy performance in the context of sustainable development. Washington, DC: World Resources Institute.

Joanna CE. 1993. Mangrove retreat with rising sea-level, Bermuda. Estuarine, Coastal and Shelf Science, 37(1): 75-87.

Kalogirou S. 2002. Expert systems and GIS: an application of land suitability evaluation. Computers, Environment and Urban Systems, 26(2-3): 89-112.

Malczewski J. 2004. GIS-based land-use suitability analysis: A critical overview. Progress in Planning, 62: 3-65.

Malczewski J. 2006. Ordered weighted averaging with fuzzy quantifiers: GIS-based multicriteria evaluation for land-use suitability analysis. International Journal of Applied Earth Observation and Geoinformation, 8: 270-277.

McHarg IL. 1969. Design with Nature. New York: Natural History Press.

Meehan AJ, West RJ. 2000. Recovery times for a damaged *Posidonia australis* bed in south easten Australia. Aquatic Botany, 67: 161-167.

Orth RJ, Luckenbach ML, Marion SR, et al. 2006. Seagrass recovery of in the Delmarva Coastal Bays, USA. Aquatic Botany, 84: 26-36.

Pilkey OH, Clayton TD. 1989. Summary of beach replenishment experience on US East Coast barrier islands. Journal of Coastal Research: 147-159.

Punwong P, Marchant R. 2012. Holocene mangrove dynamics and environmental change in the Rufiji Delta, Tanzania. Veget Hist Archaeobot 22(5): 1-6.

Semeniuk V. 1994. Predicting the effect of sea-level rise on mangroves in Northwestern Australia. Journal of Coastal Research, 10(4): 1050-1076.

Sharma T, Carmichael J, Klinkenberg B. 2006. Integrated modeling for exploring sustainable agriculture futures. Futures, 38: 93-113.

Smith CS, Mcdonal GT. 1998. Assessing the sustainability of agriculture at the planning stage. Journal of Environmental Management, 52: 15-37.

Stive M. 2002. A summary of European experience with shore nourishment. Coastal Engineering，2002, 47(2): 237-264.

Valverde HR, Trembanis AC, Pilkey OH. 1999. Summary of beach nourishment episodes on the US east coast barrier islands. Journal of Coastal Research 15(4): 1100-1118.